JN291489

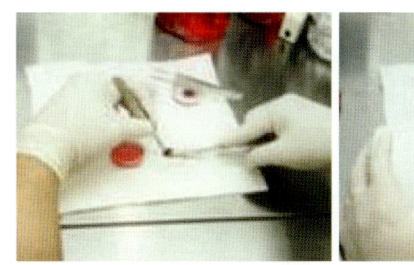

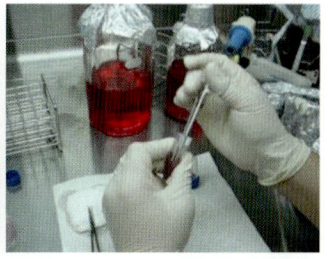

(a) 腎臓皮膜を剝離する　　（b) 二分して髄質を除く　　（c) 皮質を細断する

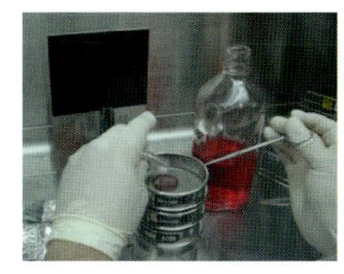

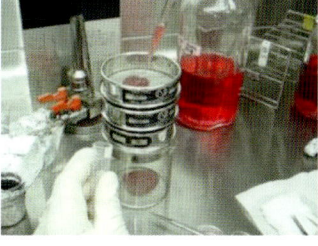

(d) 3段メッシュに通す　　（e) 培地で洗浄する　　（f) 薬匙でこする

口絵 1　糸球体の単離法（図 1.6）

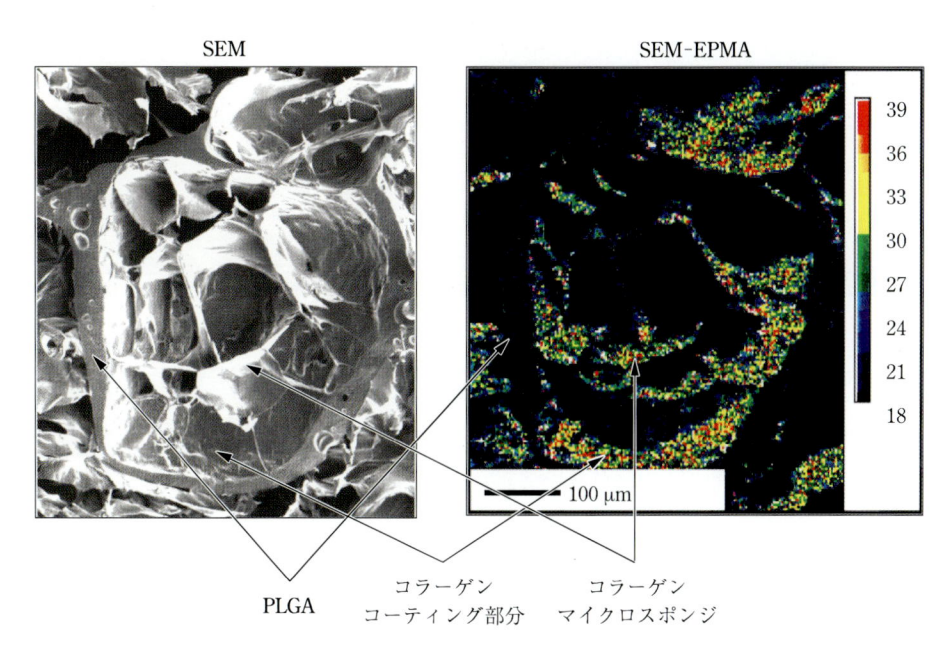

SEM　　　　　　　　　　　SEM-EPMA

PLGA　　コラーゲン　　コラーゲン
　　　　　コーティング部分　マイクロスポンジ

赤色のスポットは窒素元素すなわちコラーゲンの存在を示す。PLGAの空隙内部に微小空孔の形で，あるいは空孔壁に接着したコラーゲンが画像に現れている。

口絵 2　ハイブリッド構造のEPMA解析（図 2.7）

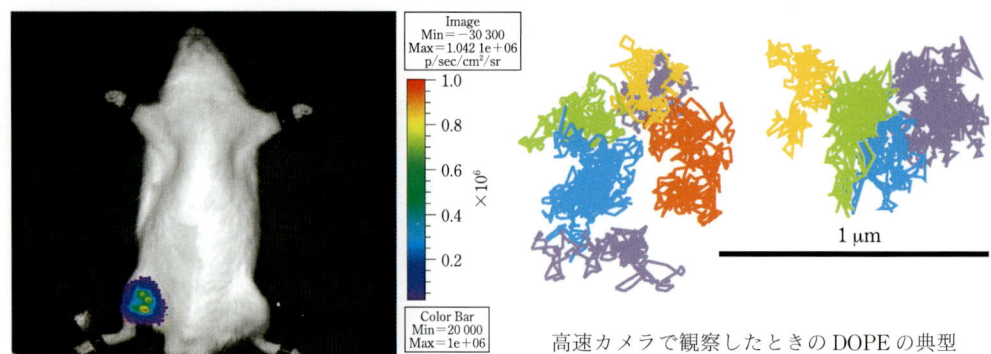

口絵3　移植30日後のラット下肢グラフト（図8.3）

口絵4　リン脂質のホップ拡散（図9.1（b））

高速カメラで観察したときのDOPEの典型的な軌跡。時間分解能25 μsで56 ms追跡

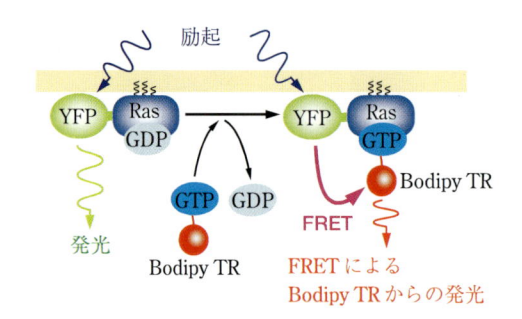

細胞膜上のシグナル分子であるH-Rasが活性化する瞬間を1分子蛍光共鳴エネルギー移動（FRET）を用いて可視化

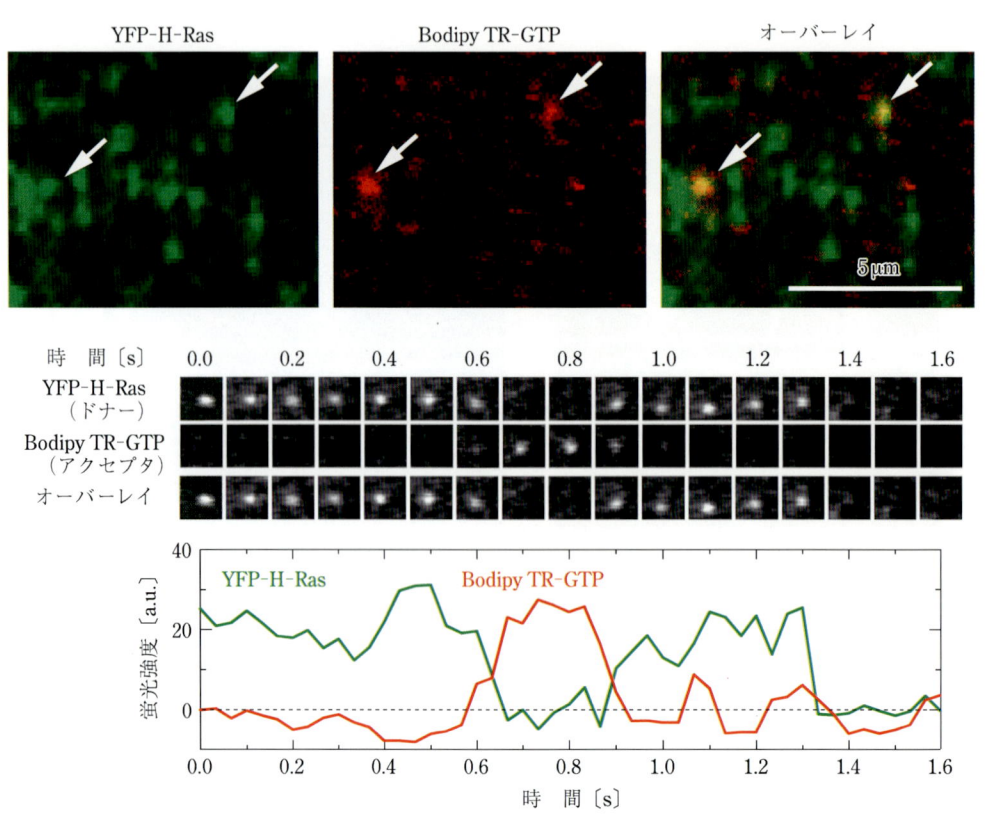

口絵5　1分子蛍光共鳴エネルギー移動法の模式図と観察例（図9.5）

側面と底面の両方のカメラで同時に100フレームの格子穴の明視野画像を取得し，100フレームの明視野画像を平均化する。

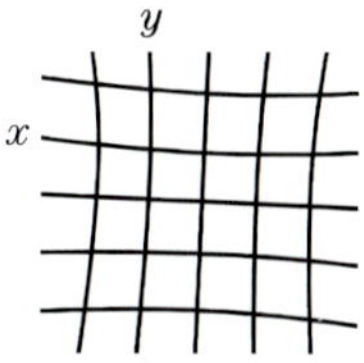

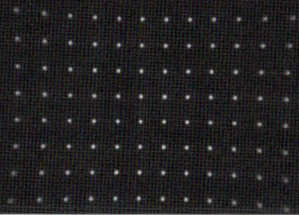

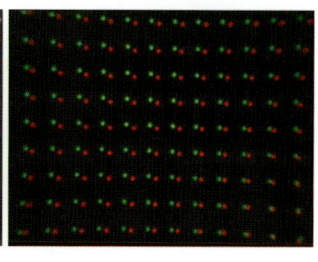

側面ポート（緑） 底面ポート（赤） 重ね合わせ画像

本画像

格子穴の重心を求め，格子穴の重心の x 列についてそれぞれ3次スプライン補間をし，続いて y 列についてもスプライン補間をする。そして正しい $5\,\mu m$ 間隔の格子になるように，画像全体のピクセルを補正する変換テーブルを作製する。

元のビデオ画像すべてに補正変換テーブルを適用する。

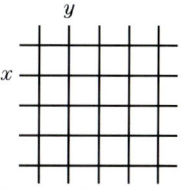

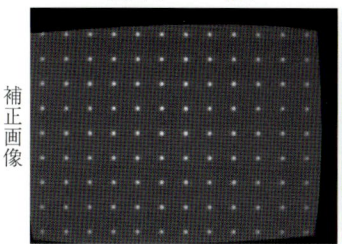

側面ポート（緑） 底面ポート（赤） 重ね合わせ画像

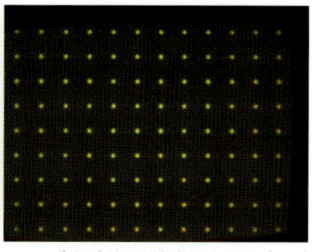

補正画像

重ね合わせ精度 = $17\,\mathrm{nm}\,(x, y)$

口絵6　画像ひずみ補正の手順（図9.8）

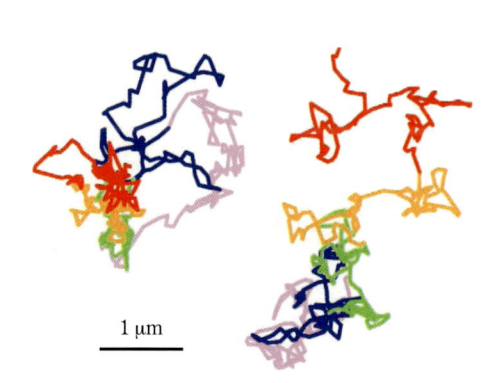

$1\,\mu m$

時間分解能：33 ms/frame
観察時間：16.5 s

口絵7　トランスフェリン受容体の典型的な軌跡（図9.11）

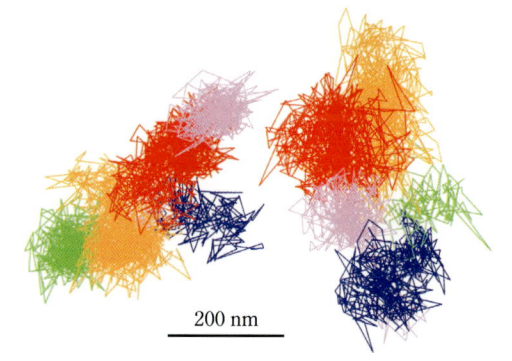

200 nm

時間分解能：110 μs
観察時間：330 ms

口絵8　生細胞上での高時間分解能におけるトランスフェリン受容体の典型的な軌跡（図9.13）

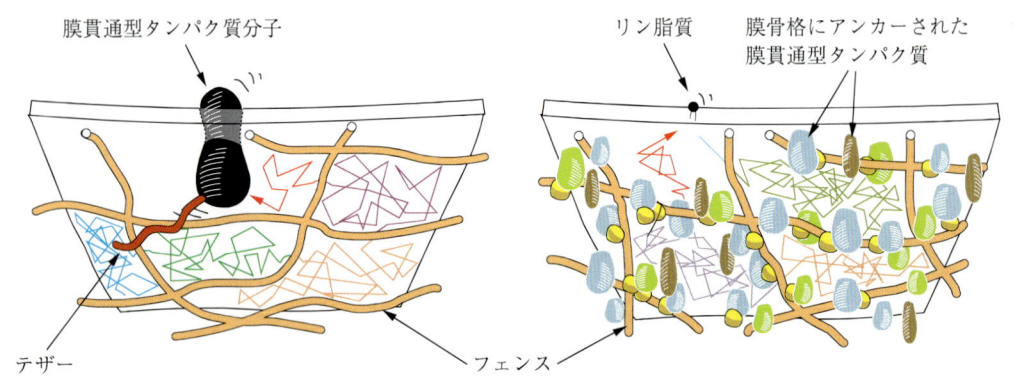

(a) 膜骨格フェンス/テザーモデル。膜タンパク質の運動は，その細胞質部分が細胞膜直下の膜骨格の網目にぶつかることによって，しばらくの間，囲い込みを受ける（フェンスモデル）。長距離の拡散は，フェンスで仕切られたコンパートメント間をつぎつぎと飛び移ることによって行われる。膜タンパク質の種類によっては，膜骨格や細胞骨格をつなぎとめられたような制御を受けるものも多い（テザーモデル）。

(b) アンカード膜タンパク質ピケットモデル。膜骨格によって立ち並んだ膜貫通型タンパク質群が，立体障害の効果と流体力学的な摩擦効果によってリン脂質の拡散障壁となり，その運動をコンパートメント化するというモデル。

口絵 9 細胞膜分子の運動制御モデル（図 9.14）

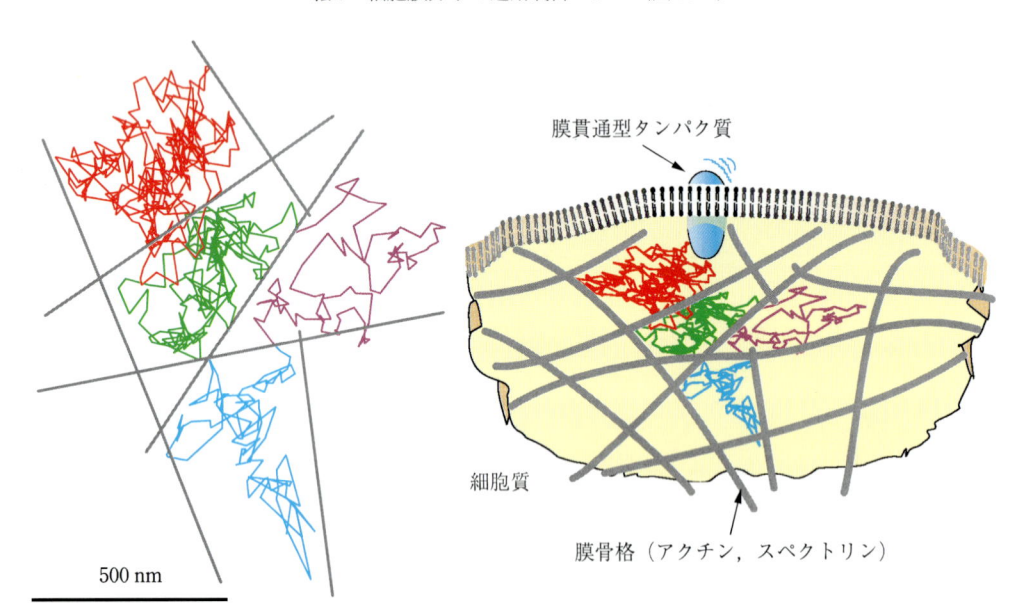

(a) ビデオレート（時間分解能 33 ms）における，膜貫通型タンパク質 CD 44 の典型的な運動の軌跡を示す。直径約 600 nm の領域にしばらくの間（数秒間）運動を囲い込まれたあと，隣り合った領域に飛び移る，という過程を繰り返した（ホップ拡散）。

(b) CD 44 のホップ拡散の原因となっている細胞膜の構造。電子顕微鏡観察により，膜骨格の網目はおもにアクチン線維やスペクトリンで構成されていることがわかった。

口絵 10 細胞膜骨格の網目構造（図 9.15）

コロナ社創立 80 周年記念出版
〔創立 1927 年〕

再生医療の基礎シリーズ 4
―― 生医学と工学の接点 ――

再生医療のための
バイオエンジニアリング

工学博士　赤池敏宏　編著

コロナ社

再生医療の基礎シリーズ―生医学と工学の接点―
編集委員会

編 集 幹 事	赤 池 敏 宏	（東京工業大学）
	浅 島 　 誠	（東京大学）
編 集 委 員	関 口 清 俊	（大阪大学）
（五十音順）	田 畑 泰 彦	（京都大学）
	仲 野 　 徹	（大阪大学）

(2007 年 2 月現在)

編著者・執筆者一覧

編著者

赤池　敏宏（東京工業大学）

執筆者（執筆順）

髙木　　睦（北海道大学，1 章）
立石　哲也（物質・材料研究機構，2.1 節）
陳　　国平（物質・材料研究機構，2.1 節）
牛田多加志（東京大学，2.2 節）
古川　克子（東京大学，2.2 節）
林　紘三郎（岡山理科大学，3 章）
佐藤　正明（東北大学，4 章）
長岡　正人（東京工業大学，5 章）
荻原　一隆（東京工業大学，5 章）
萩原　祐子（東京工業大学，5 章）
赤池　敏宏（東京工業大学，5, 7, 11 章）
大塚　英典（東京理科大学，6 章）
片岡　一則（東京大学，6 章）

原田伊知郎（東京工業大学，7 章）
菊地　　眞（防衛医科大学校，8 章）
石原　美弥（防衛医科大学校，8 章）
小林　英司（自治医科大学，8 章）
遠山　育夫（滋賀医科大学，8 章）
岩沢こころ（科学技術振興機構，京都大学，9 章）
楠見　明弘（科学技術振興機構，京都大学，9 章）
松岡　英明（東京農工大学，10 章）
斉藤美佳子（東京農工大学，10 章）
Ezharul Hoque Chowdhury
　　　　　　（東京工業大学，11 章）
後藤　光昭（有限会社セラジックス，11 章）

(2007 年 2 月現在)

刊行のことば

　近年，臓器の致命的な疾患や損傷に対して臓器移植が実施されてきたが，移植手術の進歩に伴い，移植を希望する患者は激増している．その一方で，臓器のドナーは相変わらず少数のままであり，移植医療はいわば絵に描いた餅の状況で，デッドロックに陥っている．このような背景のもとで，工学的にプロセッシングあるいは再構成した細胞さらには組織を移植し，レシピエント（患者）側の再生能力を発揮させ治癒させようとするアプローチへの期待が高まっている．

　日常的に繰り返される小腸壁粘膜の摩耗と再生，創傷の治癒，肝炎状態や部分切除された肝臓の再生の例にみられるように，体は壊れた組織の再生力（復原力）をもつ．したがって，臓器移植や人工臓器埋入が必要となるような不可逆的な重症疾患の場合でも適切な細胞やサイトカインか，またはその遺伝子を移植してやれば組織を治癒・再生の方向に向かわせることが可能になる．こうして組織再生を助ける医療，すなわち再生医療へのチャレンジが活発化している．火傷による重篤な皮膚損傷，交通事故などによる脊髄損傷による下半身不随，心筋梗塞，重症肝疾患，重症糖尿病など，臓器組織再建の医療技術を待ち望む患者は数多い．

　このような再生医療のニーズは高まりつつあり，それに応えようとする研究は年々活発化している．ところが，再生医療の現状はES細胞や間葉系幹細胞，羊膜細胞などの臓器・組織形成のための"種さがし"すなわち細胞のハンティング（狩）と，各種サイトカインの振りかけ実験によるそれらの"手品的変換"ともいえ　　　　　　ち"錬金術"に終始している状況にある．個体の発生や臓器の形成過程に　　　　　　　　すなわち発生に関する時間的・空間的情報がきわめて不十分にしかわか　　　　　　　　のが，再生医療分野におけるおける"細胞の狩人"や"錬金術師"の言い訳と　　　　　　　　わけではない．

　生体組織の大半を占める中胚葉組織（筋肉，骨，　　　　　　　　　　腎など）を筆頭に，各種胚葉組織の発生に関する分子生物学的かつ時間的　　　　　　　　析と蓄積は年々高まっている．例えば，脊椎動物初期胚の尾芽領域中胚葉に　　　　　　　　ンステムを再生のためのリソースとして利用していくための，発生的，細胞　　　　　　　　は分子生物学的進展は急速であり，その応用に向け，準備状況はしだいに整　　　　

　一方，人工臓器，血液適合性材料の開発とともに，　　　　　　　　（バイオマテリアル）設計が急速に進歩するなど細胞や組織をプロセッシング　　　　　　　　トロニクス，レーザ

「再生医療のためのバイオエンジニアリング」正誤表

ページ	行	誤	正
iii	F1	岡本勝	岡部勝

―技術など理工学サイドの進展ぶりも目を見張るものがある。器官形成の本質をその応用を志す工学サイドの入門者や組織工学研究者に適正に伝達することが不可欠である。一方，その反対に発生生物学や臨床に近い立場の再生医学研究者に，前述の工学の進展ぶりをきちんと理解してもらうことも重要な作業である。再生医療という前人未踏の学際領域を発展させるためには，発生生物学・細胞分子生物学から，ありとあらゆる臨床医療分野，基礎医学，さらには材料工学，界面科学，オプトエレクトロニクス，機械工学などいろいろな学問の体系的交流が決定的に不足している。

　以上のような背景から私たちは再生医療の基礎シリーズと銘打ち生医学（生物学・医学）と工学の接点を追求しようと決意した。すなわち，① 再生医療のための発生生物学，② 再生医療のための細胞生物学，③ 再生医療のための分子生物学，④ 再生医療のためのバイオエンジニアリング，⑤ 再生医療のためのバイオマテリアルの五つのカテゴリーに分けて生医学側から工学側への語りかけ，そして工学側から生医学側への語りかけを行うことにした。すなわち両者間のクロストークが再生医療の堅実なる発展に寄与すると考え，コロナ社創立80周年記念出版として本企画を提起した。

2006年1月

再生医療の基礎シリーズ　編集幹事

赤池　敏宏，浅島　　誠

まえがき

　現在，再生医療分野では臨床的チャレンジや基礎研究が活発に行われており，多くの患者が臓器組織の再建できる日を待ち望んでいる。再生医療研究の夜明けともいえる現状を特徴づけるキーワードは，原料（リソース）細胞のハンティング（狩）と転換（錬金術）である。ES細胞，幹細胞，羊膜細胞，臍帯血細胞，骨髄細胞…とさまざまな未分化細胞の発見（ハンティング）競争がなされ，その未分化状態での効率的増殖と臓器・組織細胞への分化誘導の条件検討（錬金術）がなされている。例えていわく，「骨髄間葉系細胞を心筋細胞や軟骨細胞に転換させるのに成功した…」，「ヒトES細胞が血管細胞に分化した…」から始まり，ごく最近では「マウス繊維芽細胞からES細胞類似の人工万能（iPS）細胞が樹立した（山中ら）」のように関係者をゾクゾクと興奮させる状況にある。

　しかしながら前途はまことに遼遠である。目下のところ心筋細胞になる骨髄細胞はほんのわずかであり，ES細胞の増殖により得られた胚様体（embryoid body）中には増殖中の未分化細胞とさまざまな分化細胞が混じっており，とても臓器・組織の移植の代わりにはならない。iPS細胞はES細胞そのものではないし，またヒト細胞で確立したものではない。いずれの場合も臓器発生過程のようにうまく細胞の増殖と分化が制御できる状態にはない。

　一方，個体発生，臓器（組織）形成の分子シナリオが少しずつ解読されていくに伴い，細胞の足場としての細胞外マトリックス（ECM）の果たす役割が注目されつつある。発生・再生現象のあるときは，直接インテグリンなどの細胞接着用レセプターを介して，あるときは，サイトカインの固定化と徐放化などの間接的な制御を介してECMは細胞への情報伝達をコントロールしている。その時間的，空間的情報制御のありようは誠に見事というほかない。受精卵からスタートしてシナリオどおりの時刻に，本来あるべき空間位置に，しかも必要な大きさで組織を形成させるうえでECMの果たす役割はきわめて大きいと思われる。

　こうなってくると，再生医療は発生生物学，細胞生物学などや臨床医学だけのものではなく，理工学分野とのかかわりなしには立ちゆかないことが予想される。さらに，すでに大活躍しているようにコンピュータの発展に支えられたIT技術はもちろんとして，各種フローサイトメータ，セルソータ，セルマニピュレータ，コンフォーカルレーザー顕微鏡等々のホトニクス，オプトエレクトロニクス，メカトロニクス等々の工学的装置は細胞のキャラクタリゼーション・直接的観察やプロセッシングに不可欠なものとして現実の生殖医療にはもちろんのこと再生医療の研究活動にも貢献し始めている。

今後私たちが，再生医療技術を細胞の狩人と錬金術の時代から脱却させ，自在で安全な組織・臓器形成制御技術の確立へ向けて発展させるためには，ECMの生物科学をバイオマテリアル工学と結びついた細胞マトリックス工学へ応用展開することのみならず，さまざまな新しい理工学の技術やコンセプトの導入が必要となっていくだろう。

　すなわち再生医療研究において，その基盤として学際的"生命理工学"が重要な役割を果たすはずである。本音をいわせていただければ，その要素技術のイノベーションのみにとどまらず大激動期を迎えつつあるわが国の研究教育機関のインフラストラクチャーのイノベーションも併せて実現するくらいでないと再生医療を取巻く国際競争を勝ち抜くことはむずかしいと思われる。

　本書は，田畑泰彦編著の第5巻「再生医療のためのバイオマテリアル」と対をなし，もう一つの理工学サイドからの切り口でまとめた巻であるといえる。第5巻がバイオマテリアルという医工学分野に焦点をあてているのに対し，やや範囲を広げて重複しないエンジニアリング分野から再生医療をながめたものである。

　本書の各章の力作を通じて生物学，医学分野の方々とのコミュニケーションが大いに進展し，この領域のオープンイノベーションに役立つことを願ってやまない。

　2007年2月

赤池　敏宏

目　　次

1. セルプロセッシング工学

1.1 は じ め に ……………………………………………………………………… 1
1.2 動物細胞培養リアクター ……………………………………………………… 3
　1.2.1 接着依存性細胞培養器 …………………………………………………… 3
　1.2.2 せ ん 断 力 …………………………………………………………………… 5
　1.2.3 溶存酸素供給 ……………………………………………………………… 5
1.3 セルプロセッシング工学各論 ………………………………………………… 6
　1.3.1 材 料 設 計 …………………………………………………………………… 7
　1.3.2 効率的培養法 ……………………………………………………………… 13
　1.3.3 産 業 化 技 術 ………………………………………………………………… 16
1.4 造血細胞の体外増幅 …………………………………………………………… 19
　1.4.1 造血細胞の体外増幅 ……………………………………………………… 19
　1.4.2 ストローマ細胞接着に適した多孔性担体 ……………………………… 21
　1.4.3 3次元共培養による造血前駆細胞増幅 ………………………………… 22
　1.4.4 3次元共培養システムにおける造血微小環境 ………………………… 23
引用・参考文献 ……………………………………………………………………… 24

2. メカニカルエンジニアリングと細胞工学

2.1 再生医療における機械工学，材料工学の役割 ……………………………… 27
　2.1.1 細胞・組織への力学的刺激の効果 ……………………………………… 27
　2.1.2 静水圧培養法の軟骨再生への応用 ……………………………………… 32
　2.1.3 生分解性高分子ハイブリッドスポンジ ………………………………… 34
　2.1.4 生分解性高分子ハイブリッドメッシュ ………………………………… 38
　2.1.5 合成高分子，コラーゲン，水酸アパタイトハイブリッドスポンジ … 39
　2.1.6 培養関節軟骨 ……………………………………………………………… 40
　2.1.7 お わ り に …………………………………………………………………… 42
2.2 メカニカルエンジニアリングと軟骨再生，血管再生 ……………………… 43
　2.2.1 は じ め に …………………………………………………………………… 43
　2.2.2 静水圧負荷と軟骨再生技術 ……………………………………………… 45
　2.2.3 ずり応力負荷，引張応力（ストレッチ）負荷による血管再生技術 … 48
引用・参考文献 ……………………………………………………………………… 52

3. 生体組織リモデリングのバイオメカニクス

3.1 は じ め に ……………………………………………………………… 54
3.2 応力変化による血管壁のリモデリング ………………………………… 55
   3.2.1 血圧変化に対する反応 ………………………………………… 55
   3.2.2 血流変化に対する応答 ………………………………………… 61
   3.2.3 血圧と血流の両方を変化させた場合 ………………………… 62
   3.2.4 ま と め ………………………………………………………… 63
3.3 負荷に対する腱・靱帯の反応と組織再構築 …………………………… 64
   3.3.1 除荷・負荷軽減に伴う組織再構築 …………………………… 65
   3.3.2 除荷・負荷軽減後の再負荷に対する反応 …………………… 67
   3.3.3 過負荷による組織構築 ………………………………………… 68
   3.3.4 培養コラーゲン線維束に及ぼす負荷の効果 ………………… 69
   3.3.5 ま と め ………………………………………………………… 70
3.4 機能的ティッシュエンジニアリング …………………………………… 71
3.5 お わ り に ……………………………………………………………… 73
引用・参考文献 ……………………………………………………………… 73

4. 細胞工学と流体力学の接点

4.1 は じ め に ……………………………………………………………… 76
4.2 生体内における流れと細胞 ……………………………………………… 77
   4.2.1 血管内皮細胞 …………………………………………………… 77
   4.2.2 平滑筋細胞 ……………………………………………………… 79
   4.2.3 微小循環系における血球細胞 ………………………………… 80
   4.2.4 骨内における流れと骨細胞 …………………………………… 83
4.3 培養系における流れと細胞 ……………………………………………… 84
   4.3.1 実験モデル ……………………………………………………… 84
   4.3.2 流れに対する内皮細胞の応答 ………………………………… 86
   4.3.3 静水圧に対する内皮細胞の応答 ……………………………… 90
   4.3.4 流れに対する平滑筋細胞の応答 ……………………………… 91
   4.3.5 流れに対する骨細胞の応答 …………………………………… 92
   4.3.6 共存培養モデルによる内皮細胞の応答 ……………………… 92
4.4 組織再生と流れ …………………………………………………………… 93
   4.4.1 血管再生と流れ ………………………………………………… 93
   4.4.2 血管壁組織の再生 ……………………………………………… 94
4.4 お わ り に ……………………………………………………………… 95
引用・参考文献 ……………………………………………………………… 95

5. 遺伝子工学手法に基づく新しい細胞マトリックス設計と再生医療への応用

- 5.1 はじめに ··· 98
- 5.2 再生医療のための足場マトリックス ······················· 98
  - 5.2.1 幹細胞による再生医療 ································· 98
  - 5.2.2 細胞外マトリックスと幹細胞の分化制御 ············ 99
  - 5.2.3 その他の外的刺激による幹細胞の分化制御 ········ 100
  - 5.2.4 バイオマテリアルの人工マトリックスとしての利用と再生医療への応用 ······ 101
- 5.3 遺伝子工学によるマトリックス設計と応用 ··············· 103
  - 5.3.1 融合タンパク質の設計と細胞機能の制御 ··········· 103
  - 5.3.2 幹細胞培養への応用 ··································· 104
  - 5.3.3 細胞機能制御への応用 ································ 108
- 5.4 おわりに ··· 110
- 引用・参考文献 ·· 112

6. 高分子界面設計と細胞・組織（スフェロイド）エンジニアリング

- 6.1 細胞工学用材料と高分子 ··································· 114
- 6.2 細胞培養と基質材料表面 ··································· 114
- 6.3 汎用培養容器 ·· 115
- 6.4 合成高分子 ··· 116
- 6.5 生分解性高分子 ·· 117
- 6.6 分子中に官能基を有するハイブリッド型高分子 ········· 119
- 6.7 3次元培養 ·· 123
- 6.8 細胞のパターン化培養を可能とする材料基板 ··········· 125
- 引用・参考文献 ·· 127

7. 細胞マトリックス工学のセルプロセッシング工学への応用

- 7.1 はじめに ··· 129
- 7.2 細胞外マトリックスの存在意義とその *in vitro* と *in vivo* での相違 ········· 130
- 7.3 メカニカルストレスによる新しいセルプロセッシング ·············· 132
- 7.4 ナノ/マイクロスケールで制御した細胞外マトリックス培養基板 ······· 135
- 7.5 微細加工技術によって可能になる細胞機能の計測と制御 ············· 137

viii　目　　次

7.6　ECMの力学特性を利用した新しい培養基板によるセルプロセッシング……… 139
7.7　より高度な細胞機能計測・制御を目指した3次元微細加工技術による
　　　セルプロセッシング……………………………………………………………… 142
7.8　お わ り に………………………………………………………………………… 145
引用・参考文献………………………………………………………………………… 145

8. 再生医療の基盤技術としての計測・画像工学

8.1　は じ め に………………………………………………………………………… 147
8.2　再生医療におけるバリデーションの必要性と意義……………………………… 147
8.3　基盤計測・画像技術……………………………………………………………… 149
　8.3.1　サイトメトリーによる *in vitro* 細胞活性評価法…………………………… 149
　8.3.2　ルシフェラーゼおよびGFPを用いた *in vivo* 細胞機能評価バイオイメージング法… 151
　8.3.3　バイオフォトニクスによる *in vivo* 組織機能評価法……………………… 154
　8.3.4　超音波による *in vivo* 組織機能評価法……………………………………… 159
　8.3.5　MRIによる細胞追跡法……………………………………………………… 161
8.4　お わ り に………………………………………………………………………… 164
引用・参考文献………………………………………………………………………… 165

9. 細胞表面の1分子追跡～1分子観察からタンパク質・脂質が感じている膜構造がわかる～

9.1　は じ め に………………………………………………………………………… 168
9.2　細胞膜構造の概念のパラダイムシフト…………………………………………… 169
9.3　1 分 子 追 跡 法……………………………………………………………………… 171
　9.3.1　SFMT（1分子蛍光追跡）法………………………………………………… 172
　9.3.2　1分子蛍光共鳴エネルギー移動法…………………………………………… 173
　9.3.3　2色蛍光同時1分子追跡像の重ね合わせ法………………………………… 175
　9.3.4　SPT（1分子追跡）法………………………………………………………… 177
　9.3.5　光ピンセットの装置と試料…………………………………………………… 179
9.4　タンパク・脂質の運動を1分子法で追う………………………………………… 180
　9.4.1　膜骨格「フェンス」による膜貫通型タンパク質の閉じ込めとホップ拡散……… 181
　9.4.2　膜骨格結合タンパク質「ピケット」による脂質の閉じ込めとホップ拡散……… 183
　9.4.3　フェンスモデルとピケットモデル…………………………………………… 184
9.5　お わ り に………………………………………………………………………… 185
引用・参考文献………………………………………………………………………… 187

10. 高効率マイクロインジェクション技術の開発と ES 細胞工学への応用

10.1 は じ め に ……………………………………………………………… 190
10.2 マイクロインジェクションの歴史——より小さな細胞への挑戦—— …………… 190
10.3 マイクロインジェクション法と他の方法との比較 ……………………… 194
10.4 SMSR の開発のコンセプト ……………………………………………… 195
10.5 疾患モデル動物と疾患モデル細胞 ……………………………………… 199
10.6 疾患モデル細胞開発におけるマイクロインジェクション技術の利用 ……… 201
10.7 お わ り に ……………………………………………………………… 201
引用・参考文献 ……………………………………………………………… 202

11. 哺乳動物の細胞への DNA および RNA のスマートなデリバリー

11.1 は じ め に ……………………………………………………………… 204
11.2 遺伝子導入手法の種類と実際 …………………………………………… 205
   11.2.1 物理化学的手法 …………………………………………………… 205
   11.2.2 ウイルスベクター法 ……………………………………………… 208
   11.2.3 人工ベクター法 …………………………………………………… 208
11.3 アパタイトナノ粒子法による画期的遺伝子導入方法の確立 …………… 210
   11.3.1 炭酸アパタイトによる遺伝子導入のためのナノ粒子作製の重要性 …… 211
   11.3.2 従来法における手法との比較 …………………………………… 212
   11.3.3 リン酸カルシウム作製の物理化学的考察 ……………………… 214
   11.3.4 遺伝子発現効率化のための粒子成長のコントロール …………… 214
   11.3.5 カルシウム-マグネシウム-リン酸粒子の生成と化学的性質 ……… 215
   11.3.6 粒子の成長速度論と大きさの制御 ……………………………… 216
   11.3.7 ナノアパタイトによる DNA 送達の高効率細胞内移行 …………… 217
   11.3.8 ナノ粒子による遺伝子送達と遺伝子発現 ……………………… 218
   11.3.9 ECM を用いたナノ粒子の効率化 ………………………………… 219
11.4 お わ り に ……………………………………………………………… 220
引用・参考文献 ……………………………………………………………… 220

索　　引 ………………………………………………………………………… 223

1 セルプロセッシング工学

1.1 は じ め に

　アミノ酸，抗生物質など微生物由来の有用物質の工業生産を目的として，培地設計，通気撹拌培養槽設計，培養プロセスの数式モデル化と計測制御などプロセス工学的研究が1960年代から盛んに行われ，その成果は，図1.1のように培養工学あるいは生物化学工学として集大成されている[1]†。また，1980年代になりインターフェロン，ティッシュプラスミノーゲンアクティベータ（tPA），インターロイキン，抗体など動物細胞由来のタンパク質医薬品の有用性が認められ，これらの工業生産を目的とし，マイクロキャリヤー培養，中空糸膜培養器，ラジアルフロー型リアクター，細胞に損傷を与えない新規な通気・撹拌方法，培地交換のための細胞分離技術など動物細胞大量培養技術が研究され，図1.2のように動物細胞培養工学が形成された[2]。例えば，旭化成ではマイクロキャリヤー培養のスケールアップと，これによるtPAの商業生産を成功させている。その技術は1990年代に入り，ハイブリ

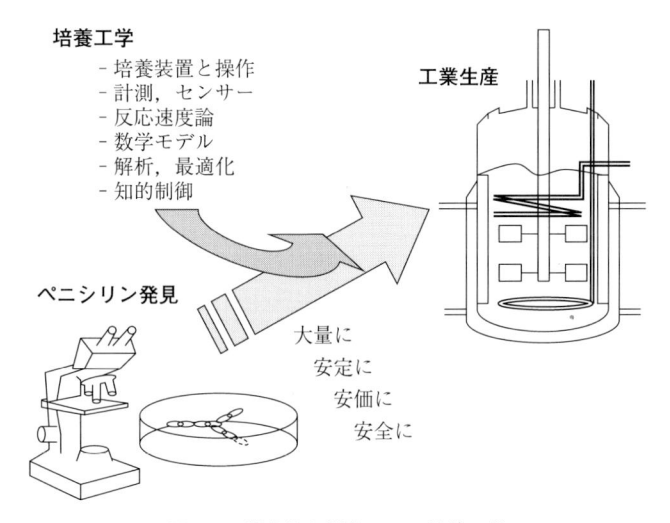

図1.1　微生物を対象とした培養工学

---

† 肩付き数字は，章末の引用・参考文献の番号を表す。

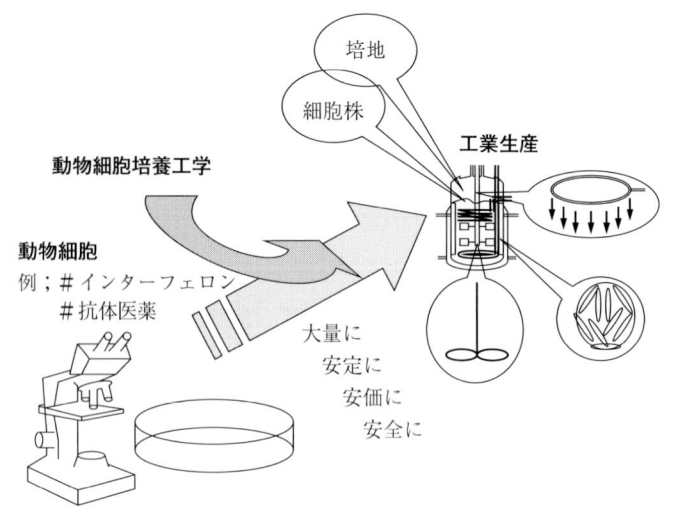

図1.2 大量培養を対象とした動物細胞培養工学

ッド型人工臓器の開発にも応用されている。

　一方，1990年代後半から，種々の幹細胞とその分化・増殖の制御にかかわる多くの基礎的知見が急速に報告され，それらに基づく再生医療の実現が社会的にも要請されている。しかし，再生医療にかかわる細胞培養のプロセスでは，従来の動物細胞培養工学とは異なり細胞そのものが生産物であり，細胞の分化や3次元化などによる細胞加工すなわち"セルプロセッシング"に重点がおかれる。すなわち再生医療の実現にはこれら基礎的知見以外に，安価に，安定に，安全に，大量に，セルプロセッシングを実行するための工学が不可欠である（図1.3）。

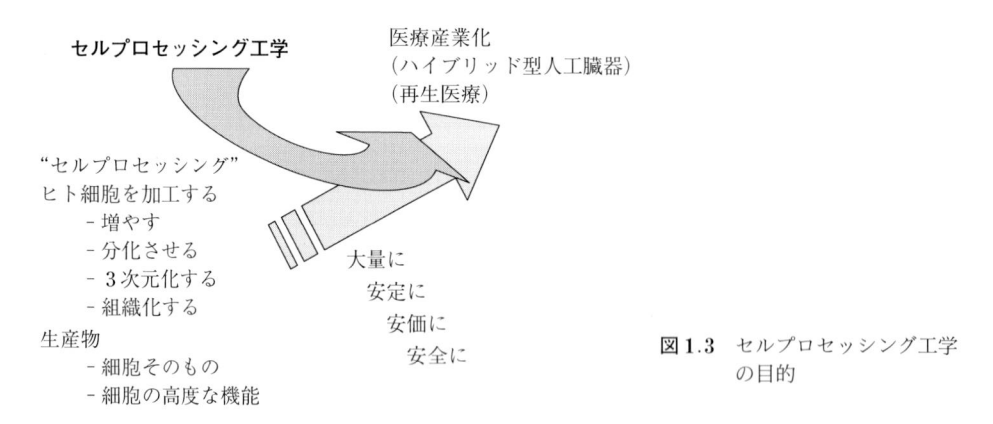

図1.3 セルプロセッシング工学の目的

　そこで，この新しい工学「セルプロセッシング工学」の確立を目指し，日本生物工学会セル＆ティッシュエンジニアリング研究部会などにおいて，従来の培養工学と対比してセルプロセッシング工学の課題（図1.4）を掲げた[3]。

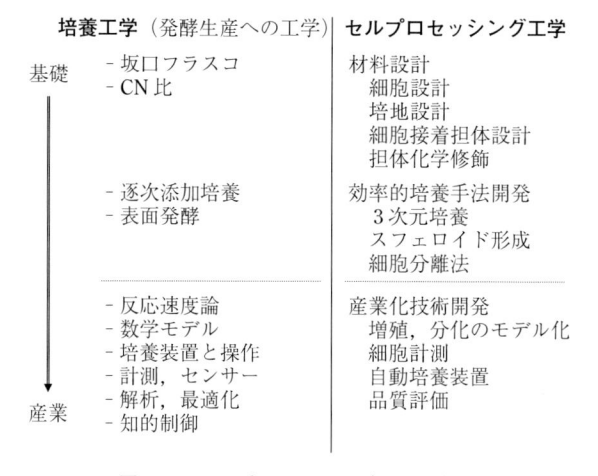

培養工学（発酵生産への工学）	セルプロセッシング工学
- 坂口フラスコ - CN 比	材料設計 　細胞設計 　培地設計 　細胞接着担体設計 　担体化学修飾
- 逐次添加培養 - 表面発酵	効率的培養手法開発 　3 次元培養 　スフェロイド形成 　細胞分離法
- 反応速度論 - 数学モデル - 培養装置と操作 - 計測，センサー - 解析，最適化 - 知的制御	産業化技術開発 　増殖，分化のモデル化 　細胞計測 　自動培養装置 　品質評価

基礎　↓　産業

図 1.4　セルプロセッシング工学の課題

1.2　動物細胞培養リアクター

　セルプロセッシング工学に特有な課題に入る前に，そのベースとなる動物細胞培養技術の中のリアクターについて概観しておく。動物細胞のうち，浮遊細胞には従来の微生物発酵の技術がかなり応用できる。しかし，ハイブリッド型人工臓器や再生医療に主として用いられる接着依存性の初代細胞の大量培養には従来にない技術的課題が多い[4),5)]。

1.2.1　接着依存性細胞培養器

　初期の大量培養に使用されたローラーボトル（図 1.5 (a)）では，ボトルが回転するのに応じて，ボトル内表面に接着した細胞は培養液および気相中の酸素と交互に接触する。しかし，ボトル体積当りに使用可能な細胞接着面積は低く，効率がよいとはいえない。例えば，標準的なローラーボトル（内容積 2 300 ml，接着面積 850 cm^2）で培養できる細胞は 8 ×10^7 個程度である。1 個のプラスチック培養器当りの接着面積を増大したものとしてセルファクトリー™（6 300 cm^2 以上可能）（図 (b)）がある。培養体積に対する接着面積のさらなる増大のために，マイクロキャリヤーなど種々の動物細胞培養用担体（表 1.1）が開発されている。表面に荷電を有するデキストランマイクロキャリヤー 5 g/l を培養液に懸濁し（図 (c)），5×10^6 cell/ml 以上の細胞密度が達成されている[6),7)]。さらなる高細胞密度や 3 次元組織構築のためには多孔性マイクロキャリヤーが有効である[8)]。また，中空糸膜の内側あるいは外側に細胞が充てんされ，他方を培養液が循環する中空糸膜モジュール培養器（図 (d)）も高密度の細胞に効果的に栄養分を供給するために優れている[9),10)]。体積当りの接着面積は小さいがプラスチックバッグ（図 (e)）は使い捨て可能である[11)]。多孔性担体を用

(a) ローラーボトル　(b) セルファクトリー™　(c) マイクロキャリヤー攪拌培養槽

(d) 中空糸膜培養器　(e) プラスチックバッグ　(f) ラジアルフローリアクター

(g) 3次元共培養　(h) 隔膜共培養

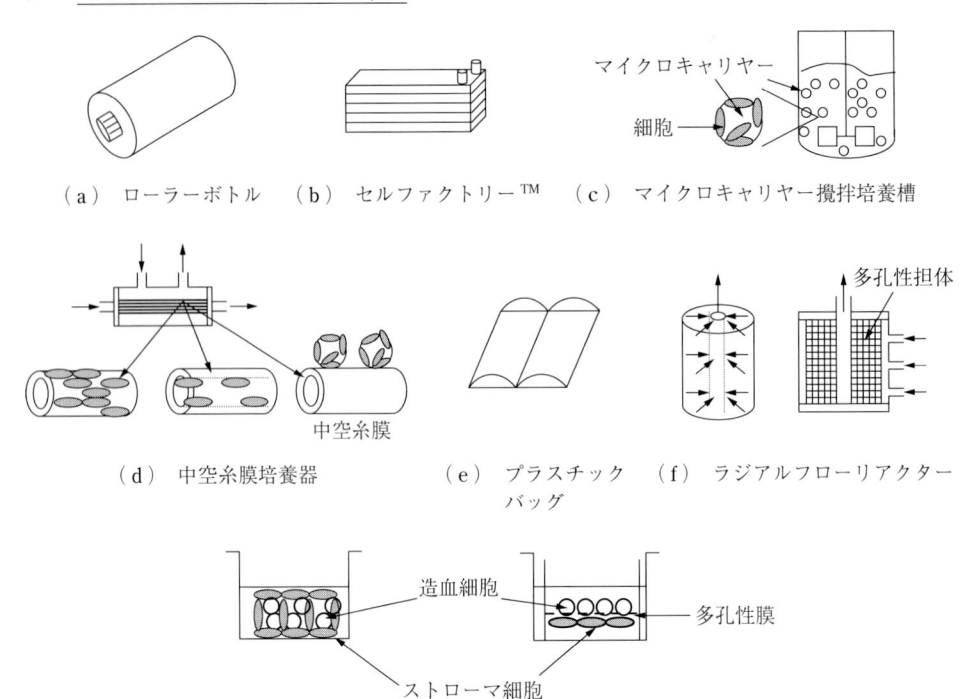

図1.5　代表的な動物細胞培養器

表1.1　代表的な動物細胞培養用担体

分　類	商品名	メーカ	材　質	特　徴
表面型マイクロキャリヤー	Cytodex 1	Pharmacia	DEAEデキストラン	粒子径 200 µm 比重 1.03
	Cytodex 3	Pharmacia	コラーゲンコートデキストラン	粒子径 200 µm 比重 1.04
多孔性マイクロキャリヤー	Cytopore	Pharmacia	DEAEセルロース	粒子径 200 µm 細孔径約 100 µm
	Micro-cube	バイオマテリアル	セルロース	細孔径約 200 µm
	Cultispher G	Percell Biolytica	ゼラチン	粒子径 200 µm
	Fibra-cel	NBS	ポリエステル	不織布
中空糸膜	Cultureflo	旭メディカル	ポリスチレン	2.0 m²/6 600 本

いた充てん層型高密度培養における物質移動問題の一つの解決法としてラジアルフローリアクター[12]（図(f)）が提案されている。これはドーナツ状に充てんした細胞接着多孔性担体に対して外周側から中心部に向けて培養液を灌流するもので，単位細胞当りに供給される栄養分や溶存酸素量の外周部と中心部との間での差異を低減化できる。

適切に選択した多孔性担体内に3次元的に接着した骨髄ストローマ細胞集団の中で骨髄造血細胞を3次元共培養（図(g)）することにより，サイトカインをまったく添加しないでも造血前駆細胞を増幅できたという報告がある[13]。これについては，1.4節で詳しく述べ

る。また，適切な細孔径の多孔性膜の下面にストローマ細胞を接着し，その上面に骨髄造血細胞を播種して隔膜共培養（図（h））を行うことにより，造血前駆細胞の割合を比較的高く維持できた[14]。

1.2.2 せん断力

接着依存性細胞のマイクロキャリヤー培養や浮遊細胞では攪拌型培養槽を使用できる。しかし，動物細胞には細胞壁がなく，液流により生じるせん断力により損傷を受けやすいうえ，マイクロキャリヤー培養や中空糸膜培養器ではせん断力により接着細胞が剥離(はく)しやすいため，せん断力を低く抑えて培養液を攪拌あるいは循環し，1.2.3項で述べる溶存酸素供給を行う必要がある。細胞のマイクロキャリヤーへの接着には式（1.1）に示すせん断係数が40以下である必要があるが，接着後の増殖や浮遊細胞の培養には80まで許容されるという報告がある[15]。

$$2\pi N \frac{D_i}{D_t - D_i} \tag{1.1}$$

ここに，N：回転数〔r/min〕，D_t：槽径〔cm〕，D_i：攪拌翼径〔cm〕

攪拌翼としては，傾斜タービン翼やプロペラ翼が多用されるが，4枚の柔らかい布を帆のように架けた特殊な羽根も報告されている[16]。攪拌速度設計の目安としては微生物培養の場合の1/10程度とし，細胞の機械的損傷を防ぐためには上部攪拌が適している。また，細胞への損傷を防ぐため，振動発生は極力避け，邪魔板（バッフル）も設置しない。なお，動物細胞は微量の金属の影響を受けやすいことから，槽材質としては溶出の少ないSUS 316 Lが用いられることが多い。

また，中空糸膜リアクターにおいても灌流する培地など液体の流動に起因するせん断力の細胞への影響を考慮する必要がある。例えば，人工肺を構成するポリプロプレン中空糸膜に表面修飾を行い内皮細胞を接着させて生体適合性に優れたハイブリッド型人工肺を構築する際に，プラズマ放電により修飾した場合は液流のせん断力が0.23 Pa（2.3 dyn/cm^2）でも多くの接着細胞が剥離したが，ゼラチンを共有結合して修飾した場合は1.15 Pa（11.5 dyn/cm^2）の高いせん断力下でもほとんど細胞の剥離は認められなかった[17]。

1.2.3 溶存酸素供給

低い溶存酸素（DO）濃度では増殖が遅く乳酸蓄積が多く，逆にDO濃度が高すぎると毒性を示し，最適DO濃度は3～20％飽和あるいは15～100％飽和など種々の例[18]があり，また増殖とタンパク質生産とでは最適DOが異なるという報告[19]もある。適切なDO濃度を維持することは，培養全般に重要な課題である。

具体的には，撹拌培養では式（1.2）で表される酸素移動速度 No を，細胞による酸素消費速度（呼吸速度）以上の値に維持しつつ培養する必要がある。

$$No = k_L a \times (C^* - C) \tag{1.2}$$

ここに，No：酸素移動速度〔mmol/(l・h)〕，k_L：液境膜酸素移動係数〔m/h〕，a：単位培養液体積当りの気液界面積〔m^2/m^3〕，$k_L a$：酸素移動容量係数〔l/h〕，C^*：気相中の酸素濃度に平衡な DO 濃度〔mmol/l〕，C：培養液中の DO 濃度〔mmol/l〕

酸素消費速度は比酸素消費速度と細胞密度の積である。比酸素消費速度はおよそ 0.05～1 mmol/(10^9 cell・h) の範囲内にあるが[18),20),21)]，細胞種や培養系によっても異なると考えられるため，実測することが望ましい。その実測法には，いったん通気を止めて DO 変化をモニタリングするダイナミック法[22)]，DO 濃度測定値と槽内気相の酸素分圧測定値を併用する連続測定法[21)] などがある。

細胞が沈降層を形成する場合は，沈降層上の培養液からの酸素の拡散速度に留意して沈降層の厚さを設定する必要がある。すなわち，細胞沈降層の中で DO 濃度がゼロにならないための臨界厚さを，沈降層内での DO の定常状態における物質収支からつぎのように計算できる。

$$\left(-D \cdot \frac{dC}{dz}\right)_{z=z} - \left(-D \cdot \frac{dC}{dz}\right)_{z=z+dz} - dz \times q \times X = 0 \tag{1.3}$$

ここに，z：細胞沈降層の厚さ〔cm〕（底：$z=0$，上面：$z=H$），C：DO 濃度〔mol/cm^3〕，D：DO の拡散係数〔cm^2/s〕，q：比酸素消費速度〔mol/(cell・s)〕，X：細胞密度〔cell/cm^3〕

$z=H$ において $C=C_0$，$z=0$ において $(dC/dz)=0$ という境界条件下で式（1.3）を解き，$z=0$ で $C>0$ となる沈降層厚さ H は

$$H \leq \sqrt{\frac{2DC_0}{qX}} \tag{1.4}$$

と求めることができる。

1.3　セルプロセッシング工学各論

前節では，動物細胞の大量培養に関連した培養器およびその運転管理の注意事項をまとめた。しかし，医薬品タンパク質の生産を目的とする大量培養の場合とは異なり，細胞そのものが生産物であると同時に，より高度な安全性が要求される再生医療を目的とする培養では，以上に述べたような技術の組合せだけでなく，再生医療独自の種々の工学的課題が新たに生じると考えられる。ここでは図 1.4 に掲げた課題のそれぞれについて最近の成果を例示して説明する。

1.3.1 材料設計

〔1〕細　　　胞　セルプロセッシングにはまず材料となる細胞が必要である。主としてヒトの細胞が必要となるが，その際の手続きには倫理的観点，法律的観点からも注意が必要であり，技術的な問題もある。

例えば，腎臓関連のハイブリッド型人工臓器や再生医療の研究を進めるには，腎臓の構成細胞が必要となる。腎糸球体は単なる血液の代謝老廃物をろ過するだけではなく，ホルモンと老化調整因子を分泌する役割を果たしていることが最近明らかになっている。腎糸球体は上皮細胞，内皮細胞，メサンギウム細胞，ボウマン嚢上皮細胞の4種類の細胞と基底膜から構成される。細胞株が樹立されていないため，細胞培養の際に腎組織から分離培養しなければならない。

王らは，この4種類の糸球体細胞を単離培養できる方法を開発した。豚，ラット，マウスなどの動物のほか，材料として，ステンレスメッシュ（サイズ：250，150，90，75 μm），鋏，ピンセット，メスなどの解剖器具一式，ビーカー，遠心管（15，50 ml），組織培養ディッシ（35，60，100 mm），手術用手袋，薬匙などはすべて滅菌したものを用いる。ほかに，糸球体単離培地（Hanks液，ペニシリン5 U/ml，ストレプトマイシン5 μg/ml），初代培地（DMEM：HamF 12（1：1），重曹1.9 mg/ml，ITS 10 μl/ml，ペニシリン5 U/ml，ストレプトマイシン5 μg/ml），上皮細胞培地（初代培地＋EGF 20 μg/ml，10％FBS），メサンギウム細胞培地（MCDB 131培地，アンホテリシン1.25 μg/ml，トランスフェリン5 μg/ml，ゲンタマイシン硫酸2.5 μg/ml，ITR 8 ml，5％FBS），内皮細胞培地（RPMI 1640培地，ヘパリン50 μg/ml，RCGF 300 μg/ml，グルタミン酸0.3 mg/ml，重曹3 mg/ml，10％FBS）を準備する。

糸球体の単離法を図1.6に示す。まず動物から腎臓を摘出し，単離液で5回洗浄，腎周囲の皮膜を剥離する（図(a)）。鋏で中心部の白髄質を除去し，残った髄質のみを15 mlの遠心管に移し，細断する（図(b)，(c)）。薬匙で細断した皮質を3段のメッシュ（上から下3段：250，150，90）の上段で押しつぶしHanks液とともに通過させる。3段目に停留した単離糸球体を回収するため，3段目のメッシュを裏返し，Hanks液で数回洗浄，ビーカーで回収する（図(d)〜(f)）。ボウマン嚢を除去したい場合（上皮細胞の分離）は，0.15％トリプシン液で37℃，20分間処理する。最後に単離糸球体を800 rpm，3分間遠心して，Hanks液で3回洗浄後，初代培養に供する。各細胞の初代培養は，収集した糸球体をコラーゲンコートした培養ディッシュに播種し，一晩培養後，付着した尿細管から，培地上清と軽く付着した糸球体を回収遠心後，新たに用意したコラーゲンディッシュに播種する。目的細胞をoutgrowthするため，それぞれの細胞培地を使用し，週に一度0.1％トリプシンで軽く0.5分間処理し，2〜4週間で目的細胞が得る。このようにして得られた腎糸

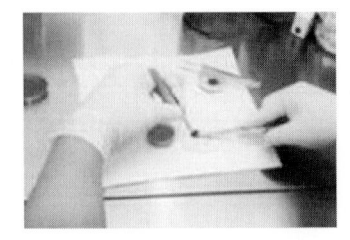

8   1. セルプロセッシング工学

(a) 腎臓皮膜を剥離する 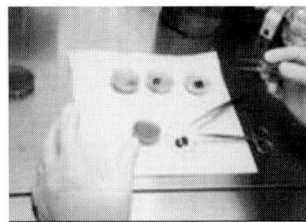　　(b) 二分して髄質を除く 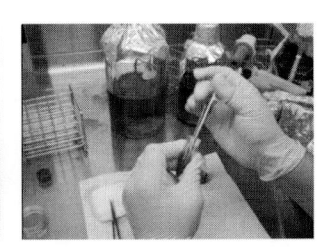　　(c) 皮質を細断する

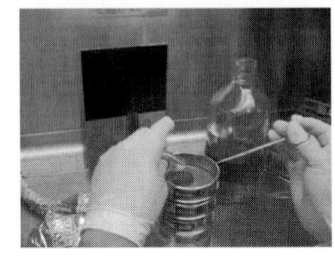

(d) 3段メッシュに通す 　　(e) 培地で洗浄する 　　(f) 薬匙でこする

図1.6　糸球体の単離法（口絵1参照）

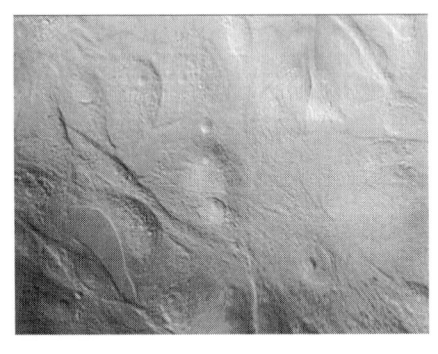

(a) ボウマン嚢上皮細胞 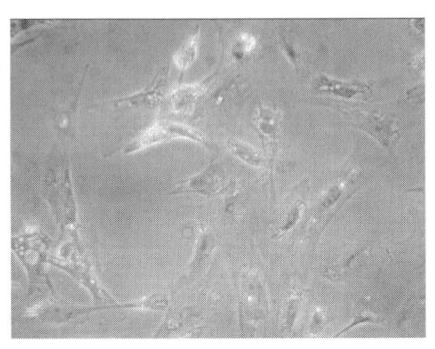　　　　　　　(b) 内皮細胞

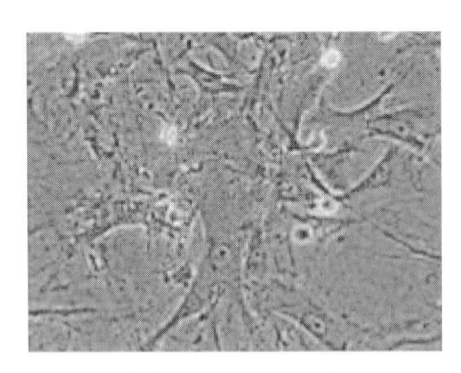

(c) メサンギウム細胞 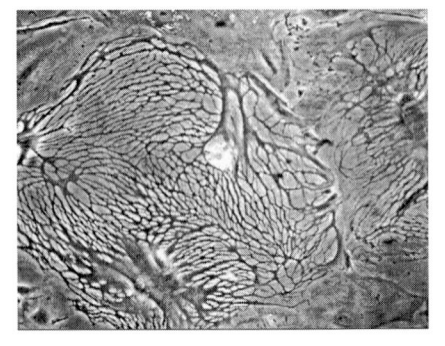　　　　　　(d) 上皮細胞（足細胞）

図1.7　腎糸球体構成細胞

球体構成細胞の例を図 1.7 に示す。

〔2〕 培　地　　安全で安価な培地の開発は重要である。細胞治療や再生医療に用いられる細胞培養では，感染の懸念のないこと，すなわち「安全性」の維持がなにより重要である。動物細胞培養ではウシ胎仔血清（FBS）の添加が必須となる場合が多いが，狂牛病などの病原体の混入を避けるためにも動物血清を含まない培地の開発は特に重要である。

　寺田らはセーレン(株)と共同で，絹由来のセリシン（sericin）タンパク質を利用することで，細胞培養を無血清化できることを見いだした。セリシンは絹の精練過程，すなわち生糸から絹糸に精製する過程で生じる産業廃棄物であり，廃物利用という点からも優れている。モノクローナル抗体の生産細胞であるハイブリドーマ細胞，アデノウイルスベクターを生産する HEK 293 細胞，HeLa 細胞，バイオ人工肝臓にも用いられる HepG 2 細胞を含む，種々の細胞株に対して，図 1.8 に示すようにセリシンは細胞増殖を促進した。また，セリシンを用いて 1 週間無血清で培養したラット膵島を，糖尿病モデルラットに移植したところ，血清添加培養したラット膵島を移植した場合とまったく同等の血糖値低減効果を示した。このようにセリシンは無血清培地のための添加剤として有望である[23]。他方，血清に 10 ％の DMSO を添加したものが一般に利用されている細胞保存の凍結保護剤としても，セリシンを利用することで無血清化が実現し，良好な成績をおさめている。

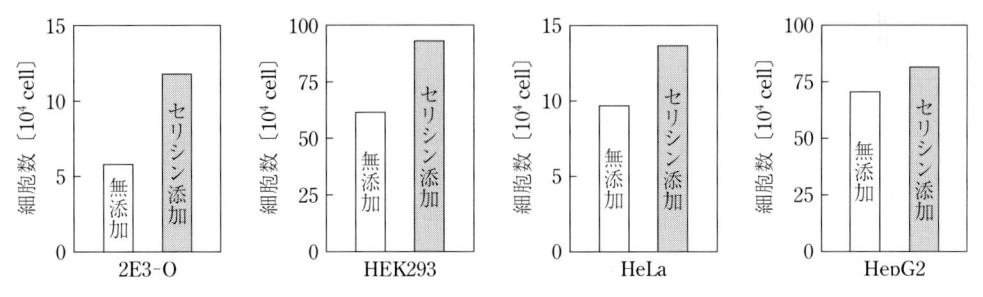

図 1.8　セリシンによる細胞増殖促進

　一方，髙木らは，動物由来の血清を含まない培地の開発を目指して，ウシ胎仔血清の代わりにヒト血清（骨髄ドナーの血清）を用いたヒト骨髄間葉系幹細胞（MSC）の増殖を検討した。ウシ胎仔血清（FCS，10 ％）または各自己血清（hS，10 ％）＋FGF 2（0，0.1，1，10 ng/ml）を添加した培地（DMEM）を用いて，ヒト腸骨骨髄液中の有核細胞をフィコール分離せずに直接ディッシュに播種し静置培養した。その結果，19 日後における hS および hS＋FGF 2（10 ng/ml）添加の場合の接着細胞密度はそれぞれ FCS 添加の場合の 0.1〜0.6，1.4〜2.7 倍であった（図 1.9）。さらに同じ培地を用いて継代増殖し表面抗原（CD 45$^-$，CD 105$^+$ の細胞の割合）および軟骨細胞への分化能（ペレット培養）の経過を調べたが問題は認められなかった[24]。

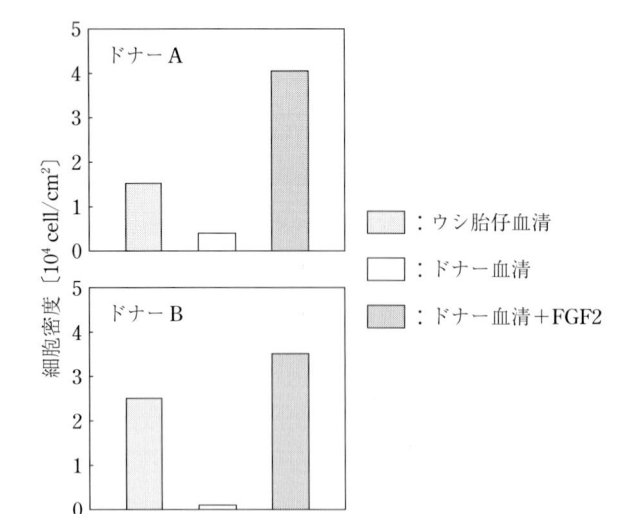

図1.9 ウシ血清を用いない骨髄間葉系幹細胞増殖法

〔3〕**接着担体** 細胞に結合することによりシグナル伝達を促し，増殖，分化，物質生産など，細胞の活性を変化させるリガンドとしては，可溶性サイトカイン，増殖因子，細胞外マトリックスおよび膜結合型サイトカインを介した接触分泌（Juxtacrine）などが代表的である。そうした活性リガンドを培養基材上に提示することができれば，さまざまな組織に由来するさまざまな分化段階の細胞を，それぞれの細胞に適した環境で培養するための基材が開発できると考えられる。そのような要請に対して，プラズマ放電などによる表面処理とその後の活性リガンドの導入，あるいは活性リガンドを結合した高分子のコーティングなどの手法が用いられている。

髙木らは，中空糸膜の血液側に血管内皮細胞を接着した抗炎症性ハイブリッド型人工肺構築を目指し，疎水性ポリプロピレン中空糸膜への強固な細胞接着法を種々検討した。中空糸膜（外径 300 μm，細孔径 0.05×0.15 μm）を 0.05 mmHg NH_3 雰囲気下 5 分間プラズマ放電処理（13.56 MHz，30 W）したもの（長さ 4 cm，20 本）の両端を浮遊培養用ディッシュ（19.6 cm^2）底面に接着剤で固定した。FCS 含有 DMEM 培地 7.5 ml を用いてウシ大動脈内皮細胞を接種し，5% CO_2 中，37℃で静置培養したところ接着細胞密度は $1.2×10^5$ cell/cm^2 まで増加したが，せん断力 0.16 Pa（1.6 dyn/cm^2）の層流負荷により約60%の細胞が剥離した。一方，エチレン・ビニルアルコールでコートしたあとフィブロネクチンを共有結合した中空糸膜（**図1.10**）では，層流 1.15 Pa（11.5 dyn/cm^2）の負荷を 180 分間加えても 95% の細胞が残存した[17]。

$$\tau = \frac{0.6\mu Q}{d^2 W} \tag{1.5}$$

ここに，τ：せん断力〔Pa〕，μ：粘度〔Pa・s〕，Q：流速〔m^3/s〕

八木，川瀬らは細胞の寿命や機能に影響を与える生理活性分子を培養基材に高密度に導入

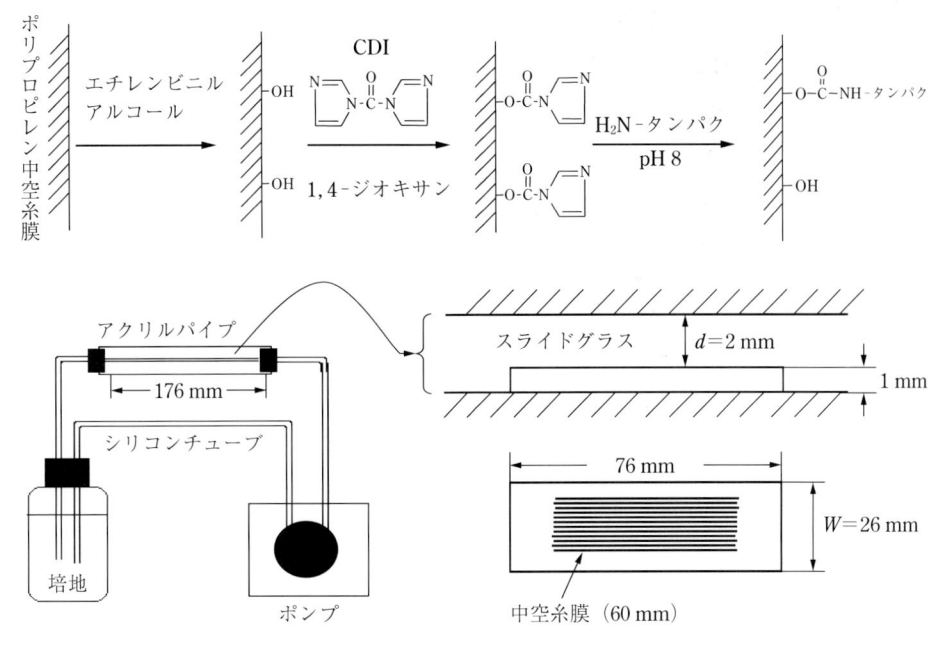

図 1.10　中空糸膜のタンパク修飾と細胞接着強度評価法

することを目的とし樹木状多分岐高分子であるデンドリマーを用いることを試みた[26]。ポリアミドアミン（PAMAM）デンドリマーは三つのアミノ基を持つトリスアミノエチルアミンをコアとした（図 1.11）。コア部分を基材表面に固定化し，つぎにトリスアミノエチルアミンとの間にアミド結合を形成させ第 1 世代のデンドリマーを構築した。さらにそれぞれのアミノ基に 2 個のトリスアミノエチルアミンを結合させ，その反応を繰り返すことにより樹木状のポリマーが基材上に形成された。最後に指数関数的に増加させた末端のアミノ基に細

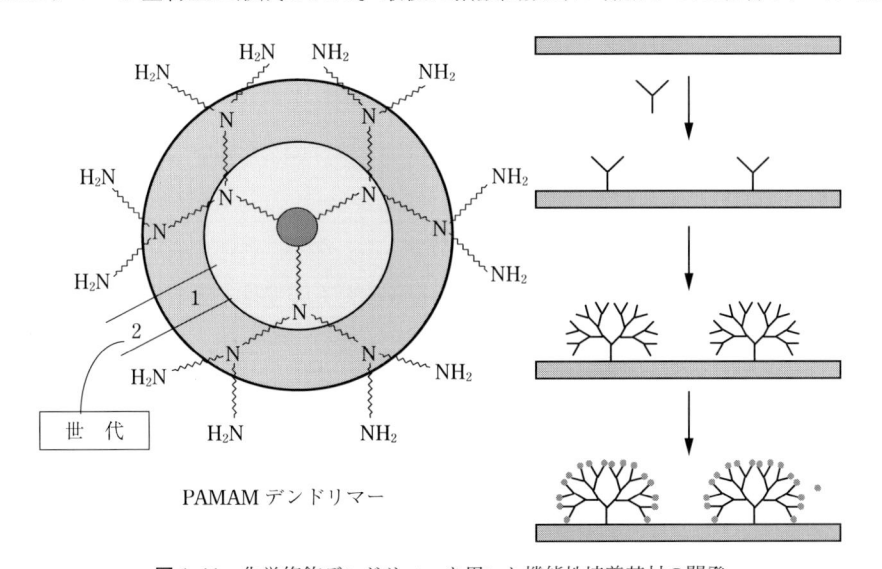

図 1.11　化学修飾デンドリマーを用いた機能性培養基材の開発

胞の機能をモジュレートする生理活性分子をリガンドとして修飾することを試みた。これまでに肝細胞成長因子，肝細胞に保護効果を示すフルクトース，接着性を付与するガラクトースなど種々のリガンドを導入することにより肝細胞のアポトーシス，ネクローシスを抑制し，さらに肝機能を上昇させる効果が確認された。このリガンド修飾デンドリマーを利用した培養基材への機能性付与は肝細胞に限ったものではなく，さまざまな細胞に応用が可能である。細胞ごとに機能を促進するあるいは細胞死を抑制するリガンドを選択し，末端の官能基に修飾すれば人工肝臓のみならず細胞を利用する再生医療に広く適用できると期待される。

戸淵，髙木らは，安価に合成できる人工脂質（図1.12）を利用して，その骨格に，糖鎖やペプチドあるいはタンパク質などの活性リガンドを導入すれば，任意の形状を持った疎水性基材の表面に，人工脂質部分での疎水性吸着により，さまざまな活性リガンドを提示することが可能であり，必要に応じて複数の活性リガンドの提示も可能なシステムができると考え，人工脂質に結合した活性リガンドを細胞培養に応用することを検討した。

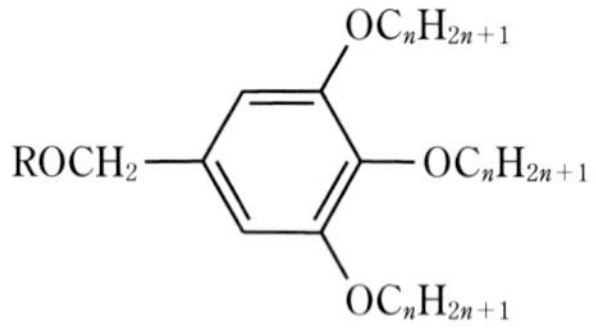

化合物1．3,4,5-tris(alkyl oxy)benzyl derivatives （$n=12, 18$）

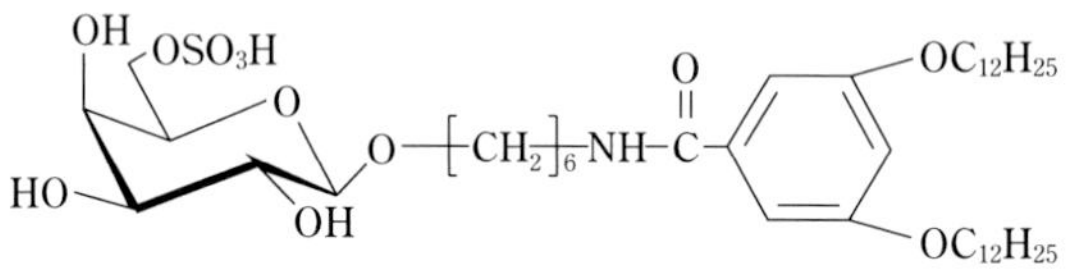

化合物2．N-(O-β-(6-O-sulfogalactopyranosyl)-6-oxyhexyl)-3,5-bis(dodecyloxy)-benzamide

図1.12 人工脂質

化合物1.で単糖を結合した一群の誘導体（$n=12$，R=Glc，Gal，Man，GlcNAc，GalNAc）を用いて糖鎖を提示したポリスチレンディッシュ上で，初代ラット肝細胞を培養したところ，ガラクトースが細胞接着形態に影響することなく，アンモニア消費活性を特異的に賦活化し，グルコースおよびガラクトースを提示したものでは，乳酸負荷培地ではない通常培地にもかかわらず糖新生活性を示すことも判明した[27]。さらに，硫酸糖を結合した誘導体（化合物2.）をコーティングした不織布を用いたヒト臍帯血造血細胞の3次元培養系で，硫酸化糖が未分化造血前駆細胞の増幅を促進することも判明した[28]。

酒井らは，埋込み型肝組織再構築の新たなデザインを提示し，そのデザインに基づいた生体吸収性樹脂の3次元造型に成功した（図1.13）[29]。すなわち，担体全体に最低限の酸素を供給するような分岐合流を繰り返すマクロ流路ネットワークを配置し，それ以外の部分は細

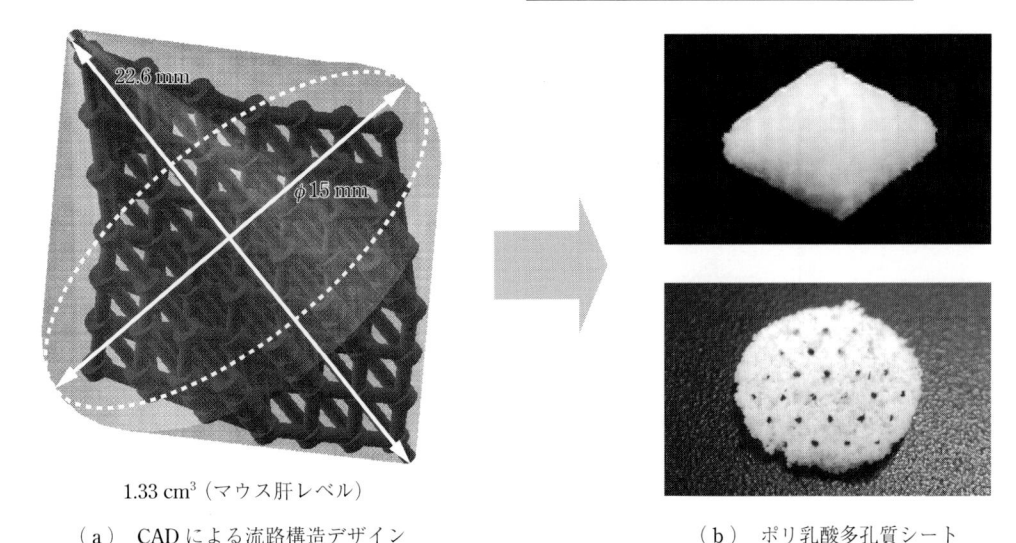

(a) CADによる流路構造デザイン　　　　　(b) ポリ乳酸多孔質シートの積層切削造型

図1.13　モデル肝組織のデザインと3次元造型

胞を担持する多孔質構造とすることを提案した。これは，実際の肝毛細血管系を *in vitro* で完全に配置することは現時点ではほぼ不可能であり，むしろ埋め込んだあとの生体の優れた血管新生能を積極的に利用しようとする発想に立っている。彼らは正四面体を単位構造にし，その斜辺を流路とするデザインを採用した。一方，あらかじめ製作したポリ乳酸多孔質体シートを積層しつつ流路を加工する3次元造型法によって，デザインどおりの内部構造を持つ担体の確実な造型を行った。現在はマウス肝程度の大きさであるが，その基本デザインと造型法は，一方でヒト肝前駆細胞集団の増殖分化制御といった技術と結びつくことで，より大型（当面はヒト全肝の1/3の500 ml）の埋込み型肝組織構築にも役立つと期待される。

1.3.2　効率的培養法

〔1〕細胞分離法　　一般に生体由来の細胞および培養後の細胞には複数種類の細胞が混在しており，そのなかから特定の細胞だけを，効率よく分離することが必要である。

上平らは，細胞表面マーカータンパク質に基づいて機能細胞を分離するために，水性二相系を利用することで特殊な装置を必要とせず，簡便に大量の細胞分離操作が可能な方法の開発を行った（**図1.14**）[30]。この方法では，シャープな温度応答を示す機能性高分子ポリ *N*-イソプロピルアクリルアミド（poly-NIPAM）が，ポリエチレングリコール（PEG）とデキストランからなる水性二相系において，PEG相に特異的に分配することを利用した。細胞表面抗原に対するモノクローナル抗体をこのポリマーによって修飾すると，修飾抗体と結合する細胞をPEG相に特異的に分配させることができるようになり，抗体と結合しない

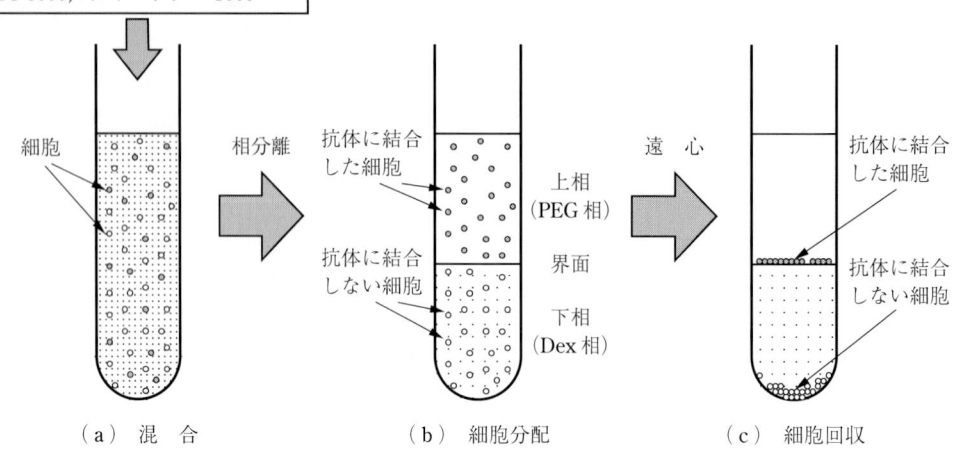

図1.14 poly-NIPAM修飾抗体を用いた水性二相系による細胞分離のスキーム

細胞はデキストラン相（Dex相）にとどまることにより分けることが可能である。そして，PEG相に分配した細胞は，緩やかな遠心場の適用によって二相界面に濃縮回収することができた。この方法は，組織中に少量にしか存在しない幹細胞の分離に有効な方法と考えられ，このような幹細胞は，細胞移植による組織修復や，将来の幹細胞テクノロジーの進展によって ex vivo での臓器再生にも役立つものと考えられる。

〔2〕 **3次元培養**　　生体内の組織細胞は周囲の細胞と3次元的に結合したり集合体を形成しており，これを再現することで高度な細胞機能が再現できる場合が多い。そのためにも3次元培養法は重要である。

上平らは，肝実質細胞を培養基材に接着させずに，細胞懸濁液から直接肝細胞スフェロイドを誘導する方法を開発した（**図1.15**）[30]。この方法では，細胞の凝集を引き起こす水溶性合成ポリマーを人工マトリックスとして培地に添加することで，細胞の凝集および自己組織化を促しスフェロイドにする方法である。単に培地中に人工マトリックスとなるポリマーを添加するだけでスフェロイド形成が誘導できるので非常に簡便であり，大量調製も可能であり，さらに回収も容易であった。形成されたスフェロイドは，細胞-細胞間にギャップジャンクションやデスモソーム構造などの接着装置が発達しており，各種肝機能の高い発現を示した。また高肝機能の長期維持のために，肝実質細胞以外の肝臓構成細胞（非実質細胞）との共培養でのスフェロイド（ヘテロスフェロイド）形成をこの方法により試みたところ，非実質細胞をランダムに取り込んだヘテロスフェロイドを誘導することが可能であり，非実質細胞の導入によって，肝実質細胞のみからなるスフェロイドに比べてより高い肝機能を1か月以上の長期にわたって維持できたことを報告した。この方法は，これまでスフェロイドを

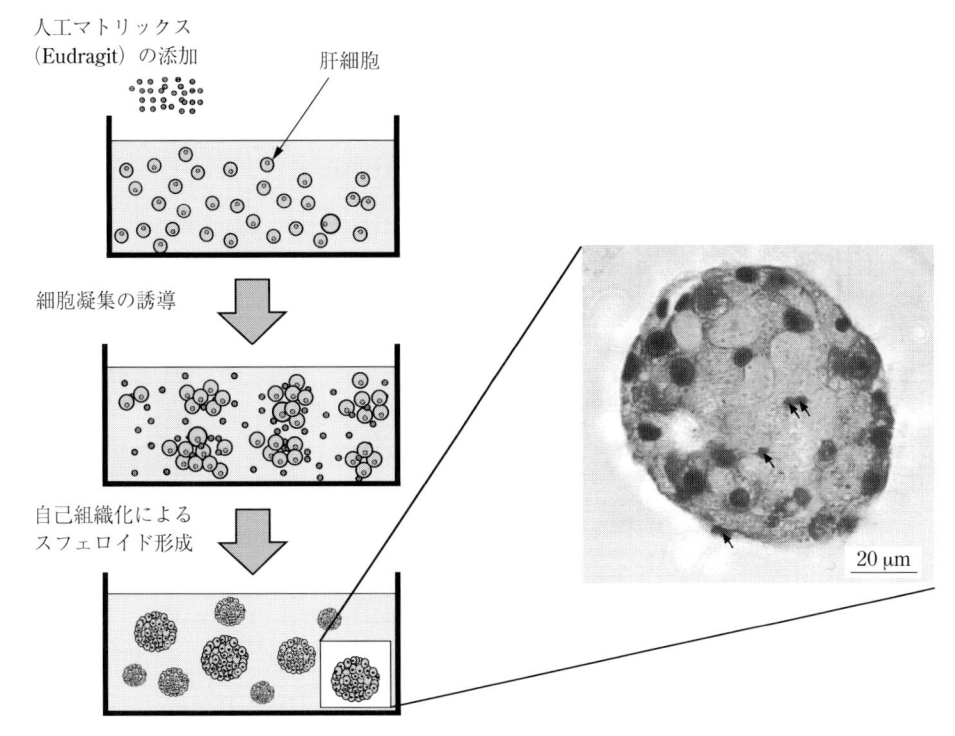

図 1.15 人工マトリックス添加による肝細胞スフェロイド形成の誘導

用いたハイブリッド型人工肝臓モジュールの最大の難点であった大量調製の問題を解決できる手法であり，人工肝臓モジュールのコンパクト化に大きく寄与できるものと考えられる。

ES 細胞の胚様体（embryoid body：EB）形成は 3 次元培養法の一種でもある。黒澤らは，マウス ES 細胞の胚様体を簡便に，かつ効率よく形成する新規培養法を開発した[31]。EB 形成は，試験管内における ES 細胞の分化誘導法の一つであり，ES 細胞を浮遊培養することによって得られる球状の中空な細胞凝集塊である。従来，EB 形成のための浮遊培養法としては懸滴培養法（hanging drop method：HD 法）が主として用いられているが，HD 法は操作が煩雑なため，質的に安定した EB を大量に形成させるのには不適であった。また，EB の形成過程を顕微鏡で観察しにくいことも実験上の問題となっていた。黒澤らは，U 底 96 ウェルポリスチレンプレートに 2-Methacryloyloxyethyl Phosphorylcholine（MPC）で表面処理を施し，細胞が培養容器に付着しないようにすることで，EB 形成に適する浮遊培養環境を ES 細胞に与えた（図 1.16）。その結果，ES 細胞の懸濁液をウェルに播種して培養するだけの簡単な操作で EB が形成されることを見いだした。EB 形成過程は容易に顕微鏡観察することができ，質的，形状的に均一な EB を任意の数だけ形成することができた。また，播種細胞密度の調整も比較的自由に行うことができ，大きさの異なる EB を意図的に形成させることができた。形成された EB からは，三胚葉に由来する細胞系列の分化誘導が

16　　1. セルプロセッシング工学

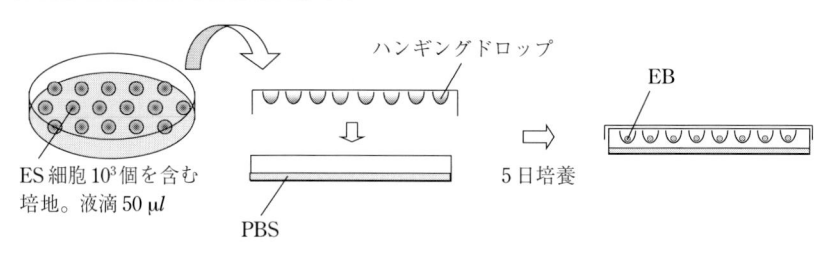

（a）懸滴培養法による EB 形成

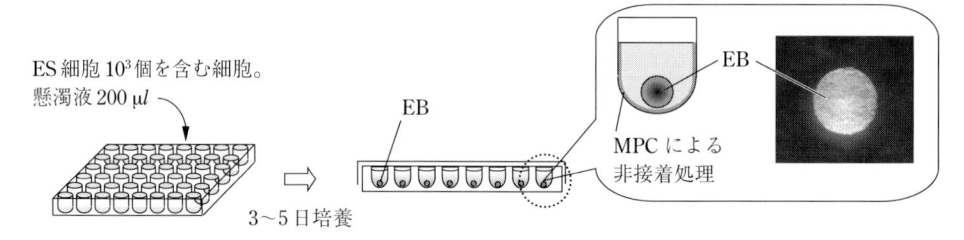

ES 細胞 10^3 個を含む培地。液滴 50 μl
PBS
ハンギングドロップ
5日培養
EB

（b）MPC コーティングにより細胞非接着性を有する U 底 96 ウェルプレートによる EB 形成

ES 細胞 10^3 個を含む細胞。懸濁液 200 μl
3〜5日培養
EB
MPC による非接着処理

図 1.16　MPC コーティングプレートを用いる簡便な胚様体（EB）形成法

確認された。ES 細胞の分化誘導研究を行う際の簡便な EB 形成法として期待されている。

1.3.3　産業化技術

現在，臨床研究が行われている再生治療の多くの場合で，細胞の加工（セルプロセッシング）がセルプロセッシングセンター（CPC）内で人手作業で実施されている（**図 1.17**）。こ

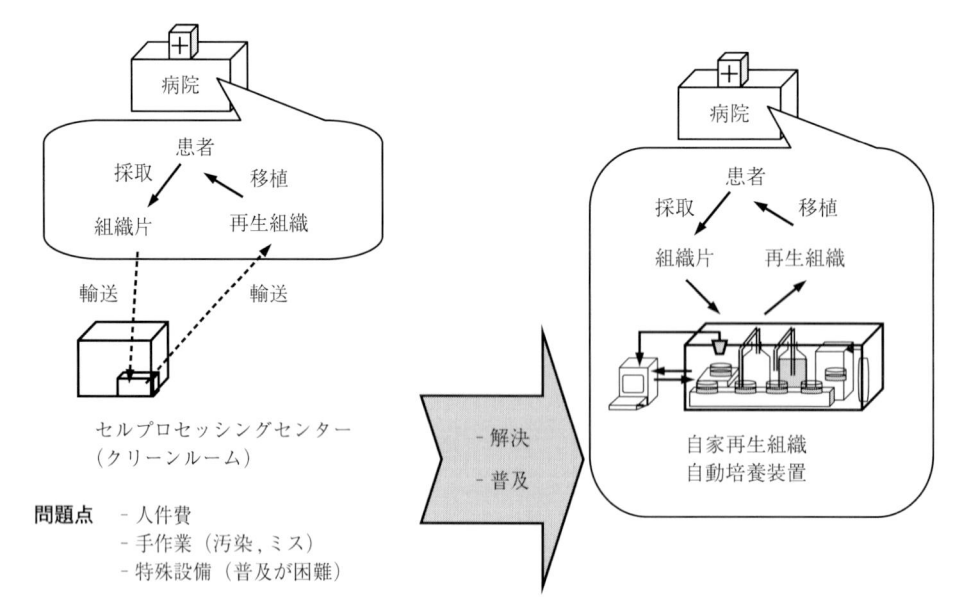

病院
患者
採取　移植
組織片　再生組織
輸送　輸送
セルプロセッシングセンター（クリーンルーム）

問題点　- 人件費
　　　　- 手作業（汚染，ミス）
　　　　- 特殊設備（普及が困難）

- 解決
- 普及

病院
患者
採取　移植
組織片　再生組織
自家再生組織自動培養装置

図 1.17　再生医療の実施形態の例

れを産業化の観点から見るといくつかの問題があると考えられる。まず，人手で行うために作業者自身がもとになる汚染や操作のミスが懸念される。また，熟練した作業者を確保する必要があり人件費が問題になる可能性が大きい。さらに，特殊な設備であるCPCの立地に再生治療の実施地域が制限される可能性が高い。これらの点から，セルプロセッシングを自動的に行える自動培養装置を開発し，医療機関に設置することが，将来的には望ましいと考えられる。

　セルプロセッシングを可能とする自動培養装置の実現には，本章の冒頭で挙げたような医薬品生産を目的とした動物細胞の大量培養技術が参考になる。そこで，自動培養装置の開発には，セルプロセッシング過程の培養プロセスに対するモデル化，モニタリング技術，自動培養装置技術，品質管理技術などが必要になると考えられる。

　紀ノ岡らは，上皮細胞の継代培養を自動的に実施できるバイオリアクターシステムを構築した（図1.18)[32]。本システムは，大きさの異なる培養面を複数有する増殖チャンバー

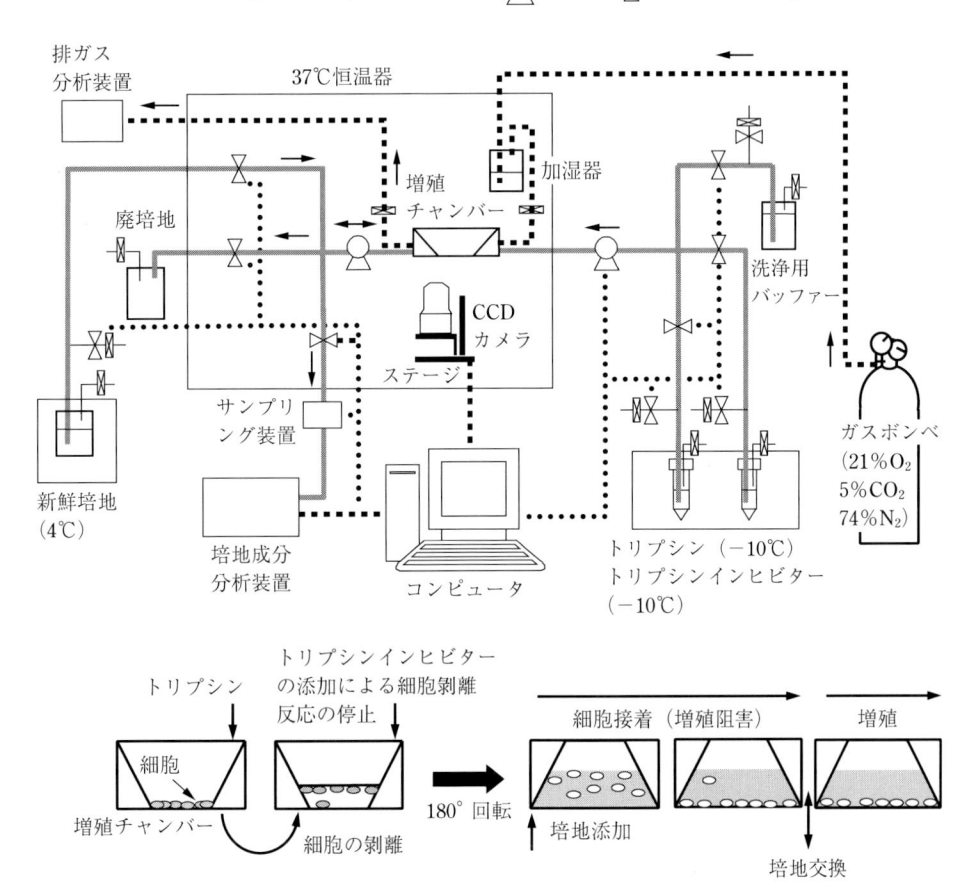

図1.18　自動的な継代培養操作を実現するバイオリアクターシステム

(growth chamber) にて，細胞剥離・再播種を含む継代操作ならびに培地交換操作を可能とし，一連の継代培養を自動的に実施することができる。また，細胞画像の取得・処理による細胞数変化，形態変化などの細胞診断ならびに培地成分の濃度測定による培養環境診断などのモニタリングツールを具備し，培養中の情報取得を可能としている。さらに，既存の培養シミュレータで，得られた培養情報に基づいて工程予測，培養状況の健全性把握を行うことができる。本培養システムでは，接着依存性細胞全般に適用でき，培養工程の自動化を目指している。

自家細胞組織の場合，培養スケールは 100 ml 程度と考えられるが，医薬品生産の培養は数 m^3 にもなる。したがって，1 回（患者 1 人）の治療のために培養する細胞を 1 ロットと考えると，ロットサイズは医薬品生産の培養の場合に比べて著しく小さい。医薬品生産の場合には，1 台の数 m^3 の培養槽で例えば 100 人分の薬を生産するから培養装置のコストパフォーマンスは良くなり，そこにスケールアップの意義がある。1 ロットの自家細胞組織の培養を 1 台の培養装置で行うと培養装置のコストパフォーマンスがきわめて悪くなるが，1 台

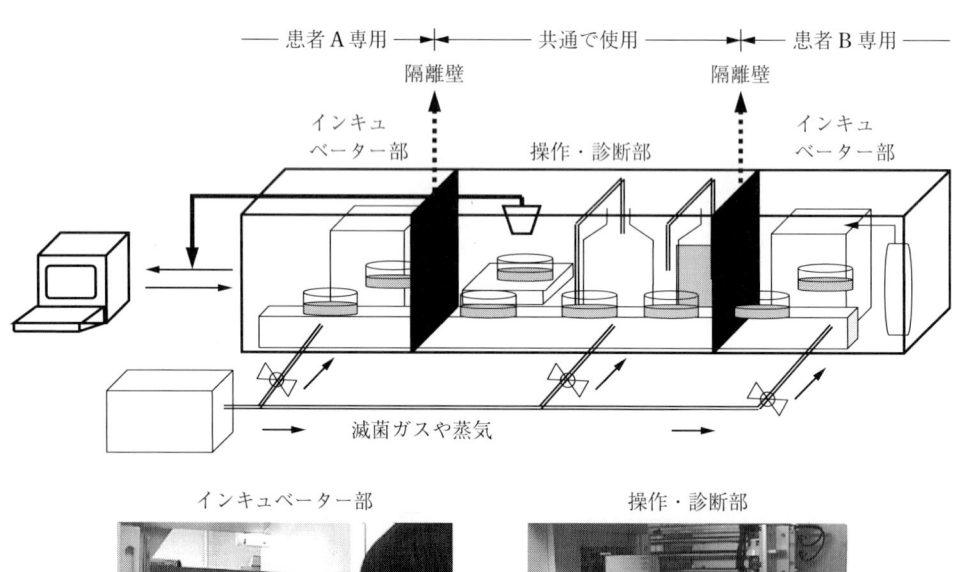

図 1.19　自動培養装置における交互汚染防止機構

の培養装置で多ロット（多検体，例えば100人の患者の細胞）を同時に並行して培養することは，ロットサイズが小さいので物理的には可能である。しかし，1台の培養装置を用いて，多ロットの細胞培養を同時並行で，いかにして安全に行うかという新たな工学的課題が生じる。すなわち，異なる自家細胞の間での病原体を含めた種々の混入事故をいかにして防ぐかという課題がある。

髙木らは，これに対して，培養装置の内部を複数のインキュベーター部と一つの操作・診断部に隔離できる構造とすることで解決できることを提案した（図1.19）。すなわち，患者Aの細胞を操作（培地交換や継代など）・診断したあと，すみやかに操作・診断部を滅菌し，その後に別の患者Bの細胞を操作・診断部に受け入れることにより，異なる患者の細胞間での病原体などの交互汚染を防げると考えられる。これをオゾン殺菌法を採用した試作機により実証したが，今後，非侵襲的，非破壊的な細胞診断法を操作・診断部に組み込むことを目指している。

1.4　造血細胞の体外増幅

本節では3次元培養を利用した造血前駆細胞の低コスト増幅について紹介する。

1.4.1　造血細胞の体外増幅

造血幹細胞や造血前駆細胞の自己複製と分化・増殖が骨髄中で行われ（図1.20），分化した成熟血球は血液中へ定常的に供給されているが，骨髄中にある接着性の造血支持細胞（ストローマ細胞）と造血細胞との接触，サイトカインや細胞外マトリックスなどがこの造血プロセスを調節していると考えられている。

一方，放射線や化学療法を受けたがん患者や白血病患者ではこのしくみに問題があるため，救命のために造血細胞移植として骨髄移植が行われているが，組織抗原が適合するドナーの数が少ない，ドナーの負担が大きいなどの問題がある。これに対し，骨髄液に比べて採取が容易な臍帯血造血細胞の移植が期待されているが，臍帯血に含まれる造血前駆細胞数が骨髄液に比べて少ないため，移植後の造血回復，特に好中球や血小板の増加が遅れるという問題がある。

そこで造血幹細胞や造血前駆細胞を体外で増幅する試みられてきた。まず，古典的な造血細胞培養法であるDexter培養法（図1.21（a））では，ディッシュ底面上に2次元的（平面的）に形成されたストローマ細胞層の上で造血細胞との共培養を行うが，幹細胞や前駆細胞のような未分化な造血細胞の増幅はほとんど見られず，分化の方向も偏っている[33]。このほかにも体外での造血幹細胞や造血前駆細胞の増幅培養が数多く試みられているが，ほとん

20   1. セルプロセッシング工学

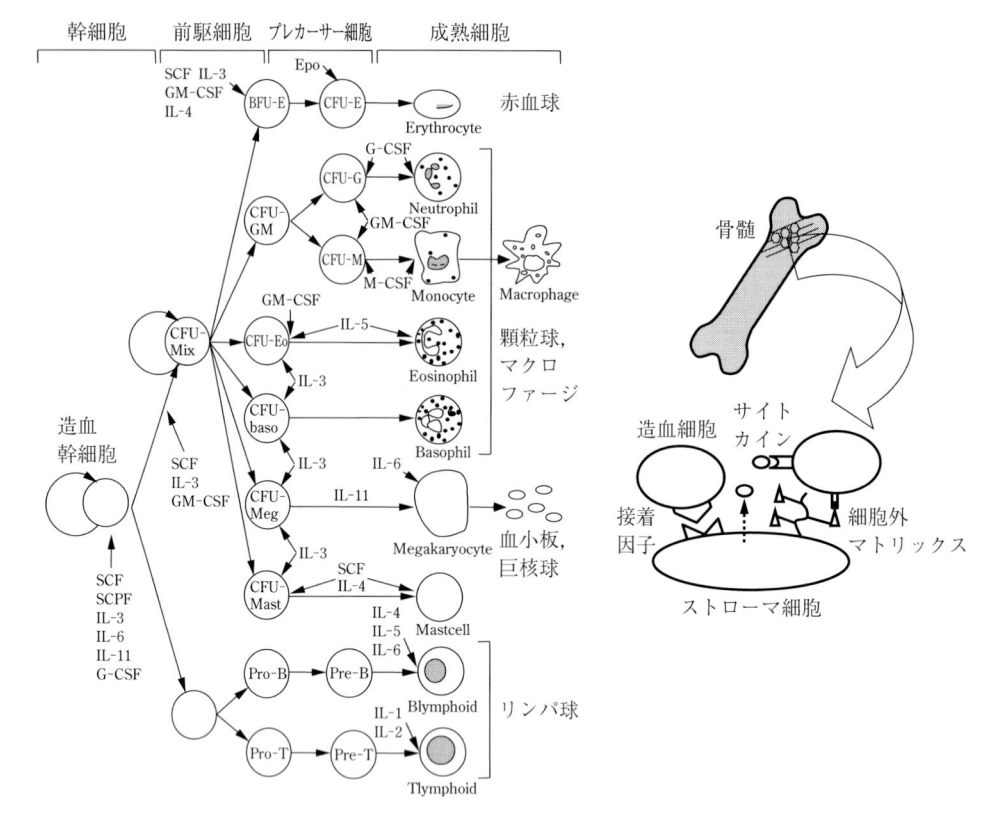

図1.20 骨髄中における造血細胞の増殖，分化の制御

どすべての例で高価なサイトカインを大量に添加する必要があり（図（b）），ある試算ではサイトカイン代だけで数百万円/患者を要する[34),35)]。

　一方，造血支持能の高い種々のストローマ細胞株が開発されているが，そのほとんどがマウス由来であるため，造血細胞と直接に接触しない隔膜共培養法が提案され[36)]（図（c）），使用する膜の細孔径についての最適化もなされている[37)]。他方，骨髄構造を模倣した3次元共培養も種々検討されているが（図（d））[38)~41)]，そのほとんどはストローマ細胞を含まない。これらに対してわれわれはストローマ細胞の役割を重視し，ストローマ細胞を3次元的（立体的）に接着培養したあとで造血細胞と共培養すれば，高価なサイトカインをまったく添加しないでも，細胞自身がサイトカインや細胞外マトリックスを効率的に産生して造血微小環境を形成し造血細胞前駆細胞の増幅が可能になるのではないかと考えて3次元共培養系の確立を試みた。

1.4 造血細胞の体外増幅　　21

(a) Dexter 培養法
造血細胞
ストローマ細胞

(b) サイトカイン添加培養法
サイトカイン

(c) 隔膜共培養法
多孔性膜

(d) 3次元共培養法
細胞外マトリックス

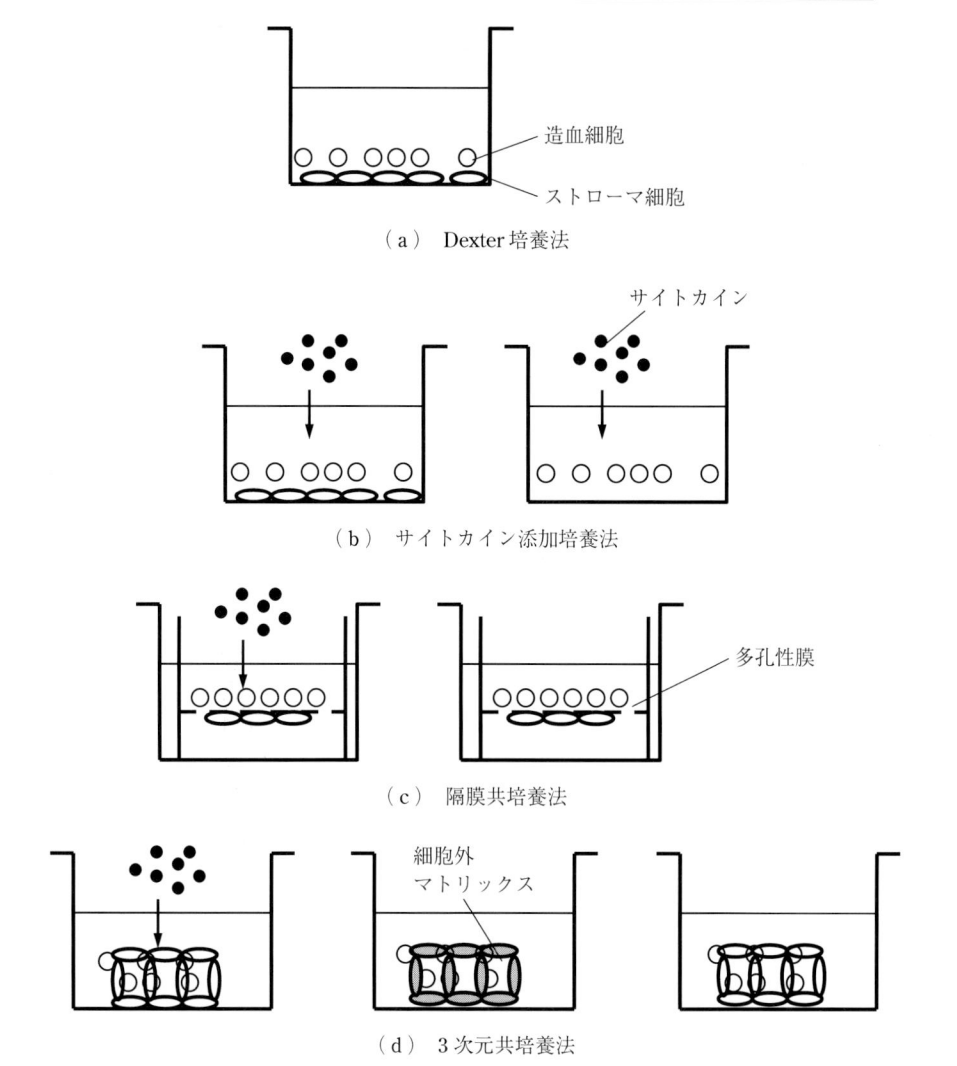

図 1.21　種々の造血細胞培養法

1.4.2　ストローマ細胞接着に適した多孔性担体

マウスストローマ細胞株（SR-4987）を種々の多孔性担体を用いて培養した結果，セルロース製多孔性ビーズ（CPB，孔径 100 μm，旭化成）上で増殖した細胞の多くが球状であったのに対して，セルロース製多孔性キューブ（Micro-cube，孔径 500 μm，バイオマテリアル社）やポリエステル不織布 Fibra-Cel（FC，NBS 社）上では細胞が伸展して接着し，特に FC を用いた場合には細胞が繊維芽状に伸展して高密度で接着することが SEM で観察された（**図 1.22**）[42]。

また，マウス（Balb/c）初代骨髄細胞に含まれる初代ストローマ細胞と造血細胞との 3 次

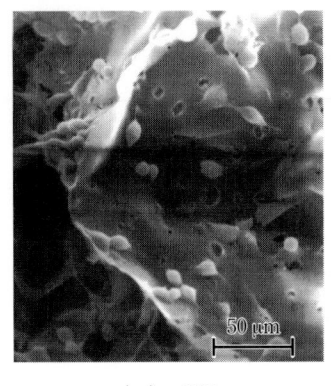

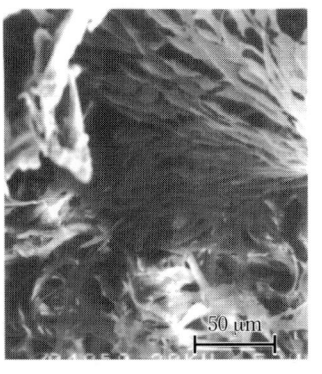

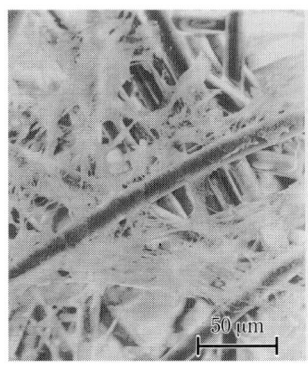

(a) CPB　　　　　　　(b) Micro-cube　　　　　　(c) Fibra-Cel

図 1.22　種々の多孔性担体に接着，増殖したストローマ細胞

元共培養をこれらの担体を用いて行った結果，初代ストローマ細胞も FC 上で良好に接着・伸展することが確認できた。さらに，他の担体の場合には造血前駆細胞が培養とともに減少し消失したが，FC を用いた場合にのみ造血細胞に占める前駆細胞の割合が培養中高く維持されることがわかった[43]。また，ディッシュ底面上で行う 2 次元共培養では 4 週間目以降造血細胞の 97 % が顆粒球に占められたが，FC を用いた 3 次元共培養ではマクロファージが 45 % を占めたほか，赤血球も約 5 % 認められ，FC を用いた 3 次元共培養が造血細胞系統の多様性の点でも骨髄環境をより再現していると考えられた[44]。

1.4.3　3 次元共培養による造血前駆細胞増幅

ウェル内に FC を置き，マウスストローマ細胞株 ST 2 を接種し増殖させたあとに，接着細胞を除いたマウス骨髄造血細胞を接種し，FCS，HS，ハイドロコーチゾンを含むがサイトカインを添加しない McCoy's 5 A 培地を用いて 3 週間 3 次元共培養した。その結果，ディッシュ底面に接着した ST 2 細胞の上に造血細胞を接種した 2 次元共培養では最も未分化な前駆細胞である CFU-Mix 数は培養開始時に比べてまったく増加しなかったが，3 次元共培養では 3 週間で約 5 倍に増加した[44]。

また，C 57 BL/6-Ly 5.1 マウス由来の骨髄造血細胞を用いて共培養し 1 週間後に回収した造血細胞と，培養していない新鮮な C 57 BL/6-Ly 5.2 マウス骨髄造血細胞とを同数混合し，放射線照射 (8.5 Gy) により造血系を破壊した Ly 5.2 マウスに移植した（図 1.23）。移植 5 か月後の末梢血中に占める Ly 5.1 血液細胞の割合は，2 次元共培養由来の Ly 5.1 細胞を用いた場合が約 7 % であったのに対し，3 次元共培養由来の Ly 5.1 細胞を用いた場合は約 25 % と，培養していない新鮮な Ly 5.1 細胞を用いた場合の約 33 % と同等であった（表 1.2)[44]。これは，2 次元共培養では造血幹細胞が顕著に減少するが，3 次元共培養では

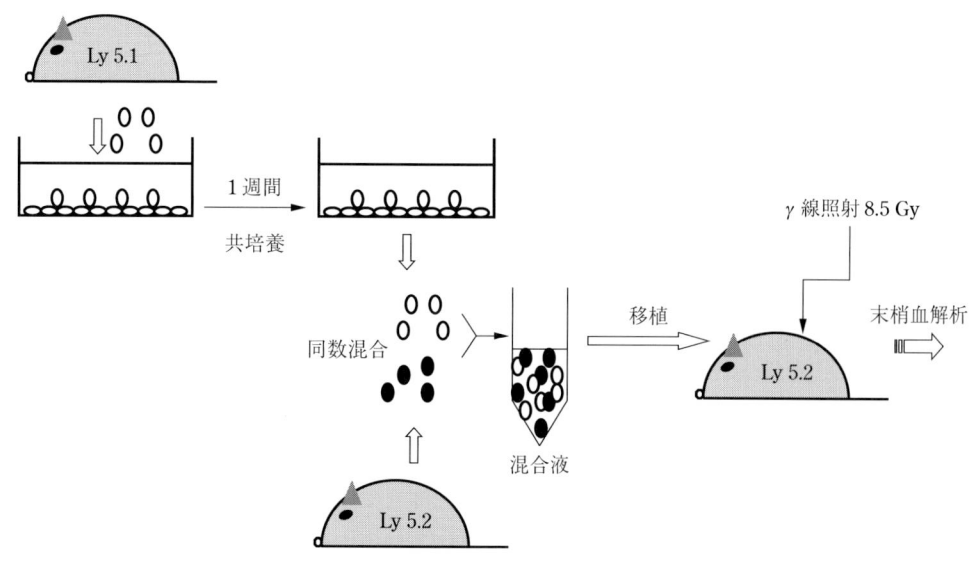

図 1.23 放射線照射マウスへの移植による造血幹細胞アッセイ

表 1.2 放射線照射マウスにおける移植造血細胞の生着

移植した Ly 5.1 細胞	末梢血中に占める Ly 5.1 細胞の割合〔%〕				
	1 か月後	2 か月後	3 か月後	4 か月後	5 か月後
新　鮮	28.1±6.6	33.2±6.6	30.7±3.8	31.4±1.9	33.8±2.4
2次元共培養	3.3±2.4	5.4±3.9	5.7±4.1	6.4±4.2	6.7±4.7
3次元共培養	23.9±5.5	28.5±4.2	26.6±4.7	25.7±5.7	25.6±5.7

造血細胞に占める造血幹細胞の割合がほぼ維持されることを示している。

この3次元共培養系における各細胞の播種密度の影響を調べた結果，ストローマ細胞は調べた範囲内では高密度ほど，造血細胞は逆に低密度ほど，造血前駆細胞の増幅率が優れていることが判明した[45]。これには，ストローマ細胞および造血細胞のほとんどを占める成熟細胞がそれぞれ産生するサイトカインの種類と作用が関係していると考えられた。

この3次元共培養系はヒト臍帯血造血前駆細胞の体外増幅にも応用できることをわれわれはすでに確認している。すなわち，ヒト骨髄初代ストローマ細胞をポリエステル不織布に接着したあと，臍帯血単核細胞と1週間共培養することにより，サイトカイン無添加でも造血前駆細胞を3倍に増幅でき，さらなる増幅倍率向上の手がかりも得ている。

1.4.4　3次元共培養システムにおける造血微小環境

培養環境を液性（可溶性）因子と細胞近傍の不溶性因子とに大別し，不織布に接着したストローマ細胞により構築されている3次元造血微小環境と従来の2次元造血微小環境とを比較して解析した。まず液性因子として，2次元培養および3次元培養においてストローマ細

胞が培養上清中に分泌したサイトカイン量に関して転写レベル，タンパクレベルおよび造血支持活性で調べたところ，両培養の間に造血細胞培養に影響を与えると考えられる液性因子の差は認められなかった。一方，細胞近傍の因子としてストローマ細胞近傍のタンパク質量を調べた結果，明らかに3次元培養のほうが2次元培養に比べて多量にタンパク質を蓄積していた。さらに，未分化な造血細胞と親和性のある細胞外マトリックスであるラミニン$\alpha 5$の転写量は3次元培養したストローマ細胞のほうが高かった[46]。したがって，ポリエステル不織布を用いた3次元培養では，2次元培養に比べてラミニンなどの細胞外マトリックスがストローマ細胞近傍に多く蓄積され，より骨髄中に近い造血微小環境が構築されていると考えられた。

以上のようにポリエステル不織布を用いたストローマ細胞と造血細胞との3次元共培養では，他の担体を用いた3次元共培養やディッシュ底面上での2次元共培養とは異なり，サイトカインを添加しなくても低コストで造血前駆細胞を増幅できた。

引用・参考文献

1) 吉田敏臣：培養工学，コロナ社（1998）
2) 髙木　睦：動物細胞培養に特異的な環境因子に関する培養工学的研究，生物工学会誌，**80**，p.70-77（2002）
3) 髙木　睦：セルプロセッシング ——造血細胞の体外増幅——，再生医療，**2**，4，pp.17-22（2003）
4) Glacken, M. W. et al.：Trends Biotechnol., **1**, pp.102-108（1983）
5) Reuveny, S. et al.：Adv. Appl. Microbiol., **31**, pp.139-179（1986）
6) Wezel, A. L. et al.：Nature, **216**, pp.64-65（1967）
7) Levine, D. L. et al.：Somat. Cell. Genet., **3**, pp.149-155（1977）
8) Takagi, M. et al.：Cytotechnol., **31**, pp.225-231（1999）
9) Gerlach, J. C. et al.：Int. J. Art. Org., **17**, pp.301-306（1994）
10) Hu, W-S. et al.：Cytotechnol., **23**, pp.29-38（1997）
11) Munder, P. G. et al.：FEBS Lett., **15**, pp.191-196（1971）
12) Yoshida, H. et al.：J. Ferment. Bioeng., **84**, pp.279-281（1997）
13) Sasaki, T. et al.：Cytotherapy, **4**, pp.285-291（2002）
14) Takagi, M. et al.：J. Art. Org., **6**, pp.130-137（2003）
15) Tyo, M. A. et al.：Advances in Biotechnology, **1**, pp.141-146, Pergamon Press, New York（1981）
16) Feder, J. et al.：Sci. Am., **248**, pp.36-43（1983）
17) Takagi, M., Shiwaku, K., Inoue, T., Shirakawa, Y., Sawa, Y., Matsuda, H. and Yoshida, T.：Hydrodynamically stable adhesion of endothelial cells onto a polypropylene hollow fiber membrane by modification with adhesive protein, J. Art. Org., **6**, pp.222-226（2003）

18) Spier, R. E. et al.：Dev. Biol. Standard., **55**, pp.81-92（1984）
19) Takagi, M. et al.：Appl. Microbiol. Biotechnol., **41**, pp.565-570（1994）
20) Fleischaker, R. J. et al.：Eur. J. Appl. Microbiol. Biotechnol., **12**, pp.193-197（1981）
21) Takagi, M. et al.：J. Ferment. Bioeng., **77**, pp.709-711（1994）
22) Fleischaker, R. J. et al.：Adv. Appl. Microbiol., **27**, pp.137-167（1981）
23) 寺田　聡：絹タンパク質セリシンの動物細胞培養への有効性，バイオサイエンスとインダストリー，**60**, pp.683-684（2002）
24) Takagi, M., Nakamura, T., Matsuda, C., Hattori, T., Wakitani, S. and Yoshida, T.：In vitro proliferation of human bone marrow mesenchymal stem cells employing donor serum and basic fibroblast growth factor, Cytotechnol., **43**, 1-3, pp.89-96（2003）
25) Higashiyama, S. et al.：Mixed ligands-modification of polyamidoamine dendrimers to develop effective scaffold for maintenance of hepatocyte spheroids, J. Biomed. Mater. Res, **64A**, 3, pp.475-482（2003）
26) Takagi, M., Matsuda, C., Sato, R., Toma, K. and Yoshida, T.：Effect of sugar residues in glycolipid coated onto a dish on ammonia consumption and gluconeogenesis activity of primary rat hepatocytes, J. Biosci. Bioeng., **93**, pp.437-439（2002）
27) Okamoto, T., Takagi, M., Soma, T., Ogawa, H., Kawakami, M., Mukubo, M., Kubo, K., Sato, R., Toma, K. and Yoshida, T.：Effect of heparin addition on expansion of cord blood hematopoietic progenitors in three-dimensional coculture with stromal cells in nonwoven fabrics, J. Art. Org., in press（2004）
28) 酒井康行：図解 再生医療工学，分担執筆 3.8 マイクロファブリケーション・三次元造型，pp.89-95（2004）
29) 日本生物工学会セル＆ティッシュエンジニアリング研究部会 編：再生医療実用化に向けた生物工学研究──米英および国内生物工学者の活動──, pp.69-71, 三恵社（2003）
30) 黒澤　尋 ほか：マウス ES 細胞の胚様体形成のための新規培養技術，山梨大学工学部研究報告，**52**, pp.23-29（2004）
31) 紀ノ岡正博：移植を前提としたヒト培養組織の生産に関する生物化学工学的研究，生物工学会誌，**82**, 3, pp.95-100（2004）
32) Takagi, M., Kubomura, D. and Yoshida, T.：Effect of temperature on cell population balance in Dexter culture of murine bone marrow hematopoietic cells with stromal cells. J. Biosci. Bioeng., 88, pp.200-204（1999）
33) Piacibello, W., Sanavio, F., Severino, A. et al.：Engraftment in nonobese diabetic severe combined immunodeficient mice of human CD34+ cord blood cells after ex vivo expansion；Evidence for the amplification and self-renewal of repopulating stem cells. Blood, **93**, pp.3736-3749（1999）
34) Yamaguchi, M., Hirayama, F., Kanai, M. et al.：Serum-free coculture system for ex vivo expansion of human cord blood primitive progenitors and SCID mouse-reconstituting cells using human bone marrow primary stromal cells, Exp. Hematol, **29**, pp.174-182（2001）
35) Kawada, K., Ando, K., Tsuji, T. et al.：Rapid ex vivo expansion of human umbilical cord hematopoietic progenitors using a novel culture system, Exp. Hematol, **27**, pp.904-915（1999）

36) Takagi, M., Horii, K. and Yoshida, T.：Effect of pore diameter of porous membrane on progenitor content during a membrane-separated coculture of hematopoietic cells and stromal cell line. J. Art. Org., **6**, pp.130-137 (2003)
37) Wang, T. Y. and Wu, J. H. D.：A continuous perfusion bioreactor for long-term bone marrow culture, Ann. N. Y. Acad. Sci., **665**, pp.274-284 (1992)
38) Wang, T. Y., Brennan, J. K. and Wu, J. H. D.：Multilineal hematopoiesis in a three-dimensional murine long-term bone marrow culture, Exp. Hematol, **23**, pp.26-32 (1995)
39) Rosenzweig, M., Pykett, M., Marks, D. F. et al.：Enhanced maintenance and retroviral transduction of primitive hematopoietic progenitor cells using a novel three-dimensional culture system, Gene Therapy, **4**, pp.928-936 (1997)
40) Bagley, J., Rosenzweig, M., Marks, D. F. et al.：Extended culture of multipotent hematopoietic progenitors without cytokine augmentation in a novel three-dimensional device, Exp. Hematol, **27**, pp.496-504 (1999)
41) Li, Y., Ma, T., Kniss, D. A. et al.：Human cord cell hematopoiesis in three-dimensional nonwoven fibrous matrices：In vitro simulation of the marrow microenvironment, J. Hematotherapy Stem Cell Res, **10**, pp.355-368 (2001)
42) Takagi, M., Sasaki, T. and Yoshida, T.：Spatial development of the cultivation of a bone marrow stromal cell line in porous carriers, Cytotechnol., **31**, pp.225-231 (1999)
43) Tomimori, Y., Takagi, M. and Yoshida, T.：The construction of an in vitro three-dimensional hematopoietic microenvironment for mouse bone marrow cells employing porous carriers, Cytotechnol., **34**, pp.121-130 (2000)
44) Sasaki, T., Takagi, M., Soma, T. et al.：Three dimensional culture system of murine hematopoietic cells with spatial development of stromal cells in nonwoven fabrics, Cytotherapy, **4**, pp.285-291 (2002)
45) Takagi, M., Iemoto, N. and Yoshida, T.：Effect of concentrations of murine stromal and hematopoietic cells on their three-dimensional coculture in nonwoven fabrics, J. Biosci. Bioeng., **94**, pp.365-367 (2002)
46) Sasaki, T., Takagi, M., Soma, T. et al.：Analysis of hematopoietic microenvironment containing spatial development of stromal cells in nonwoven fabrics. J. Biosci. Bioeng., **96**, 1, pp.76-78 (2003)

2 メカニカルエンジニアリングと細胞工学

2.1 再生医療における機械工学，材料工学の役割

2.1.1 細胞・組織への力学的刺激の効果

　動物の組織形成に力学的な刺激因子がなんらかの役割を果たしているらしいことは以前から知られていた。メカノバイオロジーとしての学問的な興味もさることながら，組織再生における細胞刺激因子としてよく知られている細胞成長因子やサイトカインはきわめて高価であることから，力学的刺激に注目が集まっている。細胞の力学的刺激のメカニズムについてはStoltらの成書に詳述されているが，骨・軟骨に対する力学的刺激応答のメカニズムについて現在知られている事実を展望してみよう（図2.1）。

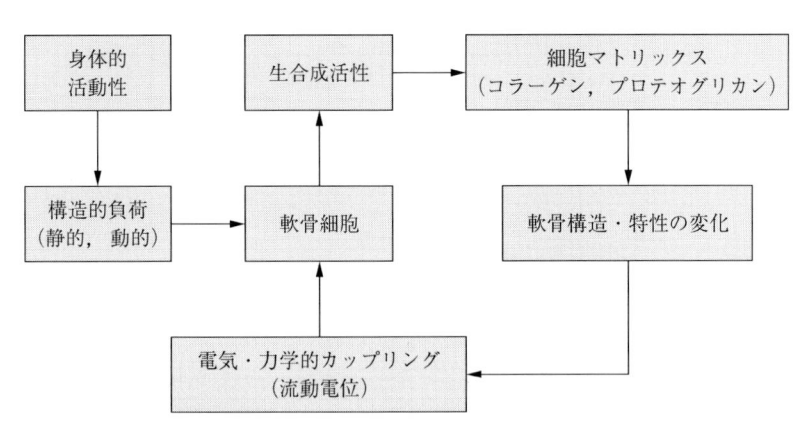

図2.1　軟骨の生合成活性に及ぼす荷重負荷の影響

〔1〕**軟骨細胞と力学的刺激**　軟骨細胞は軟骨中の体積分率で10％でヒトの活動中0～20 MPaの圧力が作用している。股関節障害を有する患者の関節に作用する圧力は立位で平均0.7 MPa，歩行時0.1～4 MPa（1 Hz）である。いすから飛び降りた場合には20 MPaに達する。

　軟骨細胞は60～80％の含有率のコラーゲン，プロテオグリカン凝集体からなるマトリックス中に存在する。一般に，プロテオグリカンとは，グリコサミノグリカンとタンパク質の

共有結合化合物の総称で，コラーゲンなどとともに結合組織の細胞外マトリックス中の基質を形成している主要生体高分子である。軟骨の場合，ヒアルロン酸と結合し，巨大なプロテオグリカン集合体を形成し，その構成要素としてケラタン硫酸，コンドロイチン硫酸などを含んでいる。

プロテオグリカン（PG）はヒアルロン酸を中心軸にして，タンパクとグリコサミノグリカン（GAG）が結合した構造をしており，GAG は負電荷をもつ。軟骨の変形抵抗の原因として高浸透圧が挙げられるが，それは負電荷密度とともに上昇する。軟骨が荷重を受け変形すると体積が減少するが，負の電荷密度も上昇して結果的に変形しにくくなる。軟骨内の電気的中立性を保つためには周囲から H^+，Na^+，K^+，Ca^{++} などの陽イオンを取り込こまなければならず，結果として超浸透性，酸性の環境となる。

軟骨が力学的刺激に応答して再構築することは 100 年以上前から知られていた。すなわち関節の動きの拘束はプロスタグランジンの合成を低下させ，変形性股関節・膝関節症による局部的障害は最大荷重部分に起こることから，過剰な負荷が関節症の病因となっている。

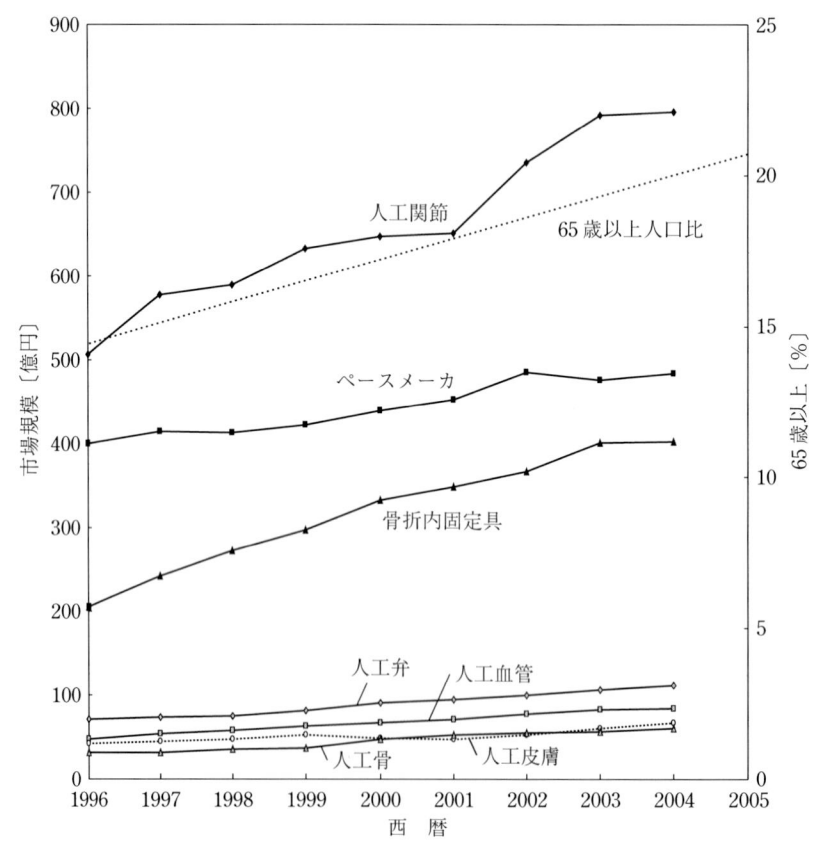

図 2.2　日本の外科用インプラントの市場規模

急激な高齢化社会の到来に伴い，わが国における変形性関節症を中心とする運動器障害は顕著であり，その対策として人工関節による置換が急増している（図 2.2）。変形性関節症の根本原因は関節軟骨の劣化，欠損である。

適当な基板材料を選択し，その中で幹細胞を3次元増殖させた場合，とりまく環境を生体骨と限りなく類似にすれば骨が，生体腱の環境を整えれば腱が，生体軟骨の環境下では軟骨が形成される（図 2.3）。

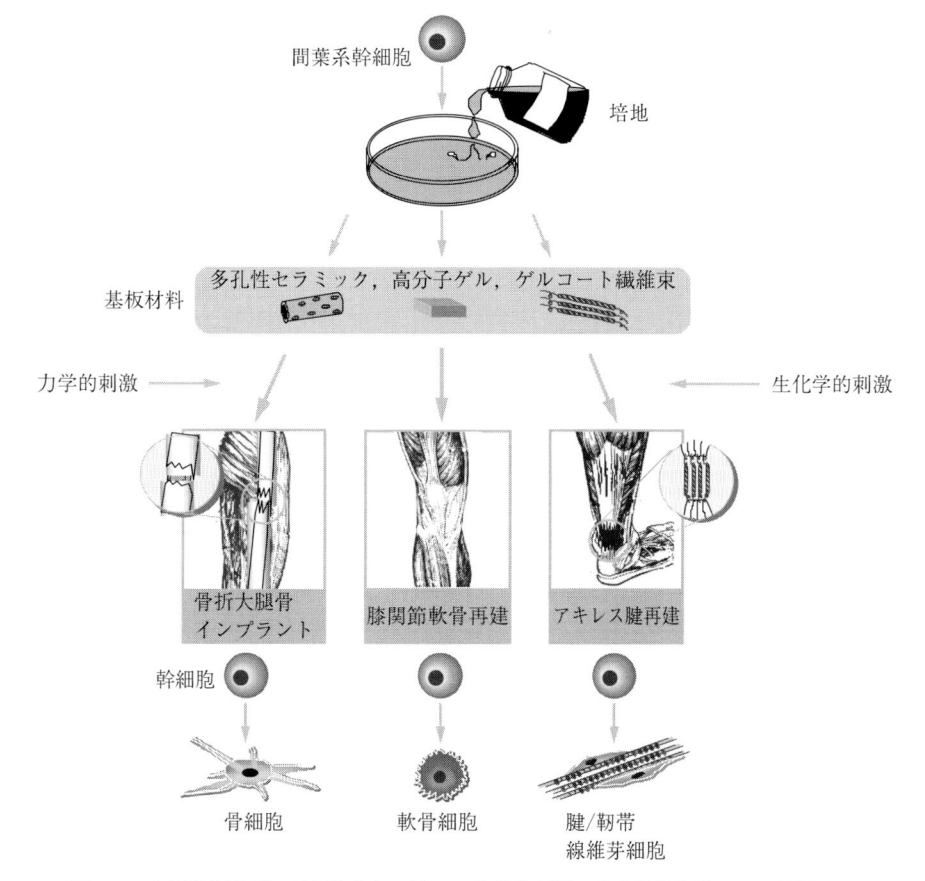

図 2.3 各種基板材料に幹細胞を組み込み，力学的刺激や生化学的刺激により創製した3次元ハイブリッド型生体組織

一方，生体外培養軟骨細胞に関する研究から，軟骨マトリックスの合成や劣化に力学的刺激が重要であるとの指摘が多数ある。

静的圧縮力を軟骨に作用させた場合プロテオグリカンとコラーゲンの合成は抑制される。平衡状態では圧縮力は陽イオン密度の増加，陰イオン密度の低下をもたらす。周期的圧縮力はその振幅にも依存するが，多くの組成の合成を可能にし，生理的状態に近い低圧力振幅ではプロスタグランジンの合成を促進する。プロスタグランジンは五員環をもつ脂肪族のプロ

スタン酸を基本構造とする強力で多彩な生理活性物質で，前立腺，肺，腎臓，腸管がこの生合成能をもつ。子宮筋の収縮・弛緩，抗血液凝固作用，血管拡張，炎症誘起，腸管収縮などの生理活性が知られている。

周波数もまた非常に重要な因子で，高周波数（0.1〜1 Hz）の圧縮では ^{35}S-硫酸と ^{3}H-プロリンの結合を促すが，低周波ではなんらの効果もない。軟骨細胞膜を10%引張変形させるとGAG合成の増加をもたらし，細胞の変形が遺伝子発現やプロスタグランジン合成に関与していると推測される。

関節軟骨に圧縮荷重が負荷された場合の液体の流動モデルによれば，半径方向の流速は距離とともに増加し，圧力は減少する。プロテオグリカンの合成は流速の高い場所に局在しており，ヒトおよびウシの単層培養軟骨細胞は層流下でGAG合成を増大させ，プロスタグランジン E_2 とmRNAも高い値を示した。

結局，軟骨に対する周期的圧縮は組織内の物質移動を改善する流れを起こし，せん断応力と軟骨細胞の生合成能力を変える流動ポテンシャルを生じさせる。流動ポテンシャルについて説明する。軟骨マトリックスを構成するグリコサミノグリカンなどの生体分子は負の電荷をもち，一方それに接する電解質溶液は H^+，Na^+，K^+，Ca^{2+} などの陽イオンを含み，電気二重層が形成されている。外部から圧力 Δp をかけて溶液を流動させるときに電位差 $\Delta \phi$ が発生する。$\Delta \phi / \Delta p$ を流動ポテンシャルと呼び，軟骨の圧縮変形のしにくさを表す。その逆数 $\Delta p / \Delta \phi$ を電気浸透圧という。

〔2〕 **骨細胞と力学的刺激** 骨の解剖学的形態と骨密度に及ぼす応力の効果については1867年，Wolffによって「力と骨再構築関係」として100年以上前に示されている。

Wolffによれば骨密度と強度は応力にさらされている場所で増加し，応力刺激のない場所では減少する。他の生体組織と同様，静的負荷では骨形成は起こらず，生理的なレベルの0.5 Hz以上の周波数で促進され，ひずみ速度が骨再構築の重要な因子であることが示された。ひずみ速度は組織内部の液体の流動と密接に関係するからであるが，その詳しいメカニズムは不明である。多くの研究結果が力学的刺激とプロスタグランジン合成，グルコース-6硫酸脱水素酵素および血中の成長ホルモンとの関係を指摘している。

力学的刺激と内分泌シグナルとの関連を明らかにするために数々の実験がなされてきた。メカニカルカップリングのよく知られた関係として，荷重が細胞を変化させ，その結果，骨中の内部流動を引き起こし，細胞にせん断力を与えると同時に流動電位を生じさせるということが知られている。

別の見解として力は細胞応答に直接作用するというものがあり，イオンチャンネル，Gプロテインおよび細胞骨格を介した信号伝達（transduction）が重要である。

Gプロテインは，種々のホルモン，神経の刺激伝達物質，そのほかのポリペプチド，プロ

ススタグランジンなどの生理活性物質に代表される情報伝達物質の情報を細胞内に取り込む系を構成しているタンパク質の一つであり，グアニンヌクレチオド結合性調節タンパク質の短縮語である。

軟骨と同様に骨に対しても静的，動的力学試験が行われた。*in vivo* の静的圧縮では骨形成は起きない場合でも *in vitro* の実験では細胞増殖やセカンドメッセンジャーが産生される。実際，生理的な超高静的圧力（5～20 MPa）で細胞応答は生じにくく，骨芽細胞の分化阻害，RNA・タンパク質合成の低下，細胞骨格の不安定化，新しい破骨細胞の刺激，プロスタグランジン E_2 産生の上昇，コラーゲン合成の阻害，過剰のアルカリフォスファターゼ活性化などが報告されているが，それらのなかには相矛盾するものがみられる。*in vitro* の細胞変形量は約10％と *in vivo* の約0.1％に比較してきわめて大きいこともその一因である。

in vitro での周期的荷重は骨組織形成を促進し，骨吸収の割合を減少させる。周期荷重を受けた場合一般的に PG 合成の増加がみられる。周期的引張荷重もまた細胞増殖と DNA 合成を促進すると報告されている。

〔3〕 **力によって誘起された信号伝達経路** 細胞に生化学的な刺激や物理的刺激（力，電磁気など）が作用した場合，細胞の信号感知機構と伝達機構を経て生理学的応答を示すまでの経路を解明することが組織再生の最重要課題となっている。細胞はさまざまな細胞内情報伝達物質（メッセンジャー）を使い分けている。Ca^{2+} は重要なメッセンジャーで，力学的刺激に対するその濃度変化機構が解明されつつある。

細胞の力学的応答をより明瞭に理解するためには，細胞が物理的刺激をいかに受信し，それを電気的，化学的あるいは生化学的応答にいかに変換するかを明らかにすることである。生物を構成する基本要素である細胞は地球の重力，身体動作，脈動など力学的刺激をたえず受けている。血管の内腔面をおおっている血管内皮細胞には血流によるせん断応力が作用し，骨を形成する骨芽細胞には曲げ応力や圧縮応力が，軟骨細胞には静水圧が作用し，これらが細胞・組織の代謝系を制御するタンパク質の分泌，遺伝子発現を促すことが分子細胞生物学的に解明されつつある。この刺激応答過程は4段階からなる。

第1段階：荷重が組織内液体の流動を生じさせる圧力に変換される（メカノカップリング）

第2段階：力が電気的，化学的または生化学的な応答に変換される（メカノトランスダクション）

第3段階：信号が他の信号に細胞内で変換される（トランスダクション）

第4段階：上流，下流方向への遺伝子発現，細胞増殖，内分泌，傍分泌因子など（最終的細胞応答）

第1，第2段階を説明するに足りるメカニズムはまだ不明であるが細胞に関する電位，化学的環境の変化，Gプロテインまたは，Gプロテインとリンクしたレセプター，細胞骨格などがキーポイントとなる。力は細胞膜を通して細胞骨格に伝達されることから構造的には膜と骨格が果たす役割が重要である。

血管内皮細胞に引張力が作用した場合，細胞膜面積の増加，細胞内カルシウムイオンの増加をもたらすことから，力を感じ取るイオンチャンネルの存在，メカノトランスデクションにおけるGプロテインの活性の効果，細胞骨格が主たる載荷重要素であることなどが考えられ，細胞骨格がメカノトランスジューサーの役割を担っているとも推察できるが，Gプロテインと同様詳細は不明である。

2.1.2　静水圧培養法の軟骨再生への応用

耳や鼻をかたちづくっている線維性軟骨や関節表面を覆っている硝子軟骨などが再生医療の対象となる。関節軟骨が欠損した場合，自己軟骨細胞を生体外で培養増殖させ再び欠損部に戻す細胞移植や，生体外で細胞担体とともに3次元培養し，軟骨組織形成したあと移植する方法がある（図2.4）。現在，社会の高齢化に伴い関節に障害を起こし日常生活に支障をきたす人の数は年々増加し人口の1％に達しようとしている。これから関節疾患の大部分は軟骨組織が損傷を受けたり壊死したりすることによって起こる変形性関節症や慢性リウマチによるものである。これらの損傷を受けたり壊死した軟骨組織を再生できれば，関節疾患に苦しんでいる多くの患者を通常の健康な生活スタイルに復帰させることが可能となる。

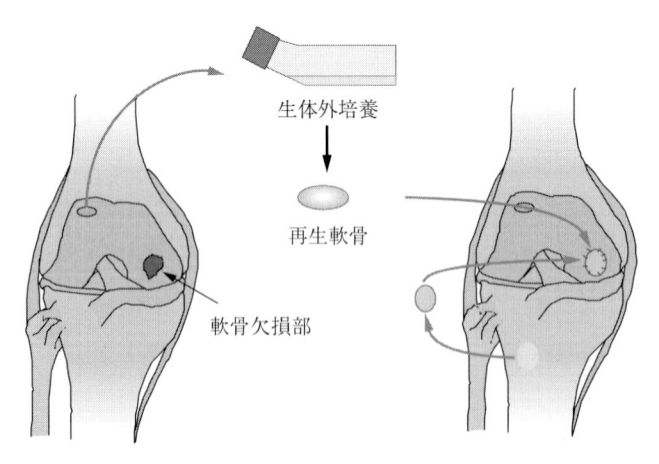

図 2.4　軟骨再生技術の概念図

生体組織を再生するには3次元培養が必要不可欠である。動物細胞はシャーレの上の2次元培養では有用な生理活性物質や培養外マトリックスの産生が著しく制限される。多孔質体やゲル中，また回転培養などによる細胞凝集塊をつくって，3次元培養すると，細胞間の情

報伝達などが活性化し，結果的に有用物質が産生され，組織・臓器の機能が発揮される．一方，軟骨組織はいったん損傷や壊死に陥ると生体内では再生することはないため，内科的治療は困難とされている．しかしながら最近，生体外に取り出した軟骨組織に静水圧を周期的に負荷するとプロテオグリカンの合成が増加するという実験結果や，3次元培養担体としてコラーゲンを用いることにより軟骨組織を形成させることが可能であるという報告や，ある種の生理活性物質を用いることにより軟骨細胞の分化を調整することが可能であるといった報告がなされている．また，生体外に取り出した軟骨細胞を軟骨欠損部位に戻すという自己移植の臨床的試験がハーバード大学で開始された．筆者らは3次元培養担体としてType I コラーゲンで構成されるスポンジを用いてウシ軟骨細胞を静水圧負荷のもとで培養する細胞増殖および細胞マトリックスの産生が促進されることを確認した．

軟骨細胞・組織を生体外でその機能を失わせることなく増殖・維持することを目的に軟骨細胞培養実験を，①力学的環境（静水圧），②3次元培養担体，③生理活性物質，④酸素分圧の各項目について行った．培養軟骨細胞は均質な軟骨細胞が比較的多量に得られることから，子ウシ肩関節から軟骨片を採取しコラーゲナーゼ溶液中で一昼夜振盪することにより得られる軟骨細胞を用いたが，臨床的には関節非しゅう動面より採取した軟骨小片から軟骨細胞を分離して培養増殖し，細胞外マトリックスを構築する．

歩行などの日常的な動作が軟骨組織に負荷する静水圧の実測実験の結果によると，生理的には5～10 MPaの静水圧を受けているとされている．筆者らの簡易静水圧負荷装置により2.8 MPaの静水圧をウシ軟骨細胞に負荷したところ，細胞増殖率および細胞外マトリックスの一つであるプロテオグリカンの産生に有意な差が見いだされた（**図2.5**）．

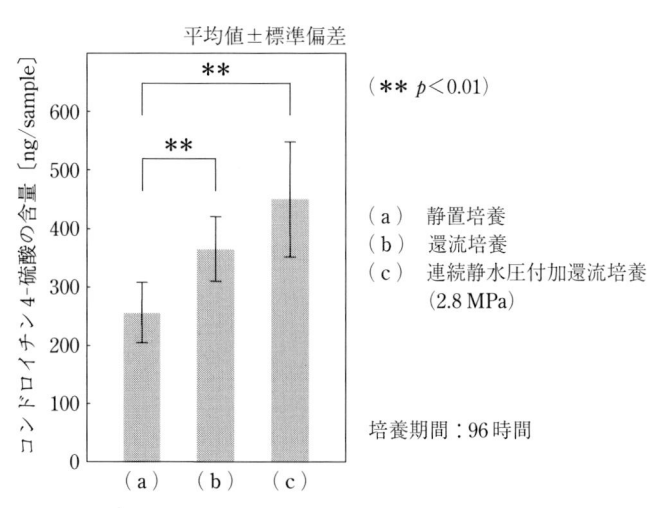

図2.5 静水圧負荷による軟骨細胞の細胞外マトリックス産生の変化
（ケラタン硫酸プロテオグリカンの生成量で示す）

軟骨細胞を生体外で増殖・機能維持させ，さらに軟骨損傷または欠損部位を補うためには，適当な3次元培養担体を必要とする。これまでに Type Ⅰ ウシコラーゲンを凍結乾燥することにより得られたコラーゲンスポンジやその PLGA との複合多孔質体を用いて軟骨細胞の3次元培養を行い，ポーラス部分が細胞外マトリックスで充てんされ軟骨様組織の再構築が行われる所見を得た。軟骨細胞に作用する生理活性物質としては，これまでに TGFβ がプロテオグリカン合成を促進し，bFGF が軟骨細胞の増殖を促進し，また軟骨細胞が産生する ChM-1 が血管新生抑制作用のほか，bFGF の作用を相乗的に促進することが知られている。これらの生理活性物質は軟骨細胞の生体外での増殖・機能維持のために効果的である。

軟骨細胞は強力な血管新生阻害作用を持ち，その内部への血管の進入を抑制していることから，生体中ではその酸素分圧は低いとされている。この低酸素分圧が軟骨細胞の遺伝子発現に影響を及ぼしている可能性がある。詳細は 2.2.2 項で述べる。

2.1.3 生分解性高分子ハイブリッドスポンジ

組織再生に必要な要素技術として細胞ソース，細胞足場材料，3次元細胞培養技術などが知られている。機械工学の視点からは基板材料の有すべき諸特性すなわち，空孔率，連孔率，空孔分布，平均空孔径，非均質性，異方性，成形性，水濡性，表面粗さ，弾性，粘弾性，強度，耐摩耗性などが満たされていることはもちろんのこと，生体外で再生された組織も適度な弾性率，硬さ，強度がないと移植後周辺の組織と融合することが困難になる。

リン酸カルシウム（βTCP）や水酸アパタイトを除けば，再生医工学における生分解性足場材料のほとんどすべては，生分解性高分子よりなる。主たる生分解性高分子材料は，合成高分子と生体由来高分子よりなる。すなわちポリエステル系のポリグルコール酸（PGA），ポリ乳酸（PLA）およびその共重合体である（PLGA），および生体由来のコラーゲンが最も有効かつ頻繁に再生医工学で用いられている。PLA，PGA あるいは PLGA などの合成高分子材料および生体由来の高分子材料は，それぞれ長所，短所を持っている。合成高分子材料は希望する形状に容易に加工でき，成分の調整により機械的強度を高くし，分解時間を自由に制御することもできる。一方，これらの材料は細胞認識性という点で細胞との相互作用が悪く，疎水性であるため細胞接着・増殖に関して弱点がある。これに対し，コラーゲンなどの生体由来の高分子材料は生分解性を有し，親水性があり，細胞適合性に優れているが，細胞の足場材料としては機械的強度が低く，取扱い方が困難である。そこでこれら2種類の生体材料の長所を持つハイブリッド型の足場材料を作製した。

つぎに，ハイブリッド化技術について述べる。まず，最初に足場材料として十分な強度と最適構造を有する合成高分子材料からなるスポンジおよびメッシュを作製した。そのスポンジおよびメッシュの空隙中に，機械的強度は劣るが細胞接着性に優れた微小なコラーゲンス

合成高分子スポンジ　　　　　　　　ハイブリッドスポンジ

コラーゲン
マイクロスポンジ

合成高分子メッシュ　　　　　　　　ハイブリッドメッシュ

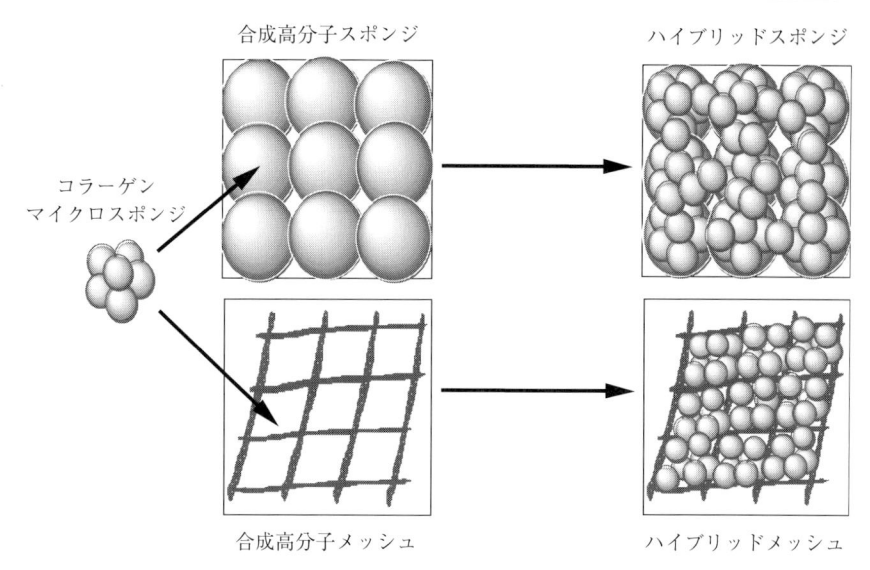

図 2.6　スポンジおよびメッシュをベースにした多孔質ハイブリッド足場材料の製造原理

ポンジをハイブリッドすることにより，新しい発想の細胞足場材料が完成した（図 2.6）。

PLGA-コラーゲンマイクロスポンジのハイブリッド構造は EPMA 解析によって明確に示される（図 2.7）。赤色（口絵 2 に示す）のスポットは窒素元素すなわちコラーゲンの存在を示す。PLGA の空隙内部に微小空孔の形で，あるいは空孔壁に接着したコラーゲンが画像に現れている。

つぎに，ハイブリッド化による水濡れ性，機械的強度および細胞適合性の変化を調べる。

SEM　　　　　　　　　　　　　　　　SEM-EPMA

PLGA　　コラーゲン　　　コラーゲン
　　　コーティング部分　マイクロスポンジ

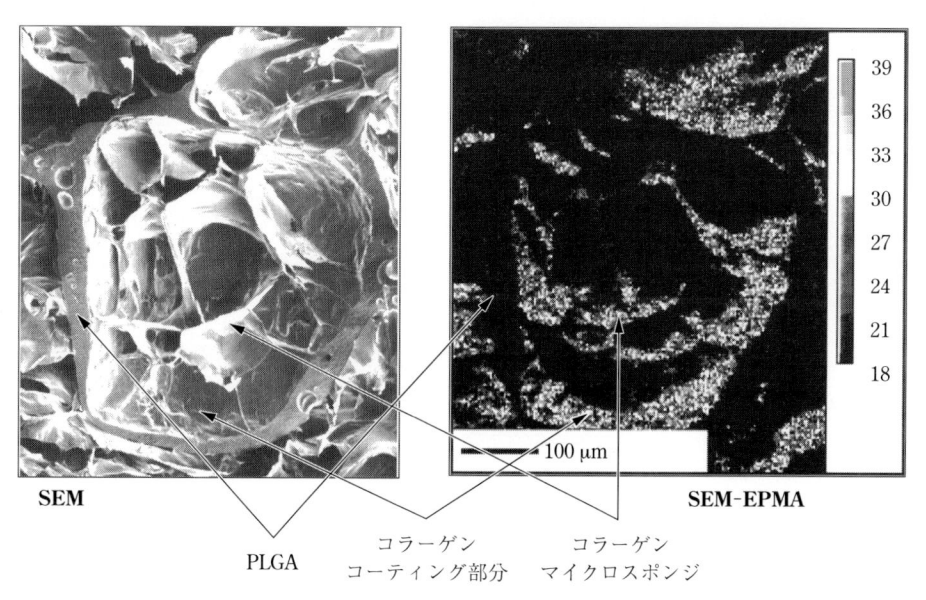

図 2.7　ハイブリッド構造の EPMA 解析（口絵 2 参照）

足場材料の水濡れ性は細胞培養する上で最も重要なファクターである。PLGA スポンジの水滴との接触角は，76°で比較的疎水性を示す。PLGA スポンジに直接細胞を播種する場合，細胞適合性を向上させるため，加湿したり水和などの前処理が必要になる。しかしながら，コラーゲンとのハイブリッド化により，接触角は 31°に減少し，水濡れ性は上昇して細胞培養が容易になる（図 2.8）。

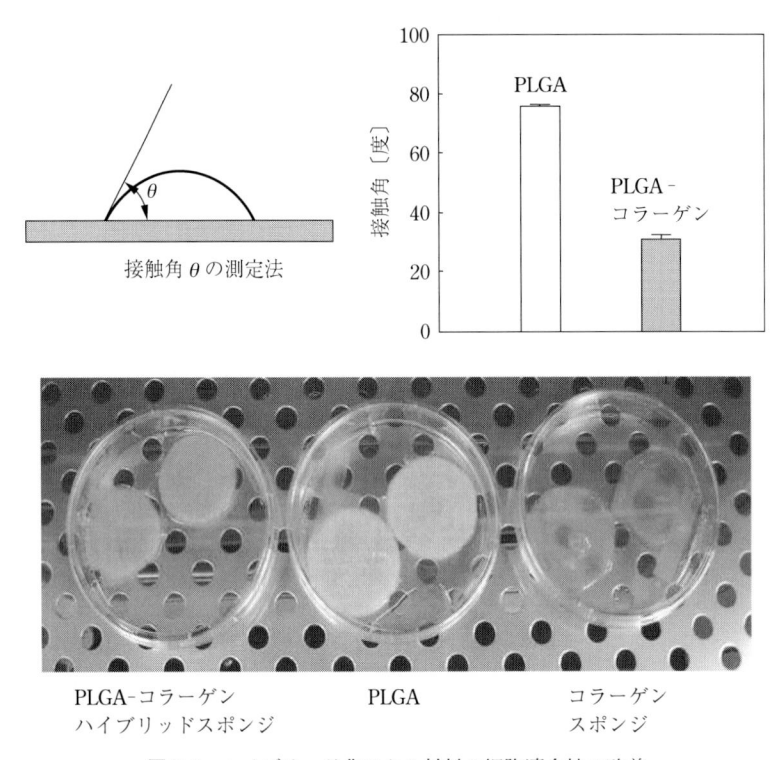

図 2.8 ハイブリッド化による材料の細胞適合性の改善

　PLGA-コラーゲンハイブリッドスポンジは，乾燥および湿潤環境下における動的圧縮・引張試験でも，静的圧縮・引張試験でも，PLGA 単独あるいはコラーゲン単独材料と比べ優れた特性を示した（図 2.9）。

　PLGA-コラーゲンハイブリッドスポンジをマウス線維芽細胞の培養試験に足場材料として用いた場合，PLGA スポンジ単独と比較し，より細胞接着性に優れていた。細胞はコラーゲンマイクロスポンジに容易に接着し，ハイブリッドスポンジ全体に増殖した。培養 5 日後，細胞および細胞外マトリックスはスポンジ中の微小空間全体を覆いつくし，この材料が細胞との適合性に優れていることを示した（図 2.10）。

　これらの結果から PLGA-コラーゲンハイブリッドスポンジは細胞の足場として構造的強度はもちろんのこと成形性にも優れ，また親水性と細胞との相互作用も良好なことから力学

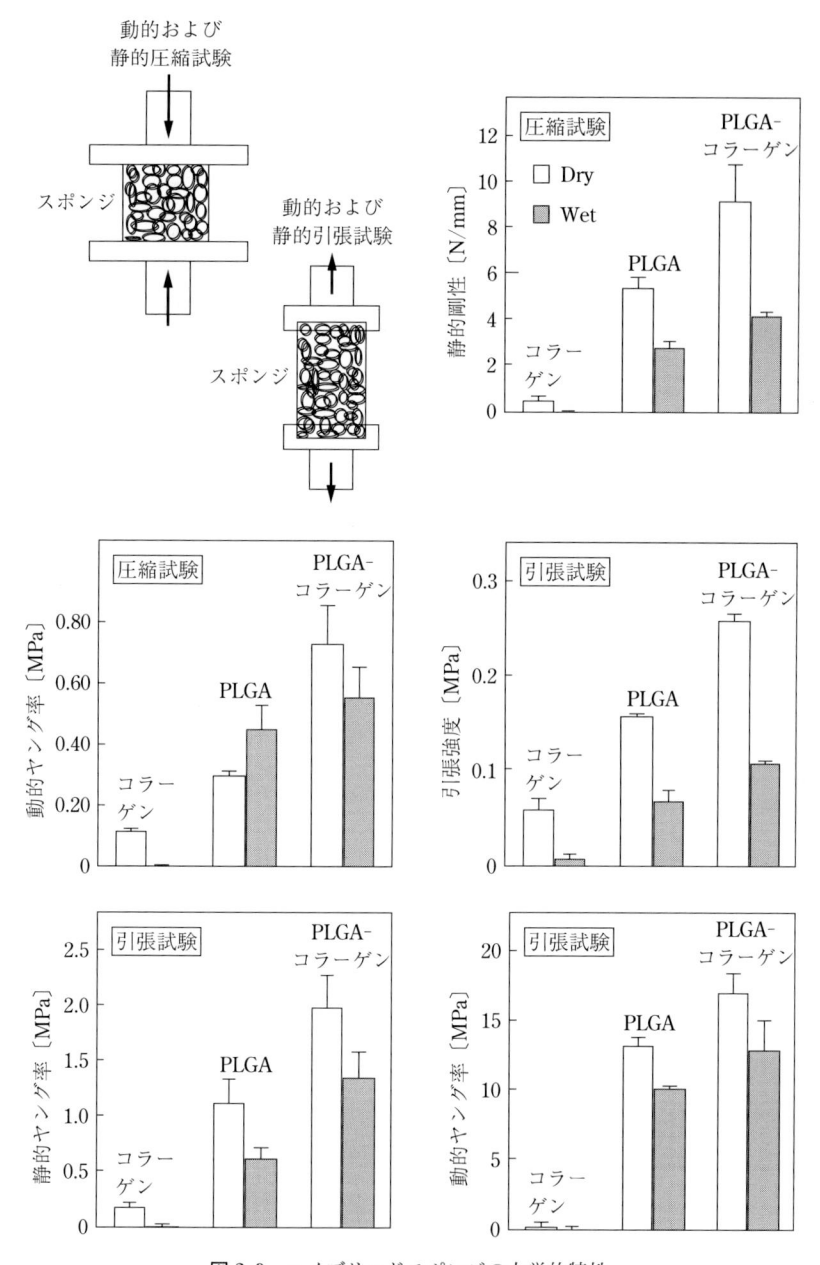

図 2.9 ハイブリッドスポンジの力学的特性

的,生物学的に優れた基盤材料であることが証明された.この材料はネイチャー・バイオニュース,2000年3月号に紹介された.

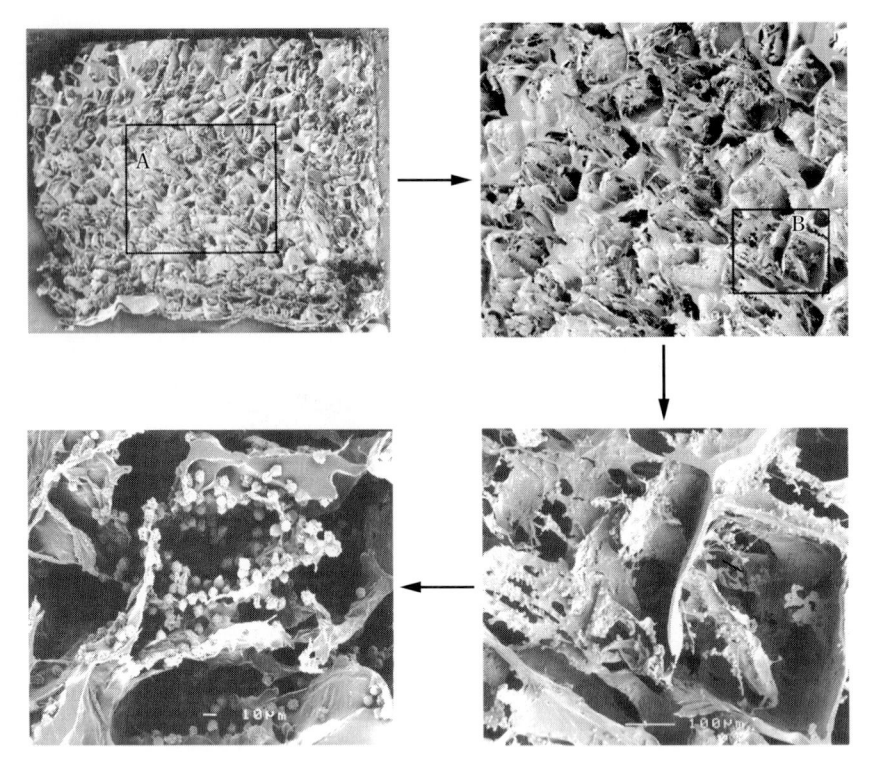

図 2.10　ハイブリッドスポンジ中での線維芽細胞の増殖

2.1.4　生分解性高分子ハイブリッドメッシュ

　PLGA などの生分解性合成高分子メッシュを作製したあと，メッシュの隙間に細胞適合性に優れたコラーゲンのマイクロスポンジを形成することにより，ハイブリッド化を実現した。図 2.11 は PLGA のニットメッシュとコラーゲンからなる生分解性高分子ハイブリッドメッシュを示す。

　連通孔を有するコラーゲンマイクロスポンジが PLGA メッシュの隙間に形成された美しい二重構造が確認できる。合成高分子メッシュは用いる箇所により繊維の太さや繊維密度あるいは強化方向等自由に制御することができ，足場材料の構造力学的な役割を担っている。したがって，コラーゲン単独で用いる場合と比較すると 500 倍の強度を有している。また PLGA メッシュ単独で使用する場合に比べ，線維芽細胞の接着性，増殖性とも格段に優れている。ヒト線維芽細胞を播種した 5 日後，細胞はコラーゲンマイクロスポンジの表面に接着しながら増殖し，2 週間後には細胞外マトリックスは層状構造を形成した（図 2.12）。これらの結果から生分解性高分子ハイブリッドメッシュもまた優れた足場材料であることが証明された。

PLGAニットメッシュ　　　　　　　　PLGA-コラーゲンハイブリッドメッシュ

ハイブリッド化 →

PLGA
コラーゲンマイクロスポンジ

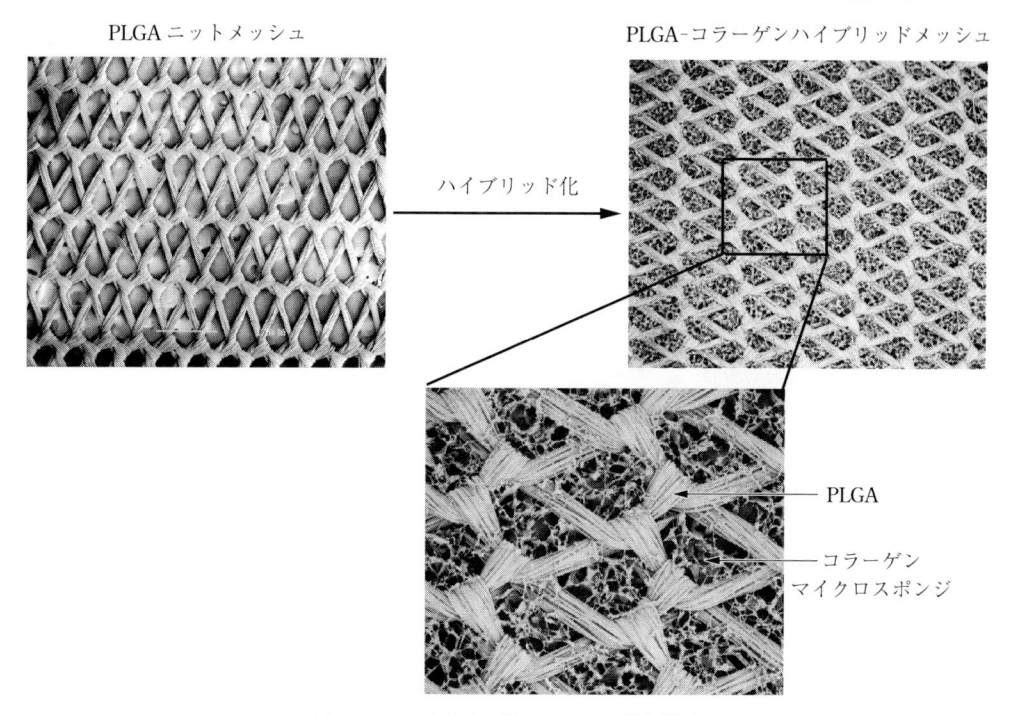

図2.11 ハイブリッドメッシュの微細構造

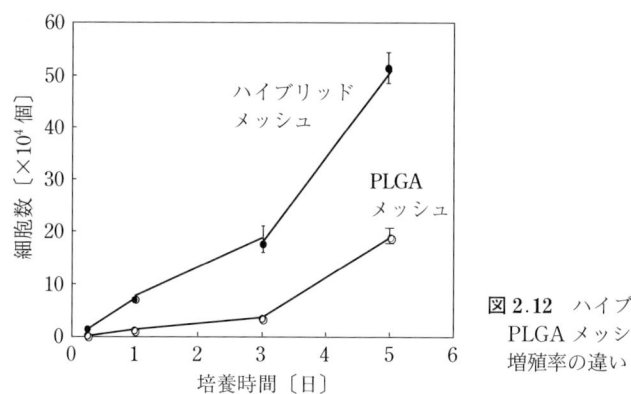

図2.12 ハイブリッドメッシュとPLGAメッシュにおける細胞の増殖率の違い

2.1.5 合成高分子，コラーゲン，水酸アパタイトハイブリッドスポンジ

コラーゲンと水酸アパタイトは，骨の細胞外マトリックスの基本的構成要素であり，優れた骨伝導性を示す．これらの材料の長所を生かし，硬組織工学製品を作るための優れた細胞足場材料を開発するために，合成高分子材料とのハイブリッド化を試みた．合成高分子材料とコラーゲンのハイブリッドスポンジの空孔表面に水酸アパタイトを析出させることがポイントとなる．水酸アパタイト粒子の析出はPLGAスポンジを$CaCl_2$とNa_2HPO_4の水溶液中に遠心交互浸漬することにより実行した．

SEM電顕像はPLGA-コラーゲンハイブリッドスポンジ中のコラーゲン微小空孔表面上に水酸アパタイトが析出していることを示している。1回の交互浸漬で析出する水酸アパタイト粒子は小さくまばらであるが，浸漬サイクルが増すにつれて粒径は成長し，結晶化度，粒子密度ともに増し，最終的には水酸アパタイト層で覆われる。このような合成高分子，コラーゲン，水酸アパタイトハイブリッドスポンジは培養骨の3次元足場材料として最適であることが確認された（図2.13）。

図2.13 ハイブリッドスポンジ中に析出した水酸アパタイト

2.1.6 培養関節軟骨

生後4週のウシ肩関節軟骨からコラゲナーゼにより関節軟骨細胞を分離し，10％FBSを含むDMEM中で培養した。つぎに，培養軟骨細胞を収集してPLGA-コラーゲンハイブリッドメッシュ上に播種し，再び培養を行った。軟骨細胞はハイブリッドメッシュに接着し，メッシュ間の空隙を細胞と細胞外マトリックスで充満するまで増殖を続けた。希望する軟骨厚さを得るためにはメッシュ・培養軟骨コンポジット層を適当な枚数重ね合わせる。培養1週間後，メッシュ・培養軟骨コンポジットをヌードマウスの背部皮下に埋植した。図2.14は埋植後8および12週のインプラントの様相を示す。各インプラントともに初期形状を保

8 週　　　　　　　　　　12 週

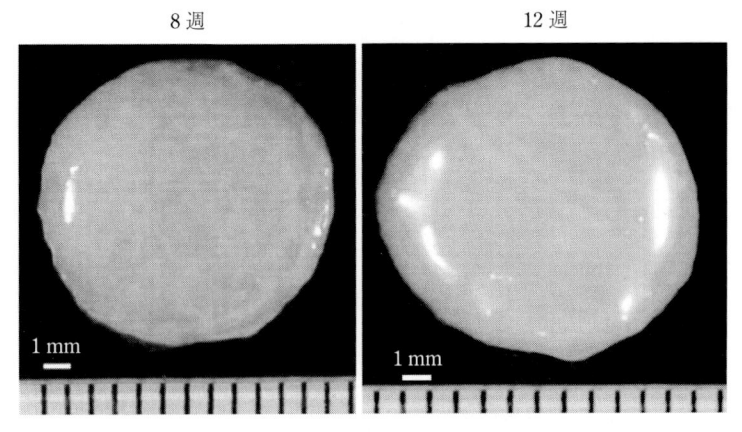

図 2.14 ヌードマウス皮下に埋植した培養軟骨の様相

持し，表面は光沢のある白色を呈していた．

　培養した軟骨が関節軟骨であるか線維軟骨であるかを確認するために，サンプルに対しHE 染色，サフラニン O 染色，免疫染色および遺伝子発現解析を行い，力学的特性も測定した．埋植後，2 および 4 週のインプラントの組織像から自然軟骨の形態形成が行われていることがうかがえる．4 週後では，PLGA 繊維がまだ見られ，細胞外マトリックスには

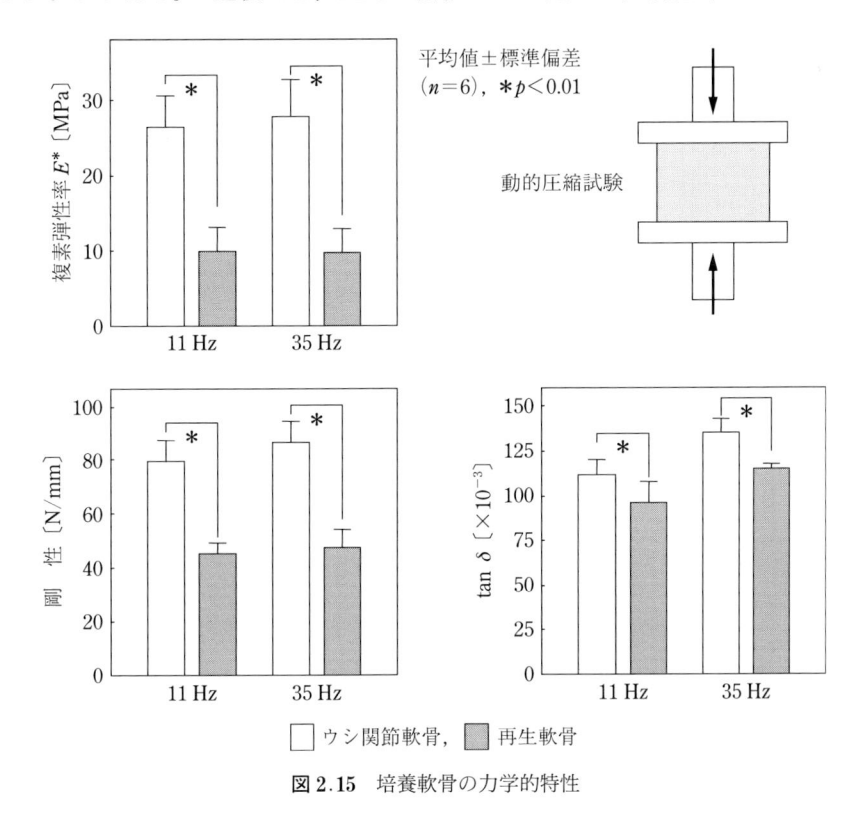

平均値±標準偏差
($n=6$)，$*p<0.01$

動的圧縮試験

□ ウシ関節軟骨，■ 再生軟骨

図 2.15 培養軟骨の力学的特性

GAGs が検出された。埋植後 8 および 12 週の組織像には，インプラント前面にわたって軟骨小腔の発生が認められ，PLGA 繊維は徐々に吸収され 12 週目に消滅した。また，GAGs の存在も確認された。Type II コラーゲンに対する抗体を用いた免疫染色により細胞外マトリックス前面に均一な Type II コラーゲンの存在が認められた。ハイブリッドメッシュ上で培養された軟骨細胞に対する Type II コラーゲンおよびアグレカンの産生に関する遺伝子発現の解析から，培養した軟骨は関節軟骨様組織を有し，したがってきわめて困難といわれている培養関節軟骨の足場としてハイブリッド材料が適していると結論できる。

ハイブリッド材料を用いた培養軟骨の力学的特性の測定結果を図 2.15 に示す。埋植 12 週後の培養軟骨およびウシ関節軟骨の粘弾性スペクトロメーターによる力学的特性は，動的弾性率（E^*）がウシ軟骨の 38％，剛性率が 57％，位相差（$\tan \delta$）が 86％に達し，培養軟骨として埋植するに十分な特性を有している。

2.1.7 お わ り に

機械工学の立場から再生医工学の基板技術のなか，細胞の力学的刺激・応答のメカニズム，静水圧負荷による軟骨細胞の活性，増殖性の改善，脱分化の防止などについて概説した。また，再生医療に不可欠な細胞基板材料工学の一例として，合成生分解性高分子スポン

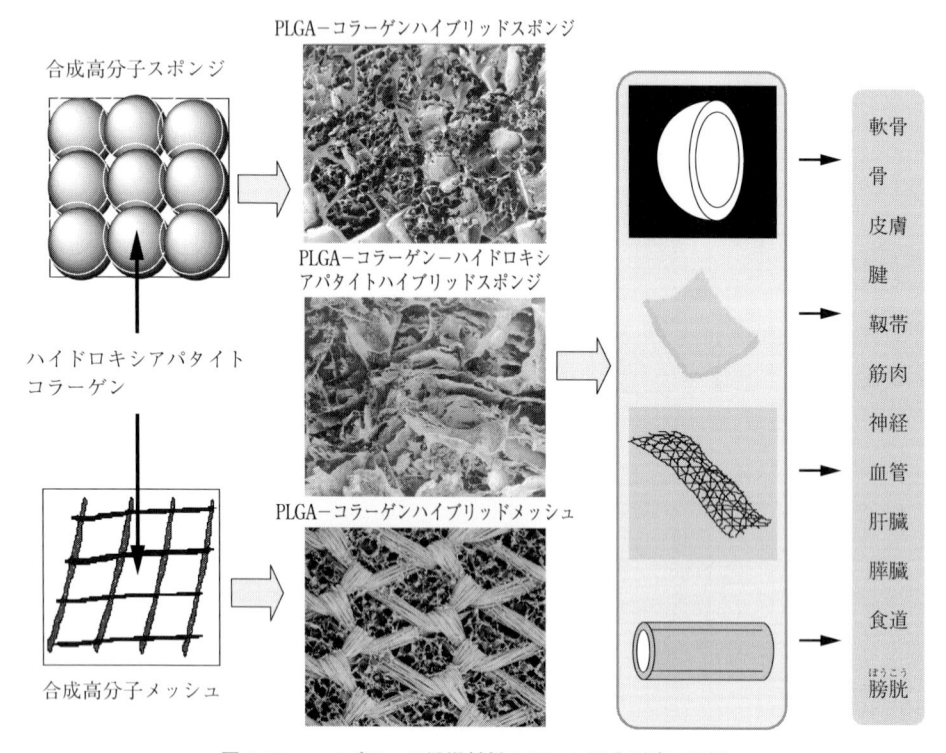

図 2.16　ハイブリッド足場材料を用いた再生医療の展開

ジおよびメッシュの空隙中にコラーゲンマイクロスポンジを充てんする新しい足場材料を示した。さらにコラーゲンマイクロスポンジの空孔表面に水酸アパタイトを析出させた培養骨足場材料も示した。PLGA-コラーゲン多孔質足場材料中にウシ関節軟骨細胞を培養し，自然関節軟骨に近い組織を作製し，その生化学的解析および力学的試験結果から高い評価が得られた。ここに示した新しい足場材料は，培養骨・軟骨以外の例えば，皮膚，腱，靱帯，筋肉，神経，血管などにも応用可能である（図2.16）。

2.2 メカニカルエンジニアリングと軟骨再生，血管再生

2.2.1 はじめに

再生医療は，材料工学，細胞生物学，分子生物学から臨床医学まで幅広い技術，知識を集約することによりはじめて達成される。そのなかで機械工学の果たす役割はこれらの技術，知識を総合化することにあると考えられる。したがって，機械工学（メカニカルエンジニアリング）の再生医療に果たす役割は多岐にわたるが，ここでは特に細胞分化技術，組織形成技術における役割に絞って概説する。生体外（in vitro）における細胞の分化制御・維持，そして in vitro における組織形成は，再生医療においてクリアすべき大きな課題の一つである。細胞分化，組織形成ともに in vitro ではおのずからその限界があると考えられる。特に組織形成については，細胞壊死の問題と切り離して論ずることはできず，血管網の形成による酸素供給，栄養供給と in vitro 培養というものを両立させるためには，今後大きなブレークスルーが要求されると考えられる。このような状況のなかでいかに in vitro において再生医療に貢献できる細胞分化制御技術，組織形成技術を開発するかが強く求められている。

細胞の分化および組織形成に関する知見は生化学の分野から数多くもたらされている。細胞生物学，分子生物学を含めたこのような生化学的アプローチによる研究は，その研究人口からみても巨大であり，そこからもたらされる最新の知見を再生医療に適用していくのは理にかなっており，よりいっそう推進されるべきものである。生化学的刺激は細胞増殖因子をはじめとする各種のリガンドとそれに対応するレセプターとの相互作用によりそのシグナルが細胞内に伝達されることから，特定の生化学的刺激により特定の細胞応答を引き出すことが可能であり，細胞分化制御，組織形成制御を目的とする刺激手段としては有効である。

細胞は，これらの生化学的刺激以外にも外部的な刺激により細胞内にシグナルを伝達することが知られている。例えば，細胞が基質に接着するための装置であるインテグリンを中心とする細胞接着アセンブリは，細胞接着，進展，運動などの inside-out の情報のみならず，接着によってマトリックスからの outside-in のシグナルを細胞へ伝達し，細胞の分化や組織形成をコントロールする役目を担っていることが知られている。その他，特に発生におい

ては細胞凝集など細胞と細胞が接触することにより細胞分化，組織形成が制御される事実が知られている。このように，細胞-マトリックス相互作用，細胞-細胞相互作用を工学的に実現させることにより細胞分化，組織形成を制御するというアプローチの方法が考えられる。このようなアプローチ法に基づいて，3次元足場による細胞分化，組織形成コントロールの試み[11]～[13]や，同じく細胞凝集による細胞分化，組織形成コントロールの試み[14],[15]が進められた。

　一方，生化学的刺激のみならず物理的刺激によっても細胞内にシグナルが伝達され，多彩な細胞応答が引き出されることが知られている。生体内ではさまざまな物理的刺激が生理的な条件下で組織・細胞に負荷されている。例えば，大腿骨には歩行などにより圧縮・引張応力が負荷されており，骨組織の微小変形や骨組織内の微小な体液移動による流動電位が生じている。また，血管系には血流によるずり応力が血管内皮細胞に，また拍動による引張応力（ストレッチ）が血管平滑筋細胞，血管内皮細胞に負荷されている。これらの物理的刺激はいくつかのシグナル伝達カスケードを同時に活性化させることも知られており，生化学的刺激と比較するとブロードな細胞応答を引き起こすが，同様に細胞分化，組織形成のための工学的アプローチとして有効な方法の一つと考えられる。したがって，このような生理的な刺激をシミュレーションして，生体組織を生体外で3次元再構築しようとする研究が始まっている。このように，細胞分化コントロール，組織形成コントロールのためには，① 細胞増殖因子などの生化学的刺激によるシグナル，② コラーゲンなどのマトリックスからのシグナル，そして ③ ずり応力，引張応力（ストレッチ），静水圧などの物理的刺激によるシグナルを総合的に細胞に負荷することのできる培養システムが必要とされる（図2.17）。

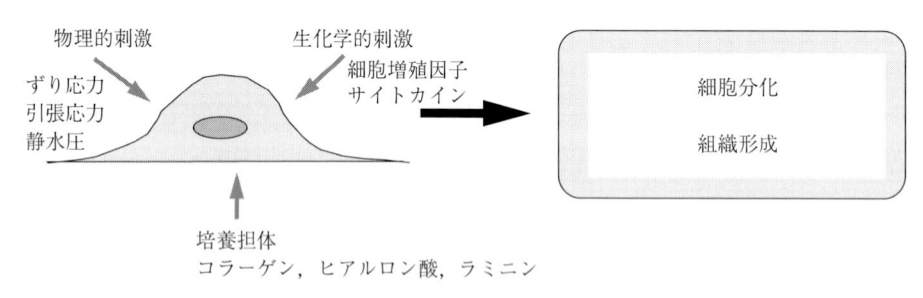

図2.17　細胞分化・組織形成コントロールのための3要素

　関節軟骨には直接的な物理的刺激として歩行や運動による圧縮応力が負荷されている。日常的な動作が関節軟骨組織に与えている静水圧は，大腿骨頭においての実測値によると歩行時で0～4 MPa，座った状態から立ち上がるときで最大18 MPaと報告されている[16]。この圧縮応力により，関節軟骨組織は変形する。それに伴って組織に埋め込まれている軟骨細胞も変形する。軟骨組織は重量比でその75～80 %は水で構成されている。その水は自由に移

動することのできる自由水と軟骨組織のマトリックス成分と相互作用し拘束された状態にある拘束水とに分かれるが，圧縮応力による組織変形に伴って，この自由水が組織内を移動する。それにより軟骨細胞に対してずり応力が負荷されると考えられている。また，水の移動とともにイオンも移動し，それに伴って流動電位が生ずると考えられている。一方，この自由水の移動は時間依存性であり，圧縮応力の周波数変動が大きくなるに伴い，その変動に自由水の移動が追随できなくなる。ここで組織内に静水圧が生じ，軟骨細胞も静水圧負荷下におかれる。このように，関節軟骨への圧縮応力負荷による，軟骨細胞への物理的刺激としては，① 細胞変形，② ずり応力，③ 流動電位，④ 静水圧が考えられ，その程度は負荷される圧縮応力の周波数に依存する（**図 2.18**）。これらの物理的刺激がどのように軟骨細胞に受容され，どのように細胞内にシグナルが伝達され，そしてどのように軟骨細胞の分化および組織形成がコントロールされているかは十分には解明されていない。

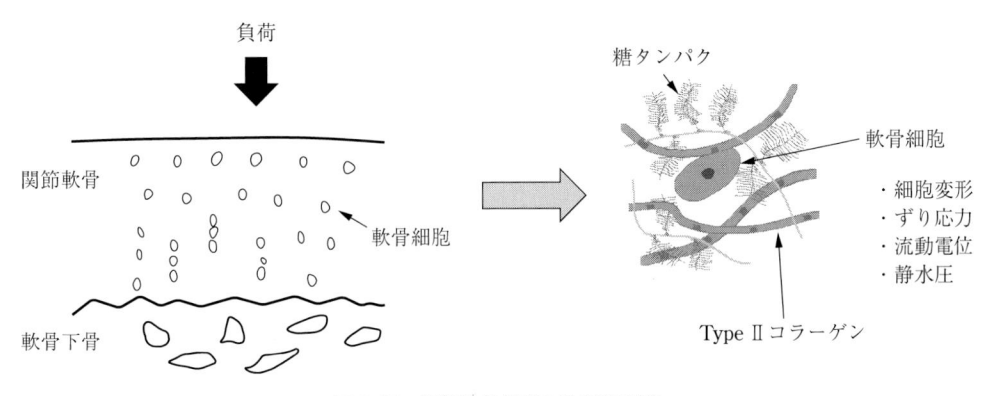

図 2.18 関節軟骨組織と物理的刺激

そのなかで本節では，軟骨組織の再構築のために軟骨組織に生理的に負荷されている静水圧を負荷する方法，および培養液の灌流を制御することにより再生血管にずり応力や引張応力（ストレッチ）を与えながら再構築する方法について概説する。

2.2.2 静水圧負荷と軟骨再生技術

軟骨組織（ここでは股関節や膝関節における関節軟骨組織）は大腿骨と同様，歩行などにより負荷を受けている。軟骨組織は高いスティフネスを示す硬い組織であることのほか，プロテオグリカンなど荷電性高分子により水分子が保持されており，高い含水率を保っている。そのため加重は主として静水圧という物理量として軟骨細胞に負荷されると考えられている。関節軟骨はたがいに面接触ではなく線接触しているため，生理的に負荷されている静水圧は予想以上に高く，実測値によれば歩行時には 3〜4 MPa も負荷されている。したがって，関節軟骨細胞の場合には静水圧が軟骨細胞の機能維持に積極的にかかわっているのでは

ないか，という考えのもとで研究が進められている。

　静水圧負荷システムは加圧方式によりつぎの三つに分けることができる。まず，気相を介しての加圧方式がある。気相を介しての方法では，圧力の変動に伴い溶存ガス濃度が変化することが問題となる。培養液には大気圧下で5％二酸化炭素，20％酸素に相当する分圧でそれぞれの気体が培養液に溶存している。気相を介して培養液に圧力を負荷すると，これらの気体の溶存濃度が変化する。培養液は炭酸バッファ系であるため，二酸化炭素の溶存率が変化すると培養液のpHも変化する。したがって，培養液に静水圧を負荷する方法としては適当ではない。つぎに，液相を介しての加圧方式である。液相を介しての加圧方式には閉鎖系と開放系の2種類が存在する。液相を介しての加圧方式の例を**図 2.19**に示す。

　図（a）は，準閉鎖系ともとらえることができる系であり，無負荷の場合は，ペリスタリックポンプで37℃の水を循環させる開放系である。そして，静水圧負荷時のみ，バルブを切り換えることにより閉鎖系とし，水力ポンプにより静水圧が負荷されるシステムである。

　一方，図（b）に示されるシステムは，完全な閉鎖系である。油圧駆動システムで発生する静水圧を閉鎖系の（出口のない）カラムに導入している。油圧駆動システムは静水圧負荷パターンを比較的容易にコントロールすることができるため，歩行をシミュレーションした静水圧負荷パターンなど変動静水圧負荷に適している。これら二つのシステムはいずれも加圧媒体が培養液ではなく水である。したがって，細胞または組織と加圧媒質である水とは，細胞または組織を高分子シートなどでパッキングすることにより隔離されている。このことにより細胞または組織の培養環境は閉鎖系となり，静水圧負荷下で長期に培養することは困難となっている。

　図（c）は，開放系の培養環境で長期培養を可能としたシステムである。このシステムでは，大気への開放部（実際はインキュベータ内の5％二酸化炭素を含む大気への開放部）において培養液のガス分圧が平衡化され，その平衡化された培養液を直接加圧し，細胞または組織に静水圧を負荷する。このシステムではバルブの開閉によって静水圧負荷を制御する方法を採らず，バックプレシャーコントロールモジュールによって（具体的には流路を狭めることにより）昇圧している。この方式の場合は，培養液の連続フローを保ちながら，静水圧下で細胞および組織を長期に培養することが可能である。一方，このシステムの場合は培養液という栄養に富んだ媒質と静水圧負荷機構とが直接に接触するため，雑菌が繁殖する危険性，いわゆるコンタミリスクは比較的高いと考えられる。このように，静水圧の生理的効果という基礎研究においては，閉鎖系の実験系がおもに行われ，短期培養によって評価されていた。一方，軟骨組織は，軟骨細胞自身から産生され，蓄積される細胞外マトリックスに関して，他の組織に比べて著しい特徴がある。組織形成をはじめとする再生医療への応用を目指したティッシュエンジニアリング（tissue engineering）においては，細胞外マトリック

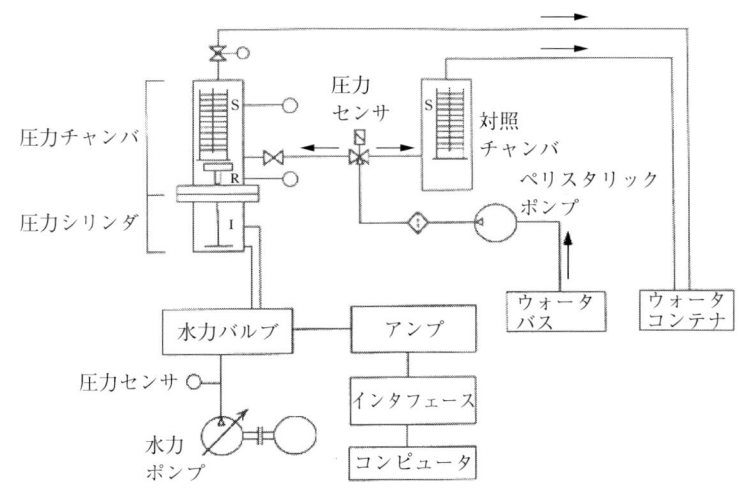

2.2 メカニカルエンジニアリングと軟骨再生，血管再生　47

（a）準閉鎖系

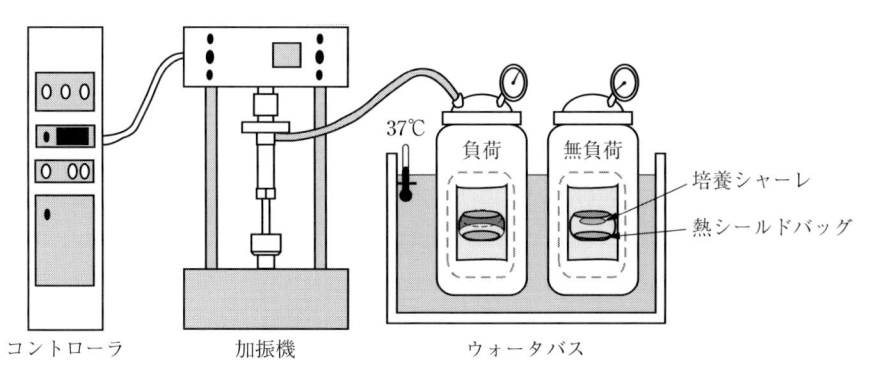

（b）完全な閉鎖系

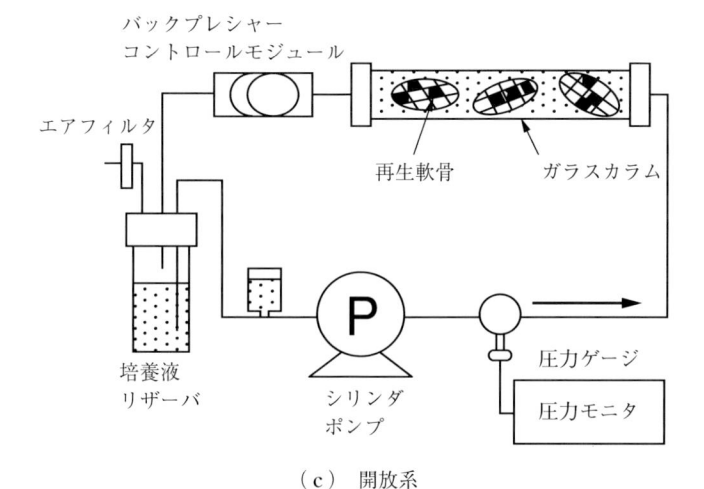

（c）開放系

図 2.19　軟骨細胞・組織への静水圧負荷システム

スの蓄積による組織形成を考慮した培養システムを開発する必要があると考えられる。そこで液相を介して加圧ができ，生理的な圧力条件をカバーでき，さらに細胞間物質の蓄積が行われる期間，培養を可能とするために培養液を灌流させることができる機能を兼ね備えたシステムが開発されてきた[17],[18]。

軟骨細胞が静水圧に応答するかどうかも含めて，そのメカニズムは解明されていない。しかしながら，コラーゲンスポンジに播種した軟骨細胞に間欠的に静水圧を負荷しながら3次元培養すると，グリコサミノグリカンの産生が上昇し，軟骨様組織の再構築が促進されることが見いだされた[9]。このように静水圧負荷は生体外で軟骨細胞を培養し軟骨組織を再生するための一つの重要なファクターとしてとらえるべきであると考える。さらに敷衍して，血管の再構築を含め生理的に負荷されている物理的刺激を，組織の再構築さらには細胞の分化制御のための一つの手段として適用することは意味があると考えられる。培養フラスコによる旧来からのシンプルな培養法から，よりティッシュエンジニアリングとしての目的を指向した組織培養法は，軟骨再生にとどまらず今後生体外における組織再生にとって必要不可欠な重要な基盤技術になるものと考えられる。

2.2.3　ずり応力負荷，引張応力（ストレッチ）負荷による血管再生技術

心血管疾患や脳血管疾患は現在，悪性新生物につぐ死亡原因となっており，心血管疾患と脳血管疾患の死亡率を合わせると，悪性新生物をはるかに上まわる死亡率である（国民衛生の動向）。さらに，人口の高齢化が進むにつれて，動脈硬化性疾患の発症率が増加の一途をたどっており，心血管疾患や脳血管疾患の死亡率は年々増加している。これらの血管疾患の治療には人工血管による血管の代替手術が有効である場合が多いが，大動脈などの比較的太い部分に適用される人工血管では臨床的にほぼ満足できるものが開発されているにもかかわらず，冠動脈などの血管内径が4 mm以下の小口径の人工血管ではまだ十分なものは開発されていない。いままでに塩化ビニル樹脂をはじめとするさまざまな高分子材料の抗血栓性が調べられてきたが，抗血栓性に優れていると考えられているePTFE（expanded polytetrafluoroethylene）を用いても大腿-膝窩動脈部位で移植後2年の開存率は40%前後と非常に低く，人工高分子を用いた小口径の人工血管の開発においてこれらの成績はいまだ大きな変化がないといっても過言ではない状況にある。

一方，近年多くの期待が寄せられている組織工学的な手法を用いた小口径の人工血管の開発においては，本項の主題であるメカノエンジニアリングが重要な役割を担っており，メカニカルな視点から作製された再生血管は，100年近い歴史をもつ高分子材料による人工血管よりさまざまな観点からその有望性が指摘されている。以下に軟組織の組織工学におけるメカノエンジニアリングの役割について人工血管を中心に紹介する。

2.2 メカニカルエンジニアリングと軟骨再生，血管再生

生体内の正常な血管は，内側から内膜，中膜，外膜の階層構造を有する（図2.20）。内膜は血液とつねに接する膜であり，血流方向に配向した血管内皮細胞の単層組織として存在している。血液と接触する血管内皮細胞からはつねに抗凝固性の物質が放出されているために，正常な血管ではその表面には血栓がまったく形成されず，血管は非常に優れた抗血栓性を保有している。たとえ血栓が血管内腔面に付着しても，血管内皮細胞から線溶系の物質が放出されることによって，つねに平滑な内腔面が維持されている。内膜の下の中膜には，コラーゲンとエラスチンの線維の中に血管平滑筋細胞が血流に対して20〜60°の向きで配列（図2.21）して存在し，さまざまな刺激に応答して効率よく収縮・弛緩し，血流を調節している。外膜にはコラーゲン線維に埋まった線維芽細胞が存在しており，血管の力学的な強度を保つ働きをしていることが知られている。したがって，血管は物質を効率よく運搬するという観点から，内腔面を積極的に平滑にし，さらに筋肉細胞が能動的な動きをすることによって血管全体として協調的な動きをするメカノデバイスとして機能しているととらえることができる。

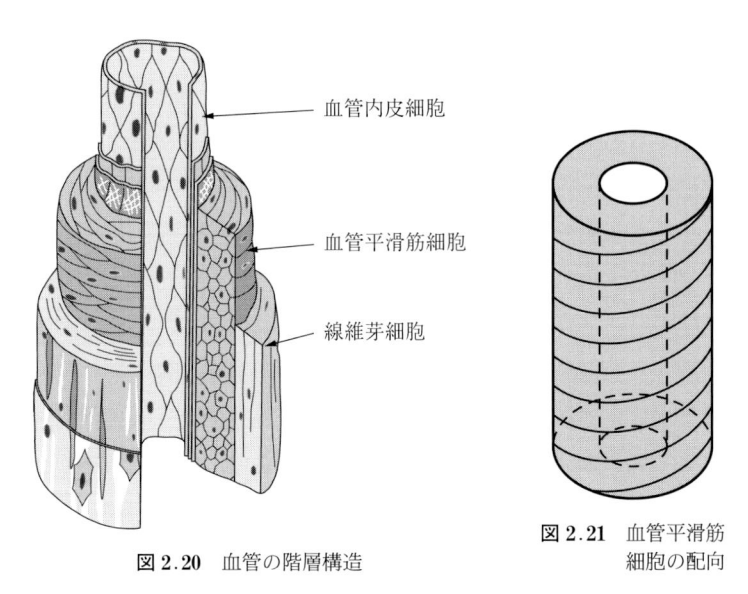

図2.20　血管の階層構造

図2.21　血管平滑筋細胞の配向

生体内のダイナミックな動きのある血流環境内で，能動的な動きをする血管を水道管と同じような人工物で置きかえる研究が100年以上前から行われてきたが，限界あるために，1970年代後期から血管内皮細胞の非常に優れた抗血栓性を利用した血管内皮細胞と高分子材料とのハイブリッド型の人工血管の開発が進められてきた[19)]。開発当初は血管内皮細胞と高分子材料とのハイブリッド型の材料は学究会および産業界から熱い期待を集めたが，高分子材料に播種された血管内皮細胞は血流によって容易に剥離し，そのため血管内皮細胞と高分子材料とのハイブリッド型の人工血管は当時期待されていたような優れた抗血栓性を生体

内で発揮できないことが現在までに報告されている．さらに，まだ論争が続いてはいるものの，移植する人工血管の力学的な性質と移植後の成績との間になんらかの関係があると考えられており[20]，移植前の人工血管の性質としては血管のそれにできるだけ近づける努力が行われてきたが，人工血管は生体内で石化化などの形質変化を容易にするために，長期間にわたって人工物を生体内で血管と同等の力学的な性質に維持することはきわめて難しいことであると近年では考えられている．

そこで，30年ほど前に，血管平滑筋細胞の上に血管内皮細胞を重層して培養した再生血管の原点ともいえる血管様の階層構造をもった人工血管が開発された[21]．人工皮膚の開発で有名なMITのBellとWeinbergは1986年に血管を構成する3種類の細胞，すなわち血管内皮細胞，血管平滑筋細胞，線維芽細胞を用いて血管様の階層構造をダクロンを足場として生体外で人工的に再構築して人工血管を作製した[22]．彼らは宿主血管と人工血管との間のコンプライアンスのミスマッチングの問題を解決するために血管を構成する細胞と細胞外マトリックス（コラーゲンゲル）のみから構成される人工血管の作製も試みた．しかし，細胞と細胞外マトリックスのみから構成される人工血管は非常に脆弱で，わずか10 mmHgの圧力にまでしか耐えることができなかった．その原因として上述したように生体内の血管の血管平滑筋細胞は血流に対して20〜60°の向きに配列している（血流によるせん断応力と拍動による法線応力のベクトル和に相当）が，彼らの人工血管の血管平滑筋細胞は血流に対してランダムに配列していたために，血圧によって容易に人工血管が裂けることがわかった．また，コラーゲンの量と血管平滑筋細胞の量が生体内の血管の1/4〜1/8までにしか誘導できなかったことも原因の一つであった．

一方，血管を構成する血管内皮細胞と血管平滑筋細胞に伸張刺激や流れを負荷すると生体内と同様のベクトルをもつ細胞の配向や，血管の力学的な性質を支える細胞外マトリックスの産生能が亢進することが古くから知られている．そこで，BellとWeinbergの方法で作製された人工血管に，10日間引張応力を負荷したところ，血管内皮細胞は血管の長軸方向に，血管平滑筋細胞は血管内皮細胞と垂直に交わる方向に配列し，再生血管の力学的な性質が向上することが報告された[23]．さらに生体内分解性のスポンジ状の担体に細胞を播種した構造を有するモデルに，一定流または拍動流を負荷することによって，細胞数，コラーゲン，エラスチン，プロテオグリカンなどの細胞外マトリックスの含量の向上，血管平滑筋細胞のフェノタイプの変換が起こり[24],[25]，その結果と考えられる再生血管の力学的な性質の向上効果が認められた．

MITのグループの報告によると生体内分解性のポリマーの一種であるPGA（Polyglycolic acid）のファイバから成形された筒状担体に細胞を播種して拍動様の流れを負荷（図2.22）しながら8週間ほど培養することによって，静脈と同等の破断強度を有する再生

血管が開発された[26]。したがって，流れ，引張応力などの力学的な刺激負荷が再生血管の構築において有効であり，単に担体に細胞を播種するだけでは生体内で十分な機能を有する再生血管の開発は困難であるとの認識が強くもたれるようになってきた。ここ数年の治験では，せん断応力やひずみなどのメカニカルな刺激だけでなく，TGFβ（transforming growth factor）や PDGF（platelet deriver growth factor）のようなケミカルな因子の存在下でメカニカルな刺激を再生血管に負荷することによって，さらに細胞の分化機能を制御した再生血管の開発が試みられている[27]。その他，2.2.2項で概説したように，血管は血管内皮細胞，平滑筋細胞などの複数の細胞から構成されており，それらの細胞の担体への播種のタイミング，順番とメカニカルストレスの負荷のタイミングの組合せにより，再生血管の細胞外マトリックス含量，細胞のフェノタイプに大きな影響を及ぼすことも報告されている[28]。再生血管の開発技術はここ数年で目覚しい進歩を遂げており，メカノエンジニアリングの視点から，再生血管の構築系の最適化が急がれている。

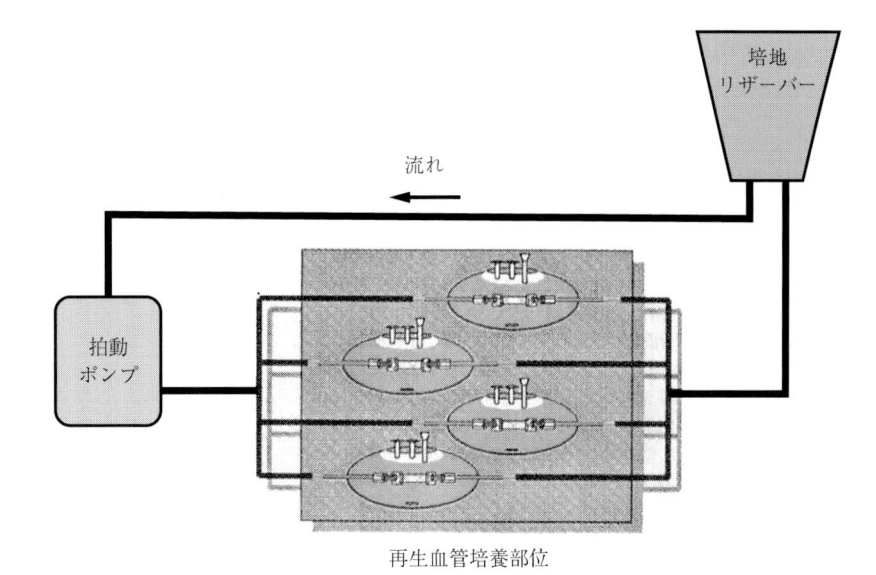

図 2.22 再生血管培養デバイス（文献 27 より一部改変）

心筋梗塞などの治療手段としてその利用が切望されているものは，動脈用の人工血管であり，すでに開発された小口径の人工血管は即，臨床応用できるような状況にはないが，再生血管の作製モデルや手法の進歩，さらに培養デバイス技術のさらなる改善によって，近い将来に力学負荷によって鍛えられた再生血管が生命を左右する重篤な心疾患の治療手法として適用されるものと考える。

引用・参考文献

1) 立石哲也：再生医工学をめぐる最近の動向，人工臓器学会，**31**，1，pp.17-22（2002）
2) 立石哲也：再生医工学とバイオメカニクスの現状と展望，関節外科，**21**，10，pp.111-116（2002）
3) 長田義仁 編，立石哲也：バイオミメティクスハンドブック，ティシュエンジニアリングの基礎，pp.586-590，エヌ・ティー・エス（2000）
4) 川井知二 監修，立石哲也，牛田多加志，古川克子：再生医療 ナノテクノロジー大事典，pp.824-832，工業調査会（2003）
5) 立石哲也，田中順三 編著：図解 再生医療工学，工業調査会（2004）
6) Tateishi, T., Chen G., Ushida, T. and Mizuno, S.：Biodegradable Hybrid Porous Biomaterials for Tissue Engineering, Tissue Engineering and Biodegradable Equivalents (Lewandrowski, K. U., Trantolo, D. J., Gresser J. D. and Weise, D. W. Ed.), pp.99-110, Marcel Dekker (2002)
7) Tateishi, T.：Biodegradable Porous Scaffolds for Tissue Engineering, The Japan Society of Mechanical Engineers, JSME News, **13**, 1-3, pp.6-8 (2002)
8) Tateishi, T., Chen, G. and Ushida, T.：Biodegradable porous scaffold for tissue engineering, J. Art. Org, **5**, pp.77-83 (2002)
9) Mizuno, S., Tateishi, T. and Ushida, T.：Hydrostatic fluid pressure enhances matrix synthesis and accumulation by bovine chondrocytes in three-dimensional culture, J. Cell. Physiology, **193**, pp.319-327 (2002)
10) Chen, G., Ushida, T. and Tateishi, T.：Scaffold Design for Tissue Engineering, Macromol Biosci., **2**, pp.67-77 (2002)
11) Chen, G., Ushida, T. and Tateishi, T.：Poly (DL-lactic-co-glycolic acid) Sponge Hybridized with Collagen Microsponges and Deposited Apatite Particulates, J. Biomed. Mater. Res., **57**, pp.8-14 (2001)
12) Ushida, T., Furukawa, K., Toita, K. et al.：Three dimensional seeding of chondrocytes encapsulated in collegen gel into PLLA scaffolds, Cell Transplantation, **11**, 5, pp.489-494 (2002)
13) Chen, G., sato, T., Ushida, T. et al.：Redifferentiation of dedifferentiated bovine chondrocytes when cultured in vitro in a PLGA-collagen hybrid mesh, FEBS Lett. **542**, pp.95-99 (2003)
14) Furukawa, K., Ushida, T., Sakai, Y. et al.：Tissue-engineered skin using aggregates of normal human skin fibroblasts and biodegradable material, J. Art. Org. **4**, 4, pp.353-356 (2001)
15) Furukawa, K., Suenaga, H., Toita, K. et al.：Rapid and Large-Scale Formation of Chondrocytes Aggregates by Rotational Culture, Cell Transplantation, **12**, 5, pp.475-479 (2003)
16) Hodge, W. A. et al：Contact pressures in the human hip joint measured in vivo, Proc. Natl. Acad. Sci. USA, **83**, 9, pp.2879-2883 (1986)

17) Murata, T., Ushida, T., Mizuno, S. et al.：Proteoglycan synthesis by chondrocytes cultured under hydrostatic pressure and perfusion. Mater. Sci. Eng. **C 6**, pp.297-300（1998）

18) Mizuno, S., Ushida, T., Tateishi, T. et al.：Effects of physical stimulation on chondrogenesis in vitro, Mater. Sci. Eng. **C 6**, pp.301-306（1998）

19) Herring, M., Gardner, A. and Glover, J.：A single-staged technique for seeding vascular grafts with autogenous endothelium, Surgery, **84**, pp.498-504（1978）

20) Walden, R., L'Italien JL, Megerman, J. and Abbott W. M.：Matched elastic properties and successful arterial grafting, Arch. Surg., **115**, pp.1166-1169（1980）

21) Jones, P. A.：Construction of a artificial blood vessel wall from cultured endothelial and smooth muscle cells, Proc. Natl. Acad. Sci. USA., **76**, pp.1882-1886（1979）

22) Weinberg, C. B. and Bell, E.：A blood cessel model constructed from collagen and cultured vascular cells, Science, **231**, pp.397-400（1986）

23) Kanda, K., Matsuda, T. and Oka, T.：Mechanical stress induced cellular orientation and phenotypic modulation of 3-D cultured smooth muscle cells, Am. Soc. Aftif. Intern. Org., **J 30**, pp.M 686-M 690（1993）

24) Jockenhoevel, S., Zund, G., Hoerstrup, S. P., Schnell, A. and Turina, M.：Cardiovascular tissue engineering ; a new laminar flow chamber for in vitro improvement of mechanical tissue properties, Am. Soc. Aftif. Intern. Org. **J 48**, pp.8-11（2002）

25) Opitz, F., Schenke-layland, S., Richter, W., Martin, D. P., Degenkolbe, I., Wahlers, T. H. and Stock, U. A.：Tissue engineering of ovine aortic blood vessel substitutes using applied shear stress and enzymatically derived vascular smooth muscle cells, Ann. Biomed. Eng. **32**, 2, pp.212-222（2004）

26) Niklason, L. E., Gao, J., Abbott, W. M., Hirschi, K. K., Houser, S., Marini, R. and Langer, R.：Functional arteries grown in vitro, Science, **284**, pp.489-493（1999）

27) Stegemann, J. P. and Nerem, R. M.：Phenotype modulation in vascular tissue engineering using biochemical and mechanical stimulation, Ann. Biomed. Eng. **31**, pp.391-402（2003）

28) Williams, C. and Wick, T. M.：Endothelial cell-smooth muscle cell co-culture in a perfusion bioreactor system, Ann. Biomed. Eng. **33**, pp.920-928（2005）

3 生体組織リモデリングのバイオメカニクス

3.1 は じ め に

　バイオメカニクス（biomechanics）は，力学系学理をもとに生体の機能や構造，形態などを解析するとともに，得られた結果を医学や工学などの分野にある種々の問題の解決や，新しい手法，技術の開発等に応用する学問，研究領域である[1]。生体組織や器官のバイオメカニクスに関する本格的な研究が開始されてから，欧米でもわが国でも30年前後を経たにすぎないが，この間の発展には目覚ましいものがあり，現在では，学問・研究としての体系もほぼ整った段階に達している。そして，研究対象も，マクロな器官や組織から，細胞や生体分子などのマイクロ，ナノレベルへと大きな広がりをみせている。

　生体組織や器官の形態形成とその変化は，二つに大別される[2~4]。一つは，発生の過程を経て胚から形成された組織や器官が，成長（growth）することによって寸法的に増大し，形作られる過程であり，これは構築（モデリング：modeling）と呼ばれる。これに対して，一度形成された組織や器官が代謝活動によって吸収（resorption）・形成（formation）されて，あるいは萎縮（atrophy）・肥大（hypertrophy）して，構造や特性を変化させる過程であり，これは再構築（リモデリング：remodeling）と呼ばれる。

　生体には，からだ全体でも，それを構成する要素，素材でも，つねに力学的負荷が作用しており，その機能，構造，形態はこれにうまく対応するようになっていることから，合目的的に最適設計（optimal design）されているといわれている。また，置かれている環境が変化して，作用する負荷が変わると，機能的に適応（functional adaptation）するように構造や形態，性質などを巧妙に変化させて再構築する。これは，細胞においても例外ではなく，最近では，力学的負荷によって細胞の形態，構造，機能などが変化する現象とメカニズムに関する研究が非常に多い[3]。バイオメカニクスは力学に基盤を置くものであり，また上で述べた現象は力学的負荷の支配下で生ずるものであることから，応力（stress），ひずみ（strain）がキーファクタとなる。

　再生医療技術の一つとして大きな期待が寄せられているティッシュエンジニアリング（生

体組織工学：tissue engineering）は，ひとことでいえば生体内外を問わず細胞を利用して生体組織を構築したり，再構築する技術である．上述のように，細胞や組織は力学的負荷に反応して，形態，サイズ，構造，性質，機能を変化させるので，組織再構築すなわちリモデリングのバイオメカニクスは，ティッシュエンジニアリングにとって非常に重要である．

本章では，作用する応力が生体組織の構造・形態や機能に対して大きな影響を及ぼすことを，血管と腱・靱帯に関するわれわれの研究を例にとって説明する．これらの詳細や，骨のリモデリング現象とメカニズム，負荷に対する細胞の反応などについては，著者らが刊行した教科書「生体細胞・組織のリモデリングのバイオメカニクス」[3]に書かれている．

3.2 応力変化による血管壁のリモデリング

血管には，血圧と血流による負荷が絶えず作用する．径が比較的大きい多くの動脈には，血圧によって生ずる円周方向壁応力（hoop stress）と半径方向壁応力（radial stress）に加えて，分岐や周囲組織からの拘束によって生ずる管軸方向応力（axial stress）が作用している（図3.1）．さらに，血流によって動脈壁内腔面には壁せん断応力（wall shear stress）がはたらいている．そして，いずれの応力の変化に対しても，動脈は敏感に反応して，径や厚さ，組織，性質を変える．ここでは多くの研究が行われている血圧によって生ずる円周方向壁応力と，血流によって動脈壁内腔面に作用する壁せん断応力を取り上げる．

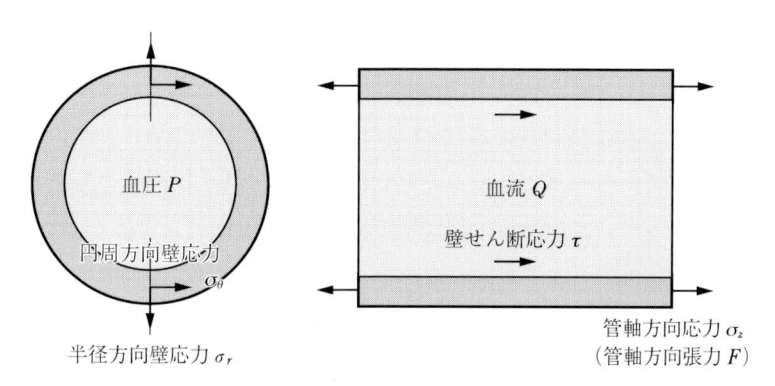

図3.1 血管壁に作用する力と応力

3.2.1 血圧変化に対する反応

この問題を初めて実験によって，系統的に取り扱ったのはWolinsky[5]~[7]である．彼は，7週齢のラットの左側の腎動脈に銀製のクリップをかけて高血圧にしたところ，胸大動脈の径は，正常血圧のラットに比べて，10週後に有意に大きくなるが，20週以降では有意差は消失したと報告している（表3.1）[6],[7]．

表3.1 正常血圧，高血圧ラットの体重と血圧，および胸大動脈の寸法，壁応力，ならびに組成分率[6),7)]

項 目	10 週		20 週		70 週	
	正常血圧	高血圧	正常血圧	高血圧	正常血圧	高血圧
体 重〔g〕	373±10	318±21*	416±10	386±26	488±16	448±19
収縮期血圧〔mmHg〕	102±3	191±7*	118±1	187±6*	116±3	186±5*
直径〔mm〕	2.35±0.07	2.89±0.12*	2.89±0.04	2.76±0.08	2.74±0.05	3.08±0.11
壁厚さ〔mm〕	0.097±0.005	0.124±0.008*	0.082±0.005	0.115±0.017*	0.118±0.003	0.174±0.004*
中膜面積〔mm²〕	0.747±0.017	1.204±0.076*	0.705±0.050	1.043±0.017*	1.058±0.030	1.779±0.072*
壁応力〔kPa〕	160±13	294±40*	282±23	273±11	180±8	209±12
エラスチン分率〔%〕	41.24±0.60	34.32±0.91*	41.43±0.54	35.37±0.49*	40.94±0.97	40.94±0.62
コラーゲン分率〔%〕	13.79±0.74	13.81±0.59	17.27±0.56	15.89±0.79	24.65±1.12	21.27±0.81*
アルカリ溶融タンパク分率〔%〕	18.45±0.96	30.99±0.80*	18.17±0.67	27.89±1.35*	16.15±0.30	21.59±1.70*
上記3分率の合計〔%〕	73.48±81.93	79.12±1.44*	76.87±1.19	79.15±0.35	81.74±1.45	83.80±0.82

直径は収縮期内圧負荷試料の内壁，外壁の中間で計測；壁厚さと中膜面積は収縮期内圧下で固定した試料で計測；壁応力は式（3.1）を用いて計算した壁円周方向応力；エラスチンなどの分率は内膜・中膜脱脂乾燥重量に対する割合；いずれのデータも平均値±標準誤差で，*は有意差あり（$p<0.05$）

　一方，壁厚さや中膜面積は，期間を問わず高血圧ラットのほうが正常血圧ラットより有意に大きかった。高血圧10週では，壁が肥厚（hypertrophy）するために，式（3.1）を用いて計算される壁の円周方向応力[1),3)]は，正常血圧ラットより有意に大きくなっている。

$$\sigma_\theta = P \frac{D_i}{D_o - D_i} \tag{3.1}$$

ここに，P：血圧，D_oとD_i：それぞれ血管の外径，内径

　しかしながら，20週以降になると，高血圧ラットと正常血圧ラットの間の有意差はなくなる。すなわち，高血圧の場合は，壁応力を正常レベルに戻すように動脈壁が肥厚する。

　Wolinsky[6)]は，さらに上記の方法で10週間高血圧に維持したあと，腎動脈を狭窄したクリップを取り除いて正常血圧に戻し，10週後の大動脈壁を調べている。その結果，正常血圧に戻しても，血管径と壁厚さにはほとんど変化は見られず，正常血圧20週の場合より有意に大きいままであった。このために，血圧低下によって壁応力は大きく減少し，もともと正常血圧であった場合よりも有意に低い値になった。高血圧から正常血圧への力学的負荷の変化に対する動脈壁の応答は，正常血圧から高血圧への変化に対する応答のようには起こらないか，あるいはもっと長期間後に応答が現れるのかもしれない。

　その後，高血圧動脈の力学的性質に関する実験研究は多く行われており，それらの多くは高血圧によって壁が肥厚し[8)~11)]，スティフネスが増加する[8),9),11)~13)]と報告している。しかしながら，高血圧に対する血管壁の反応を経時的に詳しく調べ，この現象を機能的適応の観点から詳しく研究したのは著者ら[14),15)]が初めてである。この研究では8～9週齢のラットを用い，Wolinskyと同様に一方の腎動脈にクリップをかけて高血圧を誘発し，2～16週後に胸大動脈を摘出して，その形態，寸法と力学的性質を調べている。

その結果によると，血圧が増えるとともに，この血圧下の壁厚さは増加する（**図 3.2**）[15] が，血管内径はほとんど変化しない。断面は，7〜8 層（lamella）の構造になっているが，高血圧血管では内腔側のほうが層がかなり厚く，外膜側へ移るにつれて層の厚さがしだいに減少している。これに比べて，正常血圧の血管では断面上で層の厚さに違いはみられない。材料力学からも容易に推察されるように，管の内圧が増加すると，内壁側の応力が外壁側より高くなるが，この応力分布にうまく反応するように層の厚さに分布が生じたものと考えられる。

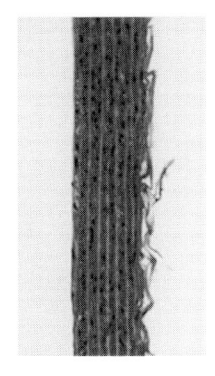

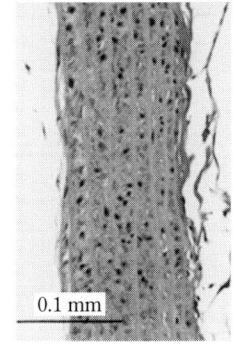

図 3.2 正常血圧動脈（a）と高血圧動脈（b）の壁縦断面組織[15]（ラット胸大動脈を生体内負荷条件で固定，P_{sys} は屠殺直前の収縮期血圧，いずれも左側が血流側，HE 染色）

（a） $P_{sys}=140$ mmHg　　（b） $P_{sys}=225$ mmHg

屠殺直前の収縮期血圧，血管壁厚さおよび血管内径から，式（3.1）を使って円周方向壁応力を求めると，この応力は 2 週後にはすでに血圧に依存しなくなり，その値は無処置の正常血圧ラット（対照群）の値にほぼ一致する（**図 3.3**）[14]。この現象は，実験を行った 16 週

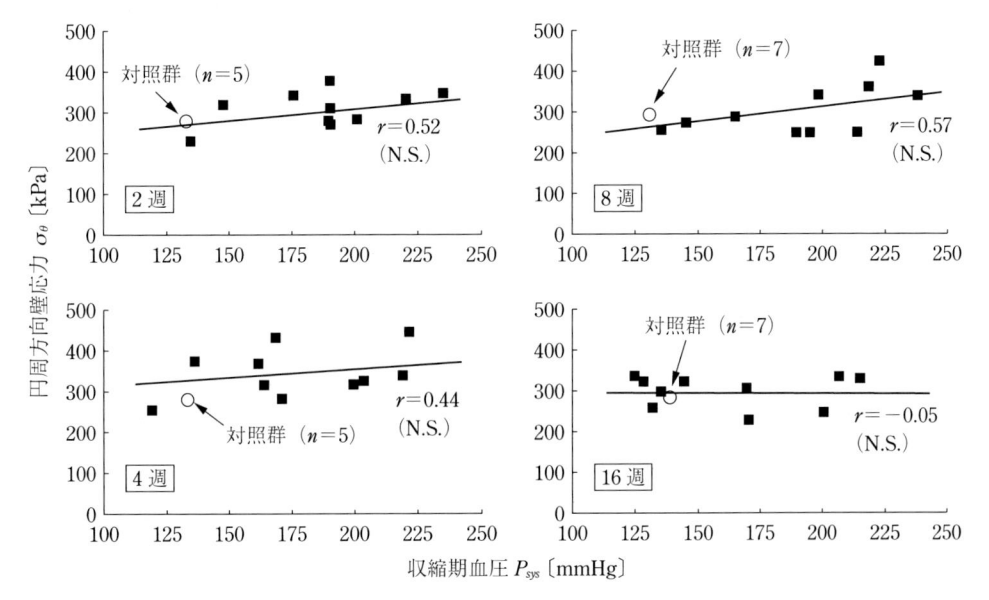

図 3.3 屠殺直前の収縮期血圧とこの血圧における円周方向壁応力の関係[14]（ラット胸大動脈，n は試料数，r は相関係数，N.S. は有意な相関がないことを表す）

間に至るまで観察されている。すなわち，高血圧になっても血管壁は非常に迅速にこれに反応して肥厚し，応力はつねに正常に保たれるのである。言い換えれば，血圧上昇という負荷の変化が生じても，壁応力を正常値に維持するように，壁の形態・寸法が変わり，再構築するのである。

著者らは，このような現象が静脈でも生ずることを観察している[16]。その例として，成熟日本白色家兎の一方の外腸骨静脈を結紮すると，1，2，4週後の同側の大腿静脈の血圧は，このような処置を施さない対側の大腿静脈の血圧より各期間で有意に上昇する。しかし，血圧上昇に伴って壁厚さが増加するので，上述の動脈と同様に円周方向壁応力は変化しない（図3.4）[16]。

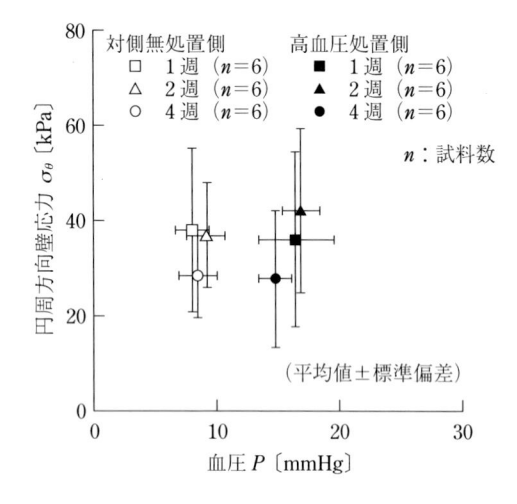

図3.4 屠殺前の血圧とこの血圧における円周方向壁応力[16]（家兎大腿静脈）

血管の内圧が上昇すると，壁円周方向に生ずる応力が増加して壁を伸展，拡張し，これが過度に進むと壁の破損，破壊に至る可能性があるが，上で述べたように動脈，静脈のいずれにおいても，血圧が上昇しても壁の素早い肥厚反応によってこの応力は正常範囲に保たれる。壁の安全性から考えると，これは生体組織に備わった非常に巧妙な再構築現象の一つであるといえる。

一方，血管壁の弾性は，バイオメカニクスや血管生理の観点から見て，血管壁の重要な機能の一つである。血管壁の材質そのものの弾性を知るためには，理工学で広く使われている弾性係数（elastic modulus）あるいはヤング率（Young's modulus）のような材料定数を用いなければならない。しかしながら，これを求めるためには，壁の厚さが必要であるうえに，動脈壁の応力-ひずみ関係は非線形であるので，応力-ひずみ曲線の傾きである接線係数（tangent modulus）に相当するパラメータが使われている。その代表的なものが，増分弾性係数（incremental elastic modulus）である[1]。

屠殺直前の収縮期血圧における増分弾性係数は，8週までは血圧に対して正の相関が観察

される（図3.5）[14]。すなわち，生体内で作用する血圧のレベルでの血管弾性は，高血圧の初期では高くなる。しかしながら，16週になると血圧に依存しなくなり，その値も無処置の正常血圧の場合（対照群）にほぼ一致する。このことは，作用血圧レベルにおける血管弾性は，高血圧になるといったん高くなるものの，しだいに低下してそのうち正常血圧血管の弾性のレベルに落ち着くことを意味する。高血圧で上に示した壁応力に関する結果とあわせると，高血圧という負荷の変化に反応して，血管壁は応力を正常値に保つようにその形態（厚さ）を迅速に変化させて安全を確保し，いくぶん遅れてその機能（弾性係数）を正常値に回復させるような機能的適応と再構築の現象が生じるといえる。

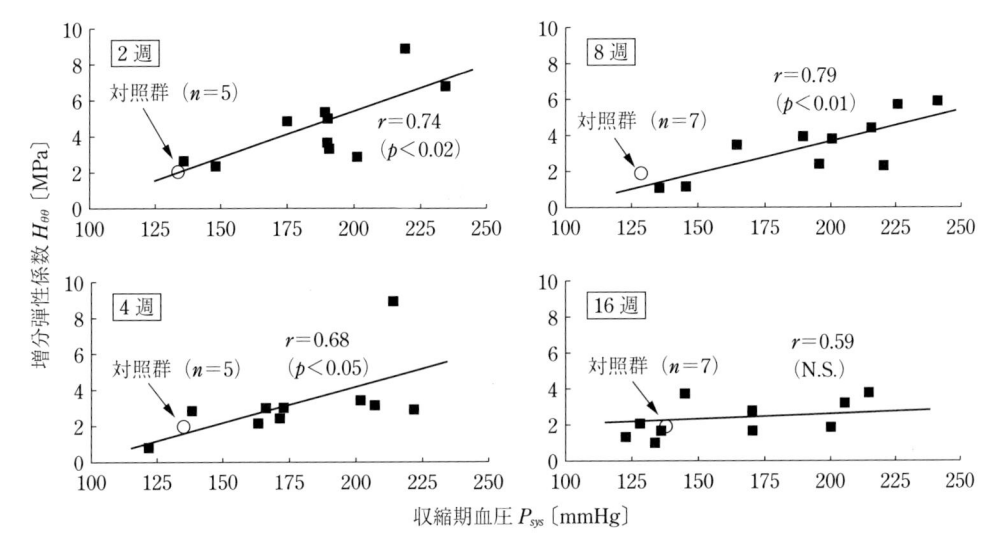

図3.5 屠殺直前の収縮期血圧とこの血圧における円周方向増分弾性係数の関係[14]（ラット胸大動脈，nは試料数，rは相関係数，N.S.は有意な相関がないことを表す）

血流などの生理現象に直接的に関係するのは内圧-径関係である。摘出した動脈に内圧を負荷して得られる内圧-膨張比（各内圧下の外径と内圧ゼロ時の外径の比）曲線を見ると，同じ内圧レベルで比較すればいずれの内圧でも，高血圧血管のほうが無処置の正常血圧血管よりも膨張比が小さい[14]。内圧の変化に応じて径が大きく変わる低内圧領域では，同じ内圧で比較してみると，高血圧動脈のほうが正常血圧動脈よりも曲線の傾きが大きくなっており，これは高血圧動脈のほうが変形しにくいことを表している。しかしながら，140 mmHg以上の高内圧領域では，曲線の傾きは高血圧動脈のほうが低くなり，高血圧動脈のほうが変形しやすい。

血管の内圧-径曲線も非線形であるので，上記の特性を定量的に表すパラメータとして，各血圧レベルにおける傾きである圧力-ひずみ弾性係数（pressure strain elastic modulus）E_Pがよく利用されている[1]。これは式（3.2）で表される。

$$E_P = \frac{\Delta P}{\Delta D_0 / D_0} \tag{3.2}$$

ここに，ΔP：ある任意の内圧からの微小な内圧増分，ΔD_0：内圧増分によって生ずる外径の増分

これは，上記の血管壁材料そのものの弾性を表す弾性係数に対比して，いわば見かけの構造的なパラメータであり，増分弾性係数と厚さの積に相当する[1]。

屠殺直前の収縮期血圧における圧力-ひずみ弾性係数は，実験を行った16週間にわたって高血圧の場合の方が正常血圧の場合よりも大きいが，時間経過とともに正常血圧動脈の値に近づく傾向を示す[3,14]。すでに述べたように，材質そのものの弾性を表す増分弾性係数は，高血圧にさらされる時間とともに正常血圧動脈の値に近づき，16週後には両者の間には相違が見られなくなる。しかしながら一方では，血管壁の厚さは高血圧によって増加する。圧力-ひずみ弾性係数などによって表される動脈のスティフネスは，増分弾性係数と厚さの積に相当するので，血管壁の材質と厚さが高血圧に適応するように変化したあとでも，この程度の期間ではスティフネスは必ずしも適応した値にはならないようである。

以上に述べたような現象を担っているのは細胞であることには間違いない。実際に，高血

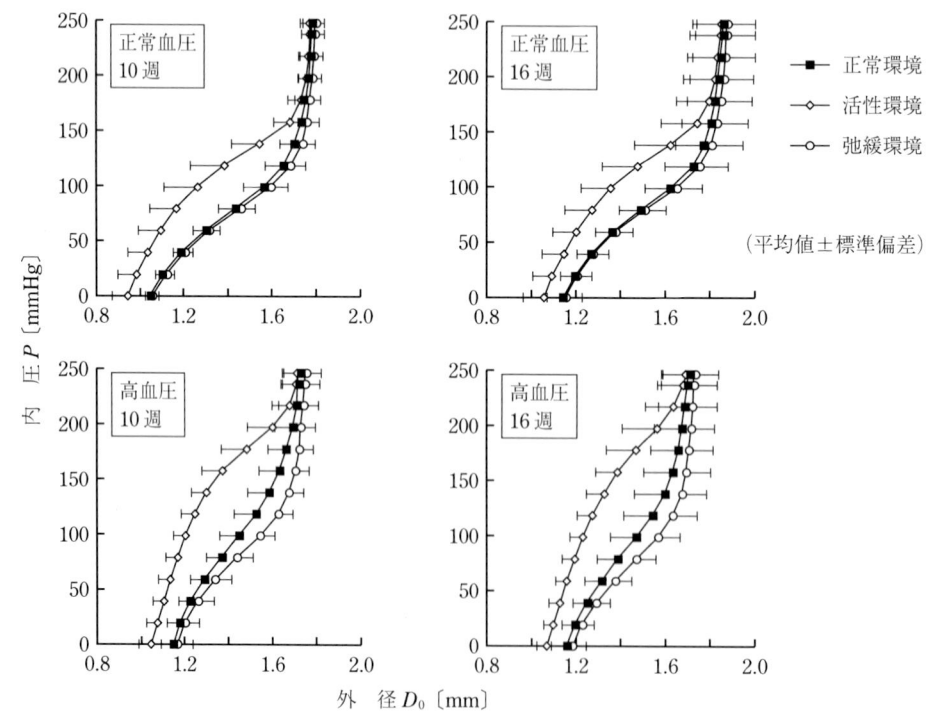

図3.6 DOCA食塩法で高血圧（10あるいは16週間）にしたWistarラットと同週齢の正常血圧ラットから摘出した総頸動脈の正常環境下（Krebs-Ringer液），最大活性環境下（Norepinephrine投与），および最大弛緩環境下（Papaverine投与）における内圧-外径関係[20]（実験開始時はともに16週齢）

圧によって血管壁単位断面積当りの血管平滑筋細胞の数には変化が見られないものの，個々の細胞のサイズは大きくなり，これが壁の肥厚に寄与するという報告がある[17),18)]。また，著者らは，高血圧によって動脈，静脈ともに，血管壁の収縮性が上昇する現象を観察している（図3.6）[16),19),20)]。壁の収縮は血管平滑筋の収縮によるところから，上述のような，高血圧という負荷の増加に反応して生ずる血管壁の適応と再構築の現象には，血管平滑筋細胞が重要な役割を果たすことがわかる。なお，生体外培養中の動脈に作用する内圧を増減させると，3日間という短期間でも壁が反応して，その弾性や平滑筋細胞活性が変化するという報告もある[21)]。

3.2.2 血流変化に対する応答

生体内の血流がポアズイユ（Poiseuille）の法則に従うと仮定すると，血管内腔壁面に作用するせん断応力，すなわち壁せん断応力（wall shear stress, τ）は式（3.3）で表される[1),3)]。

$$\tau = \frac{32\mu Q}{\pi D_i^3} \tag{3.3}$$

ここに，μ：血液の粘性係数，Q：単位時間当りの血流量，D_i：血管内径

動脈硬化の進行とともに増加する内膜厚さ（intimal thickness）に及ぼす壁せん断応力や壁せん断ひずみの影響に関する研究は，動脈硬化発生，伸展のメカニズムを解明するためにきわめて多く行われてきた[1)]。また，健常者でも，内膜・中膜厚さが壁せん断応力に関係するという結果も報告されている[22)]。これらも，負荷応力による血管壁再構築現象の一つと見ることもできるが，動脈硬化特有の因子が複雑にからんでくるのでここでは取り上げない。

Kamiyaらは，イヌの総頸動脈と外頸静脈とを吻合して動静脈シャント（arteriovenous shunt あるいは arteriovenous fistula）を作成して，その上流側の総頸動脈内の血流量を大きく増加させるとともに，下流側の血流量を減少させる実験を行った[23)]。そして，成熟した健常動物でも，血流量が変化すると，壁せん断応力を正常値に維持するように血管径が変化するという支配則を見いだした。

彼らは，3日後では血管内径に変化は見られないが，1週後には高血流にさらされた動脈のかなり多くに内径の変化が現れ始め，6～8か月後には高血流側で内径が増加し，低血流側で内径が減少するのを観察した（図3.7）[23)]。しかしながら，流量と内径から式（3.3）を使って壁せん断応力を求めると，血流量の増加が正常値の4倍以内であれば，6～8か月後の血管壁せん断応力は，血流量に依存せず正常値に戻る。同様な現象は低血流の場合にも生ずる。すなわち，血流量の変化に応じて血管径が変化し，しかもこの現象が壁せん断応力をつねに正常値に維持するように起こるのである。

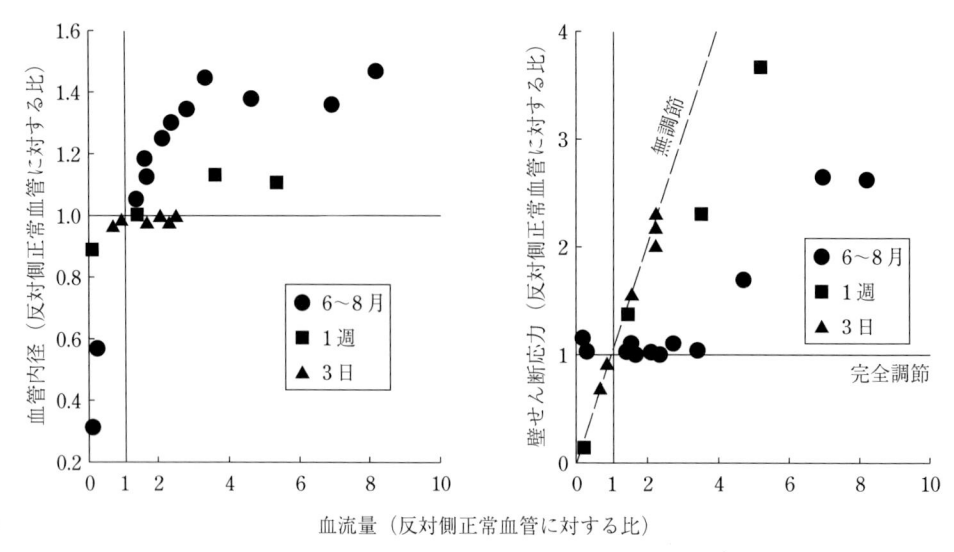

図 3.7 動静脈シャントによって血流量を変化させたイヌ総頸動脈の血管内径と壁せん断応力[23]

3.2.3 血圧と血流の両方を変化させた場合

以上述べたように，血管壁のリモデリングには，血流によって生ずる壁せん断応力と，血圧によって生ずる円周方向壁応力とが強く関係する。おのおのの影響を見るために血流あるいは血圧のいずれかを変化させた実験は多いが，両者が重畳した場合の血管反応についての研究は非常に少ない。高血圧患者では，自然に血流量が低下したり，血管狭窄によって局部の血流量が減少したり，増加したりすることがある。したがって，血圧と血流が同時に変化する場合に，血管壁がどのように反応するかを知っておくことは非常に重要である。

そこで著者らは，8週齢のラットを用いて血圧増加と血流量の増加あるいは減少とを同時に発生させ，8週後の総頸動脈の形態や力学的性質を詳細に調べている[24),25)]。この研究では，片側の腎動脈を狭窄して高血圧状態にする実験（H群），外頸動脈を結紮してその上流にある総頸動脈の血流量を減少させる実験（LF群），総頸動脈を結紮して対側総頸動脈の血流量を増加させる実験（HF群），上記の方法で高血圧にしたうえにさらに総頸動脈末梢部を狭窄して上流の総頸動脈の血流量を減少させる実験（HLF群），および高血圧にしてさらに総頸動脈を結紮して対側総頸動脈の血流量を増加させる実験（HHF群）を行い，これらの操作を行わない同週齢の対照群（C群）と比較している（**表 3.2**）[24)]。

その結果，高血圧，正常血圧のいずれであっても，総頸動脈の内径は対照群と比べて血流量の多いほう（HHF群，HF群）が大きく，血流量の少ないほう（HLF群，LF群）が小さい傾向が観察されている（**図 3.8**）[24)]。そして，HLF群を除くいずれの群でも，壁せん断応力は対照群との間に有意差はなく，この応力を正常値に維持する調節機能が現れているの

3.2 応力変化による血管壁のリモデリング

表 3.2 8 週齢のラットを用いて血圧増加と血流量の増加あるいは減少とを同時に発生させた実験で，8 週後に計測した腹大動脈の平均血圧と総頸動脈の平均血流量[24]。HLF 群＝高血圧，低血流量群；H 群＝高血圧，正常血流量群；HHF 群＝高血圧，高血流量群；LF 群＝正常血圧，低血流量群；HF 群＝正常血圧，高血流量群；C 群＝同週齢の正常血圧，正常血流量群（対照群）

実験群	平均血圧〔mmHg〕	血圧〔%〕	平均血流量〔ml/min〕	血流量〔%〕
HLF	$139.0 \pm 17.2^{a,c}$	142	$5.8 \pm 1.1^{a,b,c}$	50
H	138.3 ± 20.1^{a}	141	13.1 ± 3.7	113
HHF	$135.1 \pm 11.1^{a,d}$	138	$16.2 \pm 3.1^{a,e}$	140
LF	104.5 ± 6.9^{b}	107	7.7 ± 0.9^{a}	66
HF	96.1 ± 6.2^{b}	98	$16.6 \pm 2.5^{a,c}$	143
C	98.0 ± 7.8	100	11.6 ± 2.2	100

平均値±標準偏差，それぞれ 6 動物，a＝C 群と有意差；b＝H 群と有意差；c＝LF 群と有意差；d＝HF 群と有意差；e＝HLF 群と有意差（有意差水準はいずれも $p<0.05$）

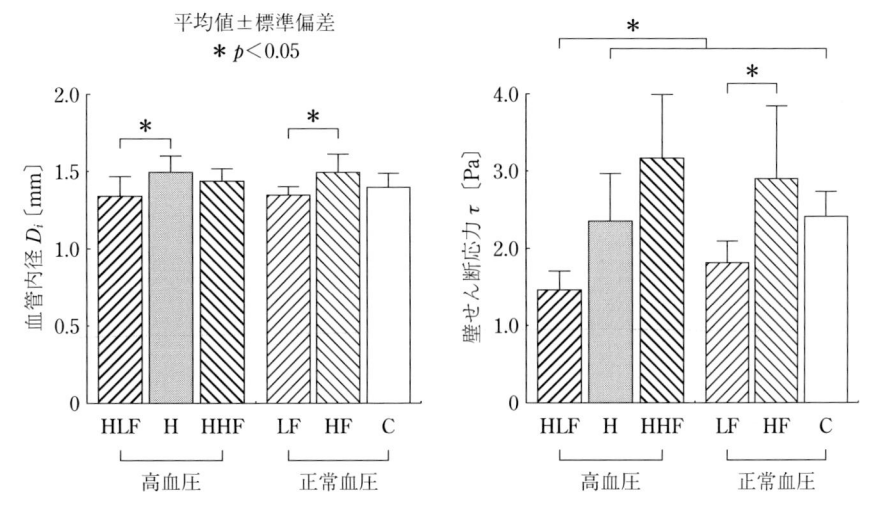

図 3.8 8 週のラットで血圧，血流量の増加，減少を同時に，あるいは単独に起こさせ，8 週後に計測した総頸動脈の内径と壁せん断応力[24]（実験群の記号については表 3.2 と本文を参照）

がわかる。HLF 群のみで壁せん断応力が対照群より有意に小さくなっているのは，高血圧によって内径の減少が妨げられたためであると考えられる。一方，高血圧ラットの総頸動脈の壁厚さは正常血圧ラットより有意に増え，その結果，円周方向壁応力はいずれの群の間でも有意差が観察されない（**図 3.9**）[24]。高血圧に血流増加が重畳しても，また正常血圧で血流が増減しても，壁せん断応力を正常値に維持する調節機能がはたらくのがわかる。

3.2.4 ま と め

以上の現象をまとめると，円周方向壁応力と壁せん断応力を正常値に維持するように，血圧上昇の場合には外側向きの肥厚（hypertrophy）が，血流量増減の場合にはそれぞれ外側向きの血管拡張（dilatation）と内側向きの吸収（hypotrophy）が生じて，壁は再構築する

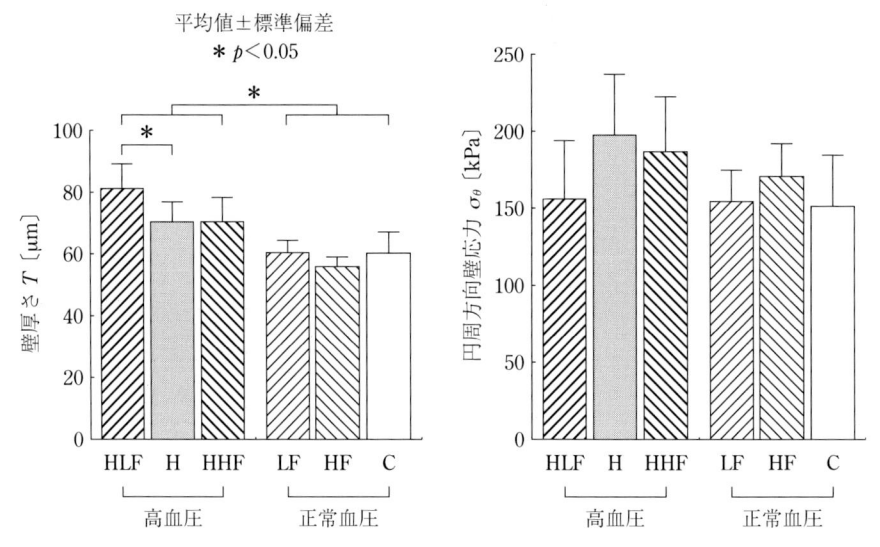

図3.9 8週のラットで血圧、血流量の増加、減少を同時に、あるいは単独に起こさせ、8週後に計測した総頸動脈の壁厚さと円周方向壁応力[24]（実験群の記号については表3.2と本文を参照）

ことになる．これらの事実から，生体内であっても，作用する力学的負荷を適当に変化させれば，血管組織の造成が可能であり，また生体外培養技術によって血管を構築する場合にも，負荷が非常に重要な因子となることがわかる．実際に，ティッシュエンジニアリングによる血管組織再生には，細胞培養中に負荷を作用させるのが有効であることを示す実験結果が多数報告されている[26),27)]。

ところで，Neremは最近の報文で，血管ティッシュエンジニアリングにとってバイオメカニクスは非常に重要であると述べ，再生血管に必要な因子として，①血管内皮様の内張り（lining）による抗血栓性，②必要なシグナルに反応する収縮型血管平滑筋が有する血管活性，および③強度と粘弾性を保証する組織・構造による力学特性を挙げている[28)]。これらは，いずれもバイオメカニクスに密接に関係するものであるが，特に③については，血管弾性に関するバイオメカニクスの知識とデータの蓄積[29)]がおおいに役立つ．

3.3　負荷に対する腱・靱帯の反応と組織再構築

支持運動系を構成する組織のうち，骨のホメオスタシス（恒常性）に及ぼす応力や運動などの影響に関する研究の歴史は非常に古く，負荷に応じて生ずる肥厚，吸収の現象もかなり詳細に調べられている[2)~4)]．これに比べて，腱や靱帯などの生体軟組織に関する研究は少なかったが，これらの組織も機能的に適応し，再構築することがしだいに明らかになってきている．

3.3 負荷に対する腱・靱帯の反応と組織再構築

非侵襲的に膝関節の腱・靱帯に作用する負荷を除いたり軽減させるには，下肢を固定したり，使用しない操作を施す。また，過負荷を与えるには運動させればよい[30),31)]。しかしながら，このような方法では，実際にどの程度の大きさの負荷が変化したのかを定量的に知ることは難しく，正確な測定はほとんど不可能である。このために，実験的に負荷応力を変化させる方法を用いた詳細な研究も行われている[3)]。

このような研究は，ティッシュエンジニアリングによる組織再生技術の開発と密接に関係する。また，なんらかの理由で歩行などの運動が制限された場合や，健康法などで運動負荷した場合に腱や靱帯がどのように変化するのか，手術後のリハビリテーション中や，移植による腱・靱帯再建後のいずれの時期に，どの程度の大きさの負荷を作用させれば回復に有効であるか，などの知識を得るうえでも非常に重要である。

著者らは，膝関節にある膝蓋腱や前十字靱帯に作用する負荷応力を定量的に除いたり，軽減したり，増加させる実験方法を開発した[32)~34)]。本節では，これらの方法を利用して，組織の形態，寸法や力学的性質に及ぼす除荷や負荷軽減，その後の再負荷，および過負荷の効果，結果として生じる組織再構築現象について行った著者らの研究を中心に述べる。

3.3.1 除荷・負荷軽減に伴う組織再構築

家兎の膝蓋腱を露出させたあと，膝蓋骨と脛骨結節にそれぞれ直径 1 mm のステンレス鋼製ピンと外径 3 mm のステンレス鋼製ねじを横方向に刺入し，これらを利用してステンレス鋼製の軟らかいワイヤーか高分子材料製の人工靱帯をかけ，これを引っ張って固定すると，膝蓋腱に負荷がまったくかからない状態（完全除荷），あるいは通常に作用する負荷の 30 ％の大きさの負荷が作用する状態（負荷軽減）にすることができる（**図 3.10**）[32),33)]。この

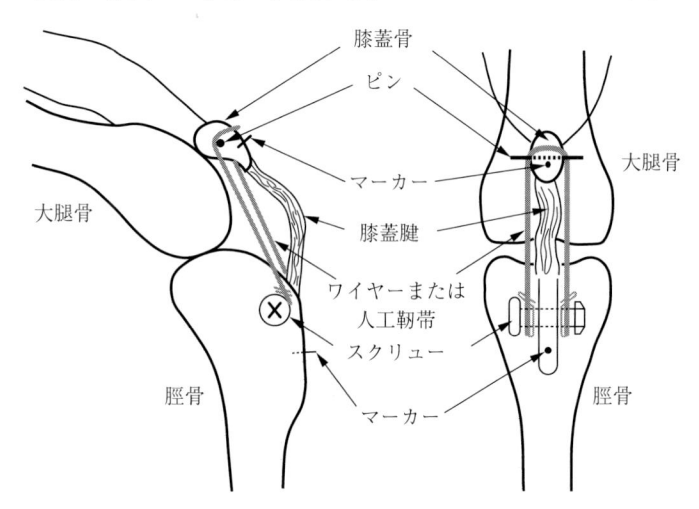

図 3.10 膝蓋腱に作用する張力を除荷，軽減するためのストレスシールド法[32),33)]

方法によれば，膝関節は正常と同様に自由に回転でき，しかも膝蓋腱周囲の環境をほぼ生理的な状態に維持することができる。このような手術操作のあと，通常の日常活動を行わせながら飼育し，所定の期間を経たあとに膝蓋腱を摘出して引張試験を行う。

このようなストレスシールド法（stress shielding method）によって膝蓋腱に作用する張力を完全に除く（除荷群）と，その引張強度は，手術操作をまったく施さないそのままの腱（対照群）や同様な手術のみを施すだけで除荷や負荷軽減の操作をしなかった腱（シャム群）に比べて非常に大きく，しかも急速に低下する（図3.11)[32),33]。例えば，1週間で対照群の約50％に，2週後には10％近くになる。しかしながら，そのあとはほとんど変化を示さない。負荷軽減した場合（負荷軽減群）も除荷の場合と同様な変化を示すが，強度低下の程度はかなり小さい[33]。例えば，2週で対照群の50％程度の低下にとどまる。なお，除荷，負荷軽減のいずれの場合でも破断伸びは影響を受けない。

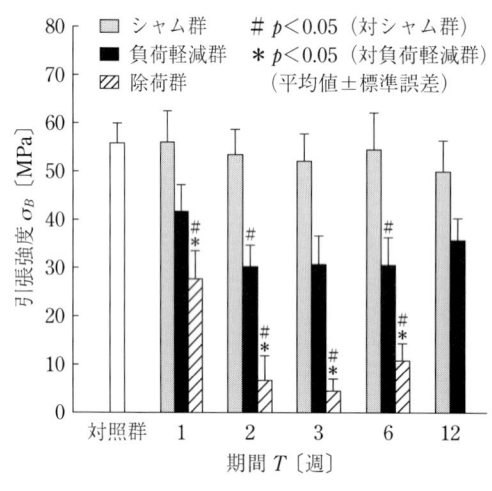

図3.11 家兎膝蓋腱の引張強度に及ぼす除荷と負荷軽減の影響[32),33]（シャム群では，同様な手術を施すが，除荷と負荷軽減の操作を行っていない）

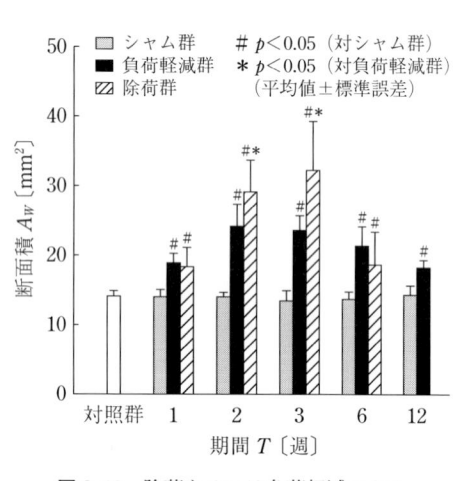

図3.12 除荷あるいは負荷軽減による家兎膝蓋腱の肥厚[32),33]

一方，膝蓋腱の断面積は，除荷，負荷軽減によって有意に増加する（図3.12)[32),33]。すなわち，完全除荷すると，断面積は急激にしかもきわめて大きく増加し，3週後には対照群の230％までに達するが，その後は減少する。負荷軽減の場合にも初期に断面積は大きく増加するが，2週後に対照群の170％程度の最大値をとったあとはしだいに減少する。しかしながら，いずれの場合も，6週や12週間経過しても断面積はもとには戻らない。このような肥厚は，ストレスシールド操作の際に腱が若干短縮することと，引張強度の低下を断面積の増加によって補うような反応が現れたことによるものと推察される[33]。

構造強度を表す引張破断時の最大荷重（引張強度と断面積の積）は，完全除荷1週後には

正常値（対照群）の約 65 % に，2 週後にはじつに 25 % に減少する（**図 3.13**）[32),33)]。一方，通常に作用する負荷の 30 % の大きさの張力が作用する状態（負荷軽減）にすると，実験期間中を通して強度は対照群やシャム群の値とほとんど変わらない[33)]。同様な結果は，イヌの前十字靱帯でも観察されている[34)]。

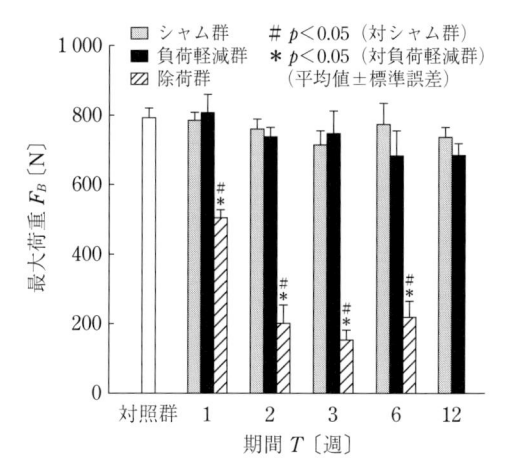

図 3.13 除荷あるいは負荷軽減の操作を施した家兎膝蓋腱の構造強度[32),33)]

すなわち，腱・靱帯は負荷の大きな変化に対してはきわめて迅速に，大きく反応する一方で，通常の活動で作用する負荷の 30 % 以上の負荷を作用させておけば，機能的（ここでは強度的）には問題がないことになる。なお，除荷，負荷軽減に反応して，やや時間遅れがあるものの線維芽細胞の数が大きく増加する[32),33)]ことや，小径のコラーゲンフィブリルの数が増加する[35)]現象が観察されている。血管壁と同様に，腱・靱帯も負荷に対して敏感に，しかも大きく反応して，機能変化や組織再構築を生ずるとともに，この現象には細胞が密接に関係することがわかる。

3.3.2 除荷・負荷軽減後の再負荷に対する反応

上述のストレスシールド法で所定の期間，除荷あるいは負荷を軽減したあと，膝蓋骨と脛骨の間にかけた鋼線，あるいは人工靱帯を切断すると，膝蓋腱に再びもとの負荷を作用させることができる。このようにして再負荷すると，引張強度はしだいに回復して増加するが，その速度は除荷や負荷軽減の際に観察される強度減少の速度に比べてはるかに小さい[36)]。しかも，強度の回復は，負荷を正常の 30 % に軽減した膝蓋腱より完全に除荷したもののほうが大きくて速い。除荷や負荷軽減の場合とは対照的に，再負荷によって腱の断面積はしだいに減少する。

引張強度と断面積の積である破断時の最大荷重は再負荷によって回復するが，除荷時の急速な強度低下の速度に比べて，回復の速度は遅い（**図 3.14**）[3)]。1 週間除荷したあとに再負荷すると，6 週後には対照群の 80 % 程度まで回復する。2 週間の除荷のあとでは，もとの最

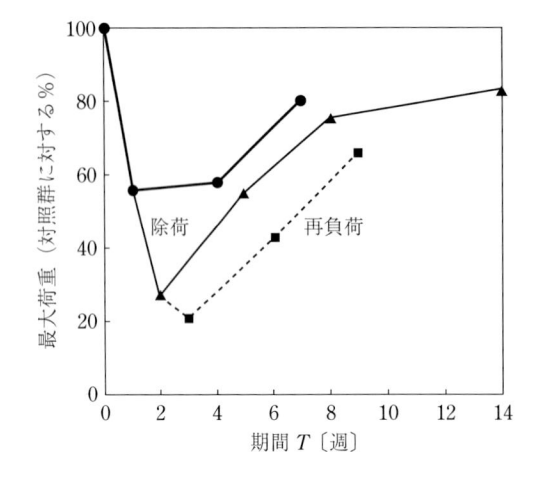

図 3.14　1, 2, 3 週間除荷したあとに再負荷した家兎膝蓋腱の構造強度の変化[3]

大荷重の 80% まで戻るのに 12 週間近くを要する。3 週間の除荷の場合には，回復にはさらに長期間が必要であるのがうかがえる。いったん無応力の状態にさらされると，いかにそれが短期間であっても，回復には相当の時間が必要なようである。

さらにここで注目されるのは，このようにかなり長期間再負荷しても，除荷の期間によらず最大荷重はもとの 80% 程度までしか戻らない点である。この程度まで強度が回復すれば，機能的に問題がないことを生体が知って，それ以上の変化を生じないのか，または生体特有の冗長性（redundancy）か，低い検出精度のために，この程度まで達すれば生体はすでに回復したとみなすのかもしれない。

3.3.3　過負荷による組織構築

家兎膝蓋腱の両側から幅にして合計 1/4 を切除して，これに作用する応力をもとの 133% に増加させると，引張強度は 3 週でやや減少するが，その後は回復し，12 週まで応力-ひずみ曲線や引張強度にはほとんど変化が見られない[37]。一方，このように幅 1/4 を切除すると，断面積はもとの 75% になるが，3 週以後では 90% 以上にまで増加する（図 3.15）[37]。最大荷重も当初は 75% であるが，この肥厚によってしだいに増加し，6 週以後にはもとの 90% 程度まで回復する。

一方，膝蓋腱の幅を半分切除して，応力をもとの 2 倍（200%）に増加させた場合には，半数の腱（N 群）では対照群とほとんど同じ応力-ひずみ曲線や引張強度を示すが，残りの約半数の腱（D 群）では，弾性係数や引張強度は大きく低下する[37]。N 群では，3 週以後に切除時に比べて断面積が 10 ポイント程度増加する（図 3.15）[37]。肥厚と引張強度の若干の増加によって，最大荷重は切除時（正常の 50%）より高くなり，6 週以後には正常の 70% 以上まで増加する。これに比べて D 群では，断面積は非常に大きく増加し，6 週や 12 週後には切除時の 2 倍程度に達する。しかしながら，引張強度が非常に大きく減少するために，

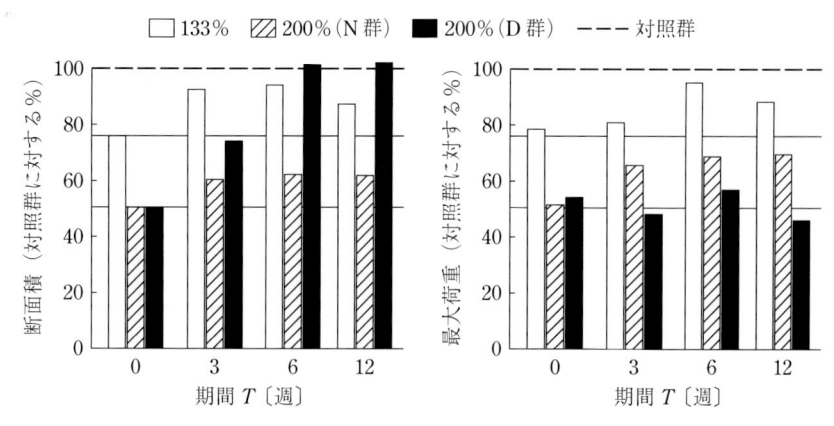

図 3.15 家兎膝蓋腱に作用する応力を正常値（対照群）の 133 %，200 %に増加させて生ずる断面積と構造強度の変化[37]

最大荷重は切除時の値（正常の 50 %）にとどまる。

組織を観察すると，N 群ではいずれの期間でも正常との違いは認められず，スピンドル形の線維芽細胞が一様に，しかもまばらに分布する。しかしながらD群では，非常に多数の円形の線維芽細胞の存在する領域が現れ，コラーゲン束の断裂や瘢痕（はんこん）組織の浸潤が観察される[37]。すなわち，応力を正常の 2 倍に増加させた膝蓋腱にはなんらかのマイクロ損傷が生じ，このために適応効果が追いつかないものと推察される。

以上の結果から，膝蓋腱は，作用する応力を正常の 33 %程度増加させても力学的に適応する。しかし，2 倍に増加させると半数は適応の傾向を示すが，残りの半数は適応しないことになる。過負荷に対する適応の限界はこれらの間にあるようである。

3.3.4　培養コラーゲン線維束に及ぼす負荷の効果

応力による腱・靱帯のリモデリングのメカニズム解明を目標として，著者らは，家兎膝蓋腱から摘出した直径 200〜300 μm のコラーゲン線維束を，細胞を生かしたまま培養（組織培養）しながら，大きさの異なる静的負荷，あるいは繰り返し負荷を作用させて，1，2週間経たのちに引張試験を行い，負荷応力が培養コラーゲン線維束の力学的性質に及ぼす影響を調べた[38),39)]。その結果，無負荷状態で培養すると，期間によらず強度はもとの 1/2 近くまで低下し，上で述べた生体内（in vivo）の現象と同様な現象が観察された（図 3.16）[39)]。しかしながら，負荷を作用させた状態で培養すると，負荷応力が増えるにつれて強度はしだいに増加し，もとの強度にほぼ等しい最高値を取ったのちは徐々に減少する。

最大強度が得られる負荷応力は，繰返し応力の場合は約 1.8 MPa[39)]，静的負荷の場合は約 1.2 MPa[38)] である。運動中の家兎の膝蓋腱 1 本のコラーゲン線維束に作用するピーク応力は約 2.3 MPa であるので，これらは生体内負荷応力のそれぞれの約 80 %，50 %に相当

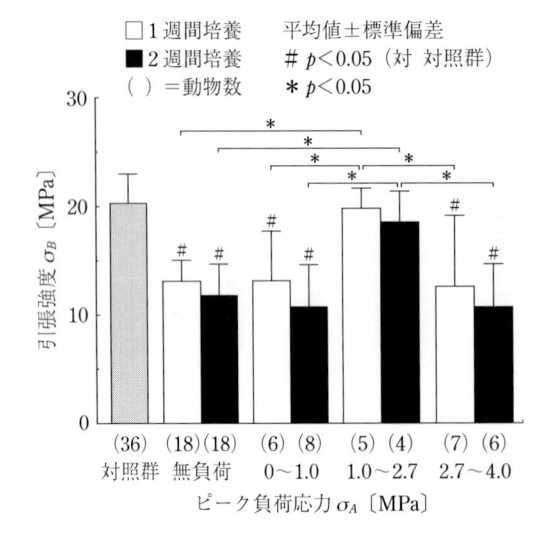

図 3.16 培養コラーゲン線維束の強度に及ぼす繰返し応力負荷（4 Hz, 1時間/日）の影響[39]

する[39]。この程度の応力を負荷させればコラーゲン線維束はもとの強度を維持し，これより小さい応力や大きい応力を負荷すると強度を失う。この結果は，培養技術を駆使するティッシュエンジニアリングによる組織再生に対して，重要な知識を与えるものと考えられる。

3.3.5 ま と め

正常負荷から70％除荷（負荷軽減）しても破断時の最大荷重には大きな影響が現れないことは，この腱には正常の少なくとも30％の負荷を作用させておけば，構造体としての強度は正常値に維持され，機能的に問題がないことを示唆する（**図 3.17**）[30]。しかし，負荷を完全に取り除く（100％除荷）と，強度は急速に著しく低下する。強度が低下しても，もと

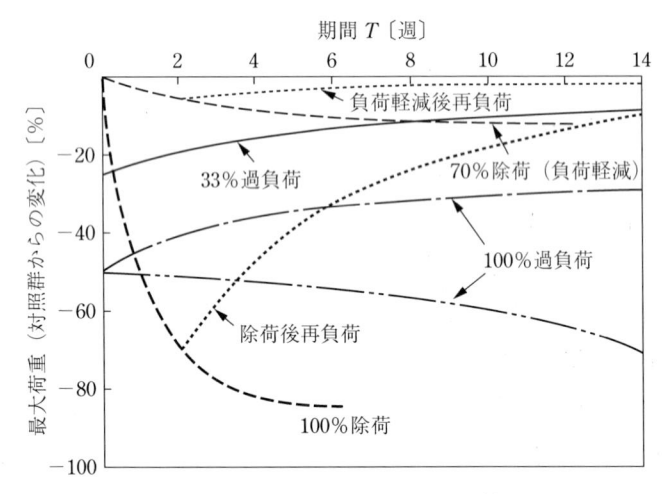

図 3.17 家兎膝蓋腱の強度に及ぼす除荷，負荷軽減，再負荷，過負荷の影響のまとめ[30]

の負荷を作用させる（再負荷）と，時間は相当かかるもののもとの強度近くまで回復する。

腱の一部を削除して断面積を75％に減少させ，正常負荷応力に比べて33％の過負荷状態にすると，組織の肥厚（再構築）によって強度はしだいに正常値に戻る。断面積を50％に減少させて100％の過負荷（2倍負荷）状態にした場合でも肥厚は生ずるが，構造強度が増加する腱もあれば，しだいに弱化する腱もある。また，強度増加する場合でも，もとの正常な強度には回復しない。

負荷変化に対するこのような組織反応は，家兎やイヌの前十字靱帯でも観察されており，また多くの他の研究者が得ている結果とも本質的には一致する[3),30)]。また，これらの現象の多くは，組織培養実験でも観察される。先に述べた血管壁と同様に，腱や靱帯も，作用する力学的負荷の変化によって吸収や肥厚が起こり，性質が変わるのである。腱や靱帯は，図3.11や図3.13からもわかるように相当高い強度を有する。ティッシュエンジニアリング技術によって腱や靱帯を生体外（in vitro）で構築する研究が行われるようになってきたが，このように高い強度を確保するのはなかなか難しいようである[40)]。再生医療としては，上述のような知識をもとに，生体内（in vivo）で組織構築するほうが容易かもしれない。これに関連して，著者らは，人為的に作成した膝蓋腱欠損部に形成される治癒再生組織のリモデリング現象に注目し，これに及ぼす負荷応力や各種成長因子の効果を調べている[41),42)]。

3.4 機能的ティッシュエンジニアリング

置換される組織や器官の多くはバイオメカニカル（biomechanical）な機能を持っているので，これら組織のバイオメカニカルな性質は非常に重要である。したがって，ティッシュエンジニアリングによって組織再生を図ろうとする場合には，以下に順を追って述べる重要な問題を解決しなければならない。このような問題を解決し，必要な機能を満足する組織を構築する技術は機能的ティッシュエンジニアリング（functional tissue engineering）と呼ばれ，米国バイオメカニクス関連学会の横断的組織であるバイオメカニクス国内委員会（US National Committee on Biomechanics：USNCB）は積極的にこれに取り組んでいる[43)]。

早急に取り上げなければならない課題として，彼らは，①生体内で組織に作用する応力，生ずるひずみを測定する必要がある，②動作状況や破損条件を確定するために生体組織の力学的性質に関する知識が必要である，③代替組織にとって，これらの性質のうちのいずれが最も重要であり，優先すべきであるかを決める必要がある，④術後の治癒再生組織がどの程度良好であれば良しとするのかの評価基準が必要である，⑤細胞が細胞外マトリックスと相互作用する際に，細胞はどのような物理的調節を経験するのかを知る必要がある，⑥バイオリアクター内の細胞活動にどんな物理的因子がどんな影響を与えるのか，力学的刺

激が細胞-マトリックス複合インプラントにどんな効果を及ぼすのかなどを提案している。

最近の多くの研究によって，力学的刺激が細胞の形態やいろいろな機能に影響を与えることが明らかになってきているが，実験で設定している負荷の大きさや力学刺激の条件はまちまちで，選択の理由や必然性も明らかでない場合がほとんどである。このようなあいまいで不確定な状況で行った実験から得られる情報は，ティッシュエンジニアリングに混乱を与えるだけである。上記の①にあるように，生体内で細胞に作用する応力の確定ができていないからである。例えば，血管壁中膜内の平滑筋細胞や腱・靱帯内の線維芽細胞は，これら組織の主組成であるコラーゲンを産生するが，生体内でこれらの細胞に作用する応力の正確な値は不明である。図 3.3，3.4 からもわかるように，円周方向壁応力の正常値は動脈（約 300 kPa）と静脈（約 35 kPa）の間で大きな違いがあるが，その理由は不明である。しかしながら，いずれの場合でも内圧の変化に対して壁は同様な反応を示し，リモデリングする。それぞれの壁内にある平滑筋細胞に作用する正確な応力の大きさはまだ確定していない。また，図 3.8 からわかるように，動脈に作用する壁せん断応力（約 3 Pa）は，上記の円周方向壁応力に比べてじつに 5 けたも小さいが，前者は血管径の変化，後者は壁の肥厚として，いずれも壁リモデリングに密接に関係する。それぞれがかかわる内皮細胞と平滑筋細胞に作用する正確な応力に関する情報がなければ，この理由を明らかにすることはできない。

生体内では，ホメオスターシスや生体防御の機能がはたらくので，当初生体外でいかに組成や構造を意図的に設計しても，いったん体内に移植すると，吸収や肥厚が起こるとともに，意図した（設計した）性質とは異なってくる可能性が非常に大きい。そして，本節で述べたようなリモデリング現象が起こるものと考えられるが，それがプラスにはたらけばよいが，マイナスの効果を及ぼす恐れもある。

かつて，医用高分子の開発に，現在のティッシュエンジニアリングに対するのと同じようにきわめて大規模な予算が投じられた。しかしながら，よく知られているように，実際にものが出来上がったのはほんのわずかである。試験管の中で抗血栓性に優れる材料が開発されても，管形状に作り上げることができ，しかも生体内で適度な弾性を有しつつ相当大きい内圧に対して長期間にわたって耐えられるものができなければ，血管を代替する人工血管として利用することはできない。抗血栓性医用材料の開発研究に多大な予算が使われたが，実用されている人工血管の材料，構造は数十年来同じであって，新規なものはないし，強く開発が要請されてきた小口径人工血管でも，実用されているものはない。

このようなことが再びティッシュエンジニアリングで起こらないようにするためには，上述の機能的ティッシュエンジニアリングの理念（principle）は重要であり，またメカニクスや設計が理解できるバイオメカニクスの専門家の参加が不可欠である。

3.5 お わ り に

　力学的負荷の変化に対して，生体組織は機能的に適応して再構築する。このことから，ティッシュエンジニアリングによる組織の再生と再構築にとって，応力は非常に重要な因子の一つであるといえる。これらを含めて，バイオメカニクスの知識と手法は，ティッシュエンジニアリングに大きく貢献するものと考えられる。

引用・参考文献

1) 林　紘三郎：バイオメカニクス，コロナ社（2000）
2) Hayashi, K., Kamiya, A. and Ono, K. Ed.：Biomechanics-Functional Adaptation and Remodeling, Springer-Verlag（1996）
3) 林　紘三郎，安達泰治，宮崎　浩：生体細胞・組織のリモデリングのバイオメカニクス，コロナ社（2003）
4) Fung, Y. C.：Biomechanics：Motion, Flow, Stress and Growth, Springer-Verlag（1990）
5) Wolinsky, H.：Response of the aortic media to hypertension：Morphological and chemical studies, Circ. Res., **26**, pp.507-522（1970）
6) Wolinsky, H.：Effect of hypertension and its reversal on the thoracic aorta of male and female rats；Morphological and chemical studies, Circ. Res., **28**, pp.622-637（1971）
7) Wolinsky, H.：Long-term effects of hypertension on the rat aortic wall and their relation to concurrent aging changes：Morphological and chemical studies, Circ. Res., **30**, pp.301-309（1972）
8) Berry, C. L. and Greenwald, S. E.：Effects of hypertension on the static mechanical properties and chemical composition of the rat aorta, Cardiovasc. Res., **10**, pp.437-451（1976）
9) Cox, R. H.：Comparison of arterial wall mechanics in normotensive and spontaneously hypertensive rats, Am. J. Physiol., **237**, pp.H 159-H 167（1979）
10) Stacy, D. L. and Prewitt, R. L.：Effects of chronic hypertension and its reversal on arteries and arterioles, Circ. Res., **65**, pp.869-879（1989）
11) Vaishnav, R. N., Vossoughi, J., Patel, D. J., Cothran, L. N., Coleman, B. R. and Ison-Franklin, E. L.：Effect of hypertension on elasticity and geometry of aortic tissue from dogs, Trans. ASME, J. Biomech, Eng., **112**, pp.70-74（1990）
12) Sharma, M. G. and Hollis, T. M.：Rheological properties of arteries under normal and experimental hypertension conditions, J. Biomech., **4**, pp.293-300（1974）
13) Feigl, E. O., Peterson, L. H. and Jones, A. W.：Mechanical and chemical properties of arteries In experimental hypertension, J. Clin. Invest., **42**, pp.1640-1647（1963）
14) Matsumoto, T. and Hayashi, K.：Mechanical and dimensional adaptation of rat aorta to

hypertension, Trans. ASME, J. Biomech. Eng., **116**, pp.278-283 (1994)

15) Matsumoto, T. and Hayashi, K.: Stress and strain distribution in hypertensive and normotensive rat aorta considering residual strain, Trans. ASME, J. Biomech. Eng., **118**, pp. 62-73 (1996)

16) Hayashi, K., Mori, K. and Miyazaki, H.: Biomechanical response of femoral vein to chronic elevation of blood pressure in rabbits, Am. J. Physiol., **284**, pp.H 511-H 518 (2003)

17) Owens, G. K., Ravinovitch, P. S. and Schwartz, S. M.: Smooth muscle cell hypertrophy versus hyperplasia in hypertension, Proc. Nat. Acad. Sci., USA, **78**, pp.7759-7763 (1981)

18) Dickhout, J. G. and Lee, R. M. K. W.: Increased medial smooth muscle cell length is responsible for vascular hypertrophy in young hypertensive rats, Am. J. Physiol., **279**, pp. H 2085-H 2094 (2000)

19) Fridez, P., Makino, A., Miyazaki, H., Meister, J-J., Hayashi, K. and Stergiopulos, N.: Short-term biomechanical adaptation of the rat carotid to acute hypertension; Contribution of smooth muscle, Annals Biomed. Eng., **29**, pp.26-34 (2001)

20) Hayashi, K. and Sugimoto, T.: Biomechanical response of arterial wall to DOCA-salt hypertension in growing and middle-aged rats, J. Biomech., in press (2007)

21) Zulliger, M. A., Montorzi, G. and Stergiopulos, N.: Biomechanical adaptation of porcine carotid vascular smooth muscle to hypo and hypertension in vitro, J. Biomech., **35**, pp.757-765 (2002)

22) Kornet, L., Hoeks, A. P. G., Lambregts, J. and Reneman, R. S.: In the femoral artery bifurcation, differences in mean wall shear stress within subjects are associated with different intima-media thickness, Arterioscl. Thromb. Vasc. Biol., **19**, pp.2933-2939 (1999)

23) Kamiya, A. and Togawa, T.: Adaptive regulation of wall shear stress to flow change in the canine carotid artery, Am. J. Physiol., **239**, pp.H 14-H 21 (1980)

24) Hayashi, K., Makino, A., Kakoi, D. and Miyazaki, H.: Remodeling of arterial wall in response to blood pressure and blood flow changes, Proc. 2001 Summer Bioeng. Conf., ASME, pp.819-820 (2001)

25) Kakoi, D., Makino, A., Miyazaki, H. and Hayashi, K.: Biomechanical response of arterial wall to simultaneous blood pressure elevation and blood flow reduction in the rat, Proc. 10th Int. Conf. Biomed. Eng., Nat. Univ. Singapore, pp.403-404 (2000)

26) Clerin, V., Nichol, J. W., Petko, M., Myung, R. J., Gaynor, J. W. and Gooch, K. J.: Tissue engineering of arteries by directed remodeling of intact arterial segments, Tissue Eng., **9**. pp.461-472 (2003)

27) Narita, Y., Hata, K., Kagami, H., Usui, A., Ueda, M. and Ueda, Y.: Novel pupse duplicating bioreactor system for tissue-engineered vascular construct, Tissue Eng., **10**, pp.1224-1233 (2004)

28) Nerem, R.: Role of mechanics in vascular tissue engineering, Biorheology, **40**, pp.281-287 (2003)

29) Abe, H., Hayashi, K. and Sato, M. M. Ed.: Data Book on Mechanical Properties of Living Cells, Tissues, and Organs, Springer-Verlag (1996)

30) Hayashi, K.: Biomechanical studies of the remodeling of knee joint tendons and ligaments,

J. Biomech., **29**, pp.707-716 (1996)

31) Yasuda, K. and Hayashi, K. : Changes in biomechanical properties of tendons and ligaments from joint disuse, Osteoarthritis Cartilage, **7**, pp.122-129 (1999)

32) Yamamoto, N., Ohno, K., Hayashi, K., Kuriyama, H., Yasuda, K. and Kaneda, K. : Effects of stress shielding on the mechanical properties of rabbit patellar tendon, Trans. ASME, J. Biomech. Eng. **115**, pp.23-28 (1993)

33) Majima, T., Yasuda, K., Fujii, T., Yamamoto, N., Hayashi, K. and Kaneda, K. : Biomechanical effects of stress shielding of the rabbit patellar tendon depend on the degree of stress reduction, J. Orthop. Res., **14**, pp.377-383 (1996)

34) Keira, M., Yasuda, K., Kaneda, K., Yamamoto, N. and Hayashi, K. : Mechanical properties of the anterior cruciate ligament chronically relaxed by elevation of the tibial insertion, J. Orthop. Res., **14**, pp.157-166 (1996)

35) Majima, T., Yasuda, K., Tsuchida, T., Tanaka, K., Miyakawa, K., Minami, A. and Hayashi, K. : Stress shielding of patellar tendon ; effect on small-diameter collagen fibrils in a rabbit model, J. Orthop. Sci., **8**, pp.836-841 (2003)

36) Yamamoto, N., Hayashi, K., Kuriyama, H., Ohno, K., Yasuda, K. and Kaneda, K. : Effects of restressing on the mechanical properties of stress-shielded patellar tendons in rabbits, Trans. ASME, J. Biomech. Eng., **118**, pp.216-220 (1996)

37) Yamamoto, N., Hayashi, K., Hayashi, F., Yasuda, K. and Kaneda, K. : Biomechanical studies of the rabbit patellar tendon after removal of its one-fourth or a half, Trans. ASME, J. Biomech. Eng., **121**, pp.323-329 (1999)

38) Yamamoto, E., Iwanaga, W., Miyazaki, H. and Hayashi, K. : Effects of static stress on the mechanical properties of cultured collagen fascicles from the rabbit patellar tendon, Trans. ASME, J. Biomech. Eng., **124**, pp.85-93 (2002)

39) Yamamoto, E., Tokura, S. and Hayashi, K. : Effects of cyclic stress on the mechanical properties of cultured collagen fascicles from the rabbit patellar tendon, Trans. ASME, J. Biomech. Eng., **125**, pp.893-901 (2003)

40) Awad, H. A., Boivin, G. P., Dressler, M. R., Smith, F. N. L., Young, R. G. and Butler, D. L. : Repair of patellar tendon injuries using a cell-collagen composite, J. Orthop. Res., **21**, pp.420-431 (2003)

41) Tohyama, H., Yasuda, K., Kitamura, Y., Yamamoto, E. and Hayashi, K. : The changes in mechanical properties of regenerated and residual tissues in the patellar tendon after removal of its central portion, Clin. Biomech., **18**, pp.765-772 (2003)

42) Anaguchi, Y., Yasuda, K., Majima, T., Tohyama H., Minami, A. and Hayashi, K. : The effect of transforming growth factor-beta on mechanical properties of the fibrous tissue regenerated in the patellar tendon after resecting the central portion, Clin. Biomech., **20**, pp.959-965 (2005)

43) Butler, D. L., Goldstein, S. A. and Guilak, F. : Functional tissue engineering, Trans. ASME, J. Biomech. Eng., **122**, pp.570-575 (2000)

4 細胞工学と流体力学の接点

4.1 はじめに

　最近，培養した細胞を利用して各種足場材料と組み合わせることにより，生体組織や器官の再生を行わせようとする試みが盛んである。これは，ティッシュエンジニアリング，生体組織工学，再生医工学などと呼ばれている。

　まず，細胞に目をやると，われわれの身体は約60兆個の細胞によって構成されているといわれており，その中には種々の形態をもち，機能を発揮する細胞がある。

　本章の主題である流体力学的な視点に立てば，生体内の流れの場に置かれている細胞がいくつもある。代表的なものは，血管壁やリンパ管壁の最内側にあって血液やリンパ液に絶えずさらされている内皮細胞であろう。また，血管壁内にある平滑筋細胞も血液側から血管外へと流れる組織液にさらされていることが知られている。

　飲食物のレオロジー的な流れからみれば，胃，腸の表面に存在する上皮系の細胞も同様に流れにさらされている。空気の流れにさらされている細胞としては，気管や気管支の上皮系細胞がある。また，硬い骨の中も組織液の流れによって骨細胞は刺激を受けていることが知られている。

　流体それ自体に目を転じれば，血液の中には赤血球，白血球，血小板といった細胞を包含しており，リンパ液の中にはリンパ球がある。これらの細胞は，血漿と呼ばれるいろいろなタンパク質を含んだ液体中に浮遊し，流れによる力を受けている。

　太い血管内では血管径に比べて血液細胞は相対的に小さく，均質な流れとみなすことができる。しかしながら，微小循環系と呼ばれる細い血管内では赤血球や白血球などの変形を考慮することが必要となり，固体と液体が混在した流れとなって複雑な様相を呈してくる。

　バイオテクノロジーの視点から細胞工学と流体力学との接点をみると，種々の細胞を培養して細胞から産生される有用物質を医学・医療に活用しようとする分野も目に入ってくる。例えば，攪拌型の培養器では浮遊した細胞を流体力学的条件の下でいかに効率よく培養し，有用物質をいかに効率よく生産するかが問題となる。

このように，細胞と流体の接点は工学的にも医学的にも数多くあるが，本章では，流れとの接点が特に強くかつ数多くの研究が実施されている血液循環系を主たる対象として記述する。その視点は，粘性を有する血液や組織液が流動することによって生じるせん断応力が細胞の形態や機能に深くかかわっているという点である。

このような点から生体内における現象，培養系を用いた基礎的研究，そして本書の主題である再生医療への応用といった面から細胞と流体の関係を取り上げることとする。

4.2 生体内における流れと細胞

4.2.1 血管内皮細胞

血管内皮細胞（以下，内皮細胞）は血管壁や心臓壁の最内側に1層になって存在する細胞で，絶えず血液の流れにさらされている特異な細胞である。内皮細胞は生体内においても絶えず壁から脱落と増殖を繰り返しているが，細胞どうしが接触すると接触抑制作用（contact inhibition）がはたらき，正常な内皮細胞においては必ず単層になってのみ存在する。この細胞は**図 4.1**に示すように血液の流れによるせん断応力のみならず血圧による静水圧や血管壁の伸展に伴う張力などの力学的刺激を受けている。

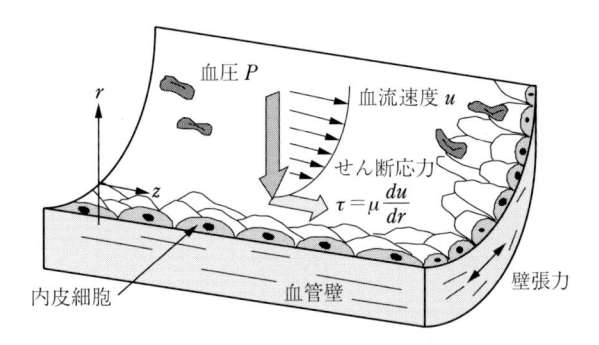

図 4.1 血管壁の一部を表す模式図と内皮細胞に作用する力

ある一定の粘性係数 μ（正常血液では約 4 mPa·s）をもつ液体が円管内を定常的に流れている（ポアズイユ流れ）と壁の近傍においては流れの速度勾配（せん断ひずみ速度ともいう，du/dr，u：血流速度，r：円管の半径方向の座標系）をもつ。このとき，壁の表面すなわち内皮細胞にかかるせん断応力 τ（shear stress，ずり応力ともいう）は式（4.1）で表される。

$$\tau = \mu \frac{du}{dr} \tag{4.1}$$

ヒトを対象に計測された血管内の血流速度[1]から血管を円管と仮定して内皮細胞に作用する平均せん断応力を計算すると**表 4.1**[1]のようになる。このとき，血管内の流れはポアズイ

表 4.1 ヒト血液循環系における，血管径，平均血流速度，内皮細胞に作用する平均的な壁せん断速度，壁せん断応力の代表的な値

血　管	上行大動脈	下行大動脈	太い動脈	太い静脈	大静脈
直　径〔cm〕	2.0〜3.2	1.6〜2.0	0.2〜0.6	0.5〜1.0	2.0
平均血流速度〔cm/s〕	63	27	20〜50	15〜20	11〜16
平均的な壁せん断速度〔1/s〕	190	120	700	200	60
平均的な壁せん断応力〔Pa〕	0.8	0.5	2.8	0.8	0.2

〔日本エム・イー学会 編：ME 事典, p.588, コロナ社（1978）〕

ユの流れを仮定しており，これによって血管内を流れる血流状態を表すパラメータのおよその値を求めることができる。

ポアズイユ流れでは，円管内の速度分布は放物線上になる。しかしながら，大動脈内の流れは拍動流であり，壁近傍においては相当に複雑な流れになっていると考えられる。熱線流速計を用いて計測されたイヌ大動脈内の血流速度分布[2]をみてみると，上行大動脈では大動脈弁を出た直後に，いわゆる入口流れの状態となり，血管軸の中心部では比較的平坦な速度分布となっているが，壁面での血流速度勾配は大きく，大きなせん断応力が内皮細胞に作用していることが予想される。

その後，下行大動脈では血流速度分布が放物線状に近づき，内皮細胞に加わるせん断応力は減少していっていると考えられる。この他血管の分岐部や曲り部では血流の拍動性と併せてより複雑な流れとなり，場合によっては淀み点のように平均流れ速度がゼロに近くなっている可能性もある。

このように複雑な血液の流れの状態は内皮細胞にも反映されており，その一例を図 4.2[3]に示す。図（a）は上行大動脈外側の一部の内皮細胞を銀染色法によって見たものであり，

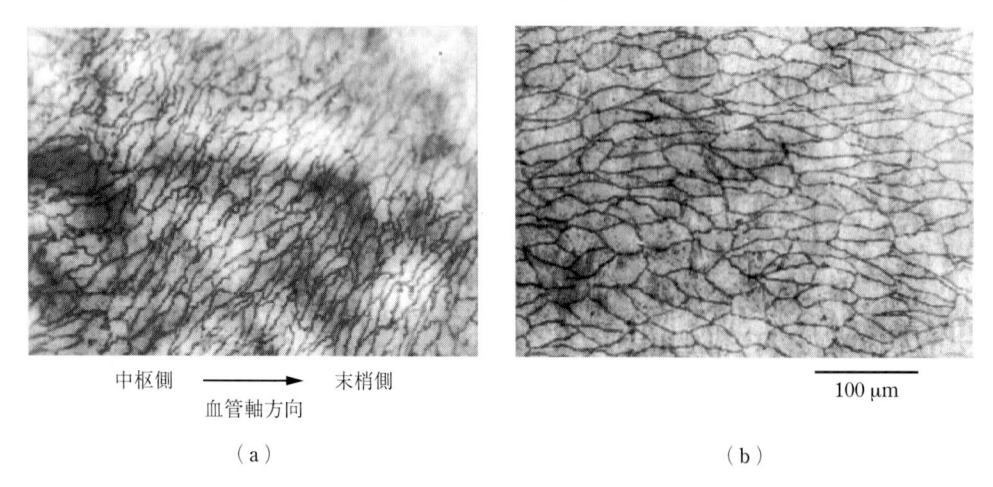

中枢側 → 末梢側
血管軸方向

（a）　　　　　　　　　　（b）

図 4.2　ラット大動脈における内皮細胞の形状[3]。血流の状態を反映していることがよくわかる

血管軸に対して約60°の傾きをもって配向している。これは，上行大動脈では血液がらせんを描きながら末梢側に流れていることを示している。図（b）は，さらに下流側の下行大動脈の内皮細胞の配向を示しており，全体的に血管軸に沿って配向していることがわかる。

このように内皮細胞の形状をみると，血液の流れる主たる方向に配向しており，血液の流れる状態を良く反映していることがわかる。また，血管壁の分岐部近傍では内皮細胞形状が多角形状を示し，血流の流れの方向が定まっていないと思われるものもよく認められる。

4.2.2 平滑筋細胞

平滑筋細胞は，骨格筋や心筋などの横紋筋と異なり，細胞の構造に独特のしま模様が見られない細胞であり，血管壁や腸管壁などに多く存在する不随意筋である。ここでは，血管壁の例を取り上げる。図 4.3 に模式的に示すように，血管壁には血液側から壁外側に向かって血漿成分の流れが生じている。血管壁内の構造を詳細にみると，模式図に示すように多孔質状になっており，このすき間を液体が流れることになる[4]。

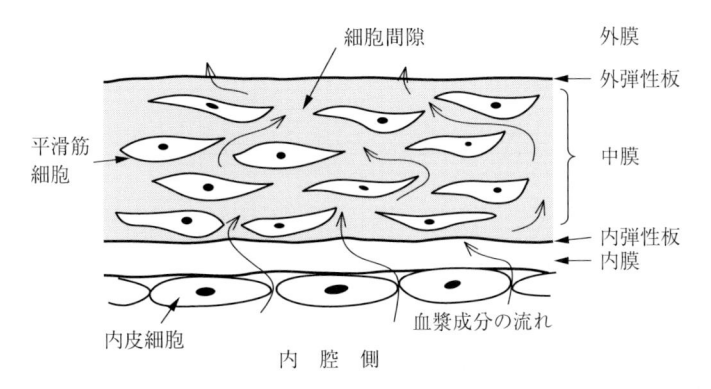

図 4.3 血管壁内の構造を表す模式図と血漿成分の流れ

Wang と Tarbell[5] は，平滑筋細胞の表面を流れる液体の速度は 10^{-8} m/s のオーダで非常に遅いが，細胞の周囲に存在するプロテオグリカンやコラーゲン線維の影響によって平滑筋細胞の表面にはごく薄い流れの境界層が形成されるため，細胞表面に作用するせん断応力は約 0.1 Pa のオーダであることを指摘している。彼らは，平滑筋細胞を円柱で模擬し，その配列の中を液体が流れていると仮定して，円柱表面に作用するせん断応力の大きさを評価している。

その後，Tada と Tarbell[4] は，内皮細胞下にある内弾性板の有孔率と血管壁内の組織液の流量から計算して，内弾性板の孔を通過したあとの組織液は速度が速く，したがって内弾性板の近傍に存在する平滑筋細胞には上述のせん断応力の約 100 倍のオーダの力がかかっている可能性があると指摘している。

4.2.3 微小循環系における血球細胞

血液は液体成分である血漿と固体成分である赤血球,白血球,血小板からなっている。これらの血球成分はもちろん細胞であり,浮遊した細胞と流れの相互作用が生体機能に及ぼす例とみることができる。前述のように,血液の流れは固液二相からなる混相流である。また,白血球は通常は血液中を流れているが,時に炎症反応などが生じた場合には,内皮細胞と白血球の相互作用が重要な役割を演じることがある。内皮細胞との相互作用の結果,白血球は内皮細胞の間隙を通って血管壁内あるいは血管外組織へと遊走していく。これらの挙動にも血液の流れは深くかかわっている。

比較的太い血管では,血液は均質な液体の流れとみなすことができ,血液の粘性係数も一定でニュートン流体と考えることができる。しかしながら,血管の直径が数十 μm 以下の微小循環系においては個々の血球細胞の振る舞いを無視して血液の流れを論ずることはできない。また,微小循環系のように流れの遅い領域では**図 4.4**[6]に示すようにせん断応力に依存してせん断ひずみ速度が小さくなると急激に粘性係数が増大する。すなわち血液のもつ非ニュートン性を無視することができなくなる。

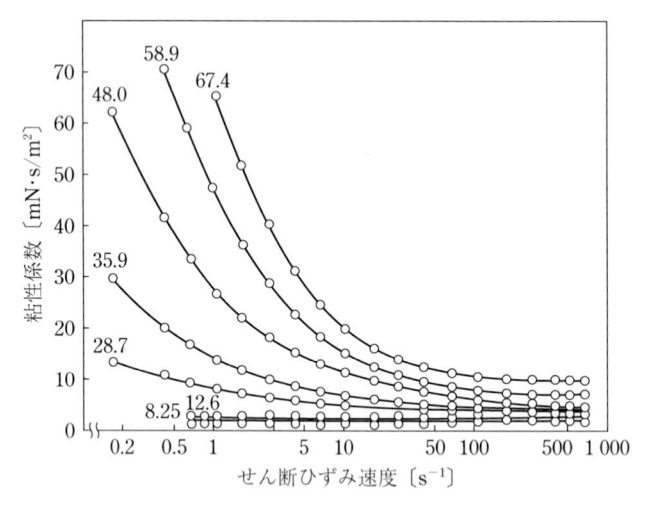

図 4.4 せん断ひずみ速度と粘性係数の関係[6]

まず,微小血管内での赤血球の挙動についてみてみよう。赤血球は**図 4.5**に示すように扁平な円盤状で,中央が凹んだ両凹型(biconcave)と呼ばれる独特の形状をした細胞である。このような細胞がせん断流れ(クエット流れ)の場に置かれると,細胞膜が戦車のキャタピラのように回転する運動が観察され,タンクトレッディングと呼ばれている。

また,赤血球が毛細血管のように自分自身の直径(約 8.5 μm)よりも細い管の中を流れると**図 4.6**に模式的に示すように独特の形に変形する。この形は,赤血球の変形状態から,弾丸状,スリッパ状あるいはパラシュート状などと呼ばれる。赤血球の形が両凹型をしてい

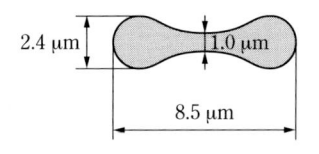

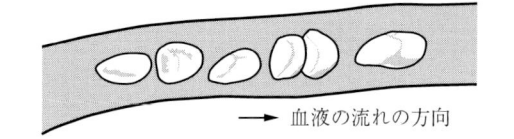

図 4.5 赤血球の断面形状と大きさ

図 4.6 赤血球が毛細血管内を流れる様子

るのは，このような変形を起こしやすく，膜の面積を一定に保った状態で少ないエネルギーで変形できるためかもしれない．もし，赤血球の形状が球形の場合は変形に際し，表面積が著しく増加することが考えられる．しかしながら，赤血球の形状がなぜ両凹型となっているのかについては，そのメカニズムは現在不明である．

また，赤血球がこのような変形をしてまで，抵抗の大きな毛細血管内を流れる理由としては，毛細血管部位において周囲組織との間で赤血球が効率よく酸素と二酸化炭素および栄養物と老廃物の交換をしているのではないかと考えられている．

白血球は赤血球と異なり，単純な球形をしており，白血球の種類によって直径は異なり，約 10〜20 μm である．白血球は血球細胞に対する体積割合も小さく，血流中において流れに影響を及ぼすことはほとんどない．

しかしながら，微小循環系においては，時に白血球径よりも小さな血管を通過する際に栓状になって停滞する現象が観察される．このようなときには，微小循環系の血流パターンや血液の血管系への分配に影響を及ぼすことがある．このことは白血球の変形能に深く関係しており，白血球の機械的特性が種々の方法により計測されている．

白血球が血流中で機能する役割として現在最も関心がもたれ，かつ研究されているのは白血球と内皮細胞の相互作用である．血流中の白血球がなんらかの因子によって活性化されると細胞表面のリガンドが構造変化を起こして，内皮細胞の表面の接着分子（例えば，E-セレクチンや P-セレクチン）と反応してローリング現象が起こる．

さらに，白血球の活性化が進むと白血球は内皮細胞表面の ICAM 1（intercellular adhesion molecule 1）や VCAM 1（vascular cell adhesion molecule 1）と強固に接着し，その後内皮細胞間隙を通って毛細血管外へと遊走していく．このような白血球の一連の挙動を**図 4.7** に示す．

白血球のローリング，接着，遊走現象は生体内では炎症反応などの際によく見られ，実験的には IL-1，エンドトキシンなどの白血球遊走因子の添加によって誘発される．

血小板は，赤血球や白血球に比べると大変小さく，直径 2〜3 μm である．血小板は，血管が傷害を受けたときにはたらき，血小板の凝集によって傷口をふさいで血液の漏れを防いだり，傷害部位の修復を行う．血漿中に存在する血小板は，微小血管の中で，どのように分

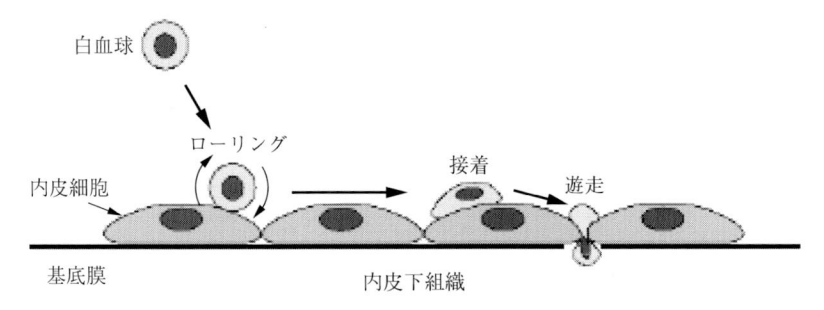

図4.7 白血球のローリング，内皮細胞への接着，血管外への遊走を表す模式図

布しているのであろうか．

Tangelderら[7]は家兎の腸間膜の微小血管床における細動脈を対象に，流動状態のもとで血管内の血小板の分布の様子を調べている．アクリジンレッドと呼ばれる蛍光色素を血小板にラベルし，生体顕微鏡下にフラッシュによって蛍光色素を励起して可視化し，半径方向の分布割合を計測した．計測対象となった細動脈は直径21～35 μm であり，この直径を6分割してそれぞれの領域に出現する血小板の割合を求めている．その結果の代表例を図4.8[7]に示す．

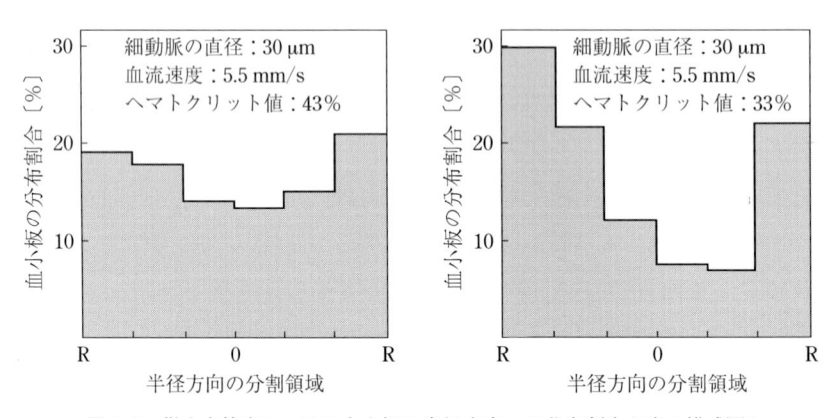

図4.8 微小血管内における血小板の半径方向への分布割合を表す模式図[7]

この図から明らかなように，血小板の分布密度は周辺部，すなわち内皮細胞に近い領域において高く，多くの血小板がこの領域に分布している．右図はヘマトクリット値の小さい条件での分布を示すもので，血小板がより周辺部に集中している様子がわかる．円管内の血流速度の分布は，すでに述べたようにポアズイユ流れを想定すると定性的には放物線状であり，中心において血流速度は最も速い．血小板をマーカにして血流速度分布を計測しても，このことが確認されている．内皮細胞近傍を流れる血小板は，その数が多く速度も遅いため，もし内皮細胞に異常が生じた場合には，すみやかに血小板が到達して対処が可能である，と考えられる．

4.2.4 骨内における流れと骨細胞

骨は大きく皮質骨と海綿骨に分類できる。骨のように硬い組織構造物においても内部の構造を詳細にみると多孔質状になっており，その中は組織液で満たされている。歩行することによって骨には力が作用し，多孔質内の組織液が流れることが知られている。また，骨は絶えず吸収と形成を繰り返しており，このような機能を持つ細胞がそれぞれ破骨細胞と骨芽細胞である。すなわち，運動することによって骨内における組織液の流れを誘発し，この流れが骨細胞の機能を制御している可能性が示唆されている。

皮質骨の模式図を**図 4.9**[8)]に示す。骨の成長と吸収の基本単位は図中の骨単位である。その中心部はハバース管と呼ばれ，骨の代謝に関与する血管が通っている。この周囲は，同心円状に配列した層板構造をなしている。この中に骨細胞を有する骨小腔とこれを連結する骨細管があり，これらの間隙がプロテオグリカンを含む液体によって満たされている。

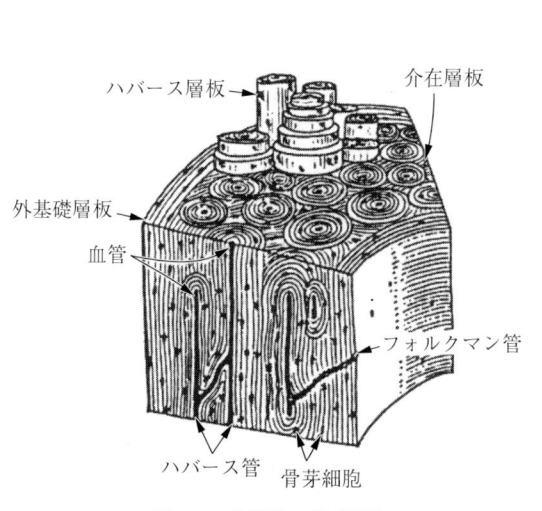

図 4.9 皮質骨の模式図[8)]

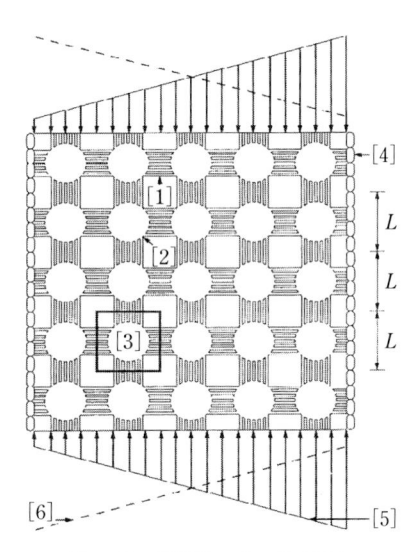

図 4.10 骨単位の中の骨小腔と骨細管のモデル[9)]

このような骨内の骨単位の一部をモデル化したのが，**図 4.10**[9)]である。図は，横断面を示したもので，［1］が骨細管，［2］が骨小腔を示しており，これらがいくつか連結した状態を模擬している。図中の［4］は骨細胞を表しており，このような骨に対して［5］あるいは［6］のような外力の荷重状態が周期的に作用した場合，間隙内の組織液は場所による荷重状態の違いから流動が生じる。この組織液の運動を解析的に求めている。その結果，骨細胞に作用するせん断応力は 0.8～3 Pa であり，この程度の大きさのせん断応力が骨芽細胞に作用すると細胞内カルシウムの上昇が起こることなどが観察されている。

4.3 培養系における流れと細胞

4.3.1 実験モデル

培養した細胞に流れを負荷する装置としては,いくつか提案されている。一般的によく使用されているものとしては,**図4.11**[10]に示すような平行平板型の流路がある。図中の内皮細胞を培養しているのが基質で,一般的にはガラスがよく用いられる。このガラスと上部のプラスチックの培養液の流入出部でガスケット(一般的には0.25〜1 mm程度の厚さのものが使用される)を挟んで流路を構成するものである。

流路の幅をb,流路の高さをhとし,粘性係数μの液体が流量Qで流れているとすると,細胞に作用するせん断応力τは式(4.2)で表すことができる。

$$\tau = \frac{6\mu Q}{bh^2} \tag{4.2}$$

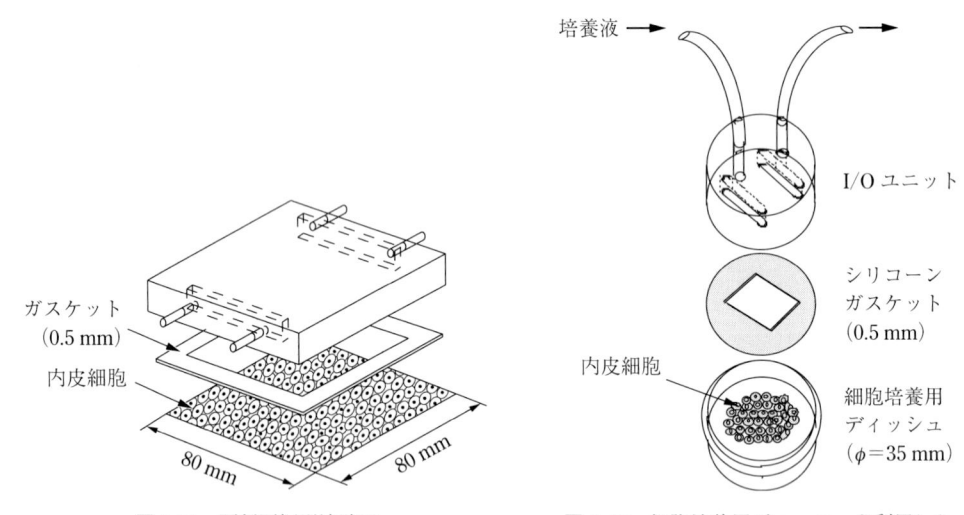

図4.11 平行平板型流路[10]

図4.12 細胞培養用ディッシュを利用した簡便な平行平板型流路

筆者らもこのような型の流路を使って研究を行っている。そのチャンバーを**図4.12**に示す。これは細胞の量が少なくてすむ場合にはたいへん簡便な装置である。市販の35 mm径の細胞培養用ディッシュに細胞を培養して,図に示すようにガスケット(厚さ0.5 mm)とI/Oユニットをディッシュ内に挿入してセットするだけで流路が構成できるように工夫されている。

そのほかによく利用されている装置として,**図4.13**に示すような回転する円盤を利用した装置がある。底面の固定した平面に細胞を培養して,上面で回転する円盤により流体に流れを生じさせて,細胞にせん断応力を負荷する装置である。図(a)では,回転する円盤が

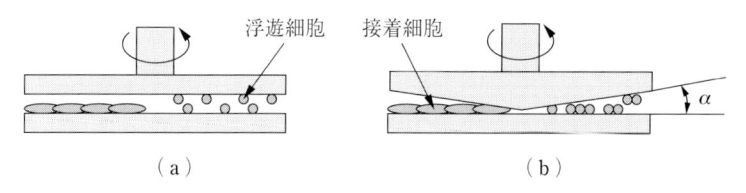

図4.13 回転円盤型のせん断応力負荷装置

平面であり，図（b）では円すい状になっている．

図（a）の場合，細胞にかかるせん断応力 τ は式（4.3）で表される．

$$\tau = \mu \frac{r\omega}{h} \tag{4.3}$$

ここに，μ：液体の粘性係数，ω：回転角速度，h：中心から任意の半径 r の点における流路の高さ

このような装置では，比較的簡便に装置を製作できるという利点があるが，中心部と周囲で細胞に負荷されるせん断応力の値が異なるという欠点もある．

一方，図（b）の装置では，回転盤が一定の角度 α（通常は 0.5〜1.0°）を有しており，式（4.3）の $h/r = \tan \alpha \fallingdotseq \alpha$（$\alpha$ が小さい場合）となって，細胞にかかるせん断応力 τ は式（4.4）で表される．

$$\tau = \mu \frac{\omega}{\alpha} \tag{4.4}$$

すなわち，円盤上の部位によらず細胞にかかるせん断応力は一定とみなすことができる．

このほか，**図4.14**[11] に示すように円筒状の管の内面に細胞を培養して流れを負荷する装置を開発している例もみられる．この場合は，細胞を播種して培養するのに時間と労力を要する．しかしながら，管材料としてシリコーン膜などを使用して血管壁を想定して血液の流れによるせん断応力と同時に壁の伸展に伴う張力も負荷できるようになっている．

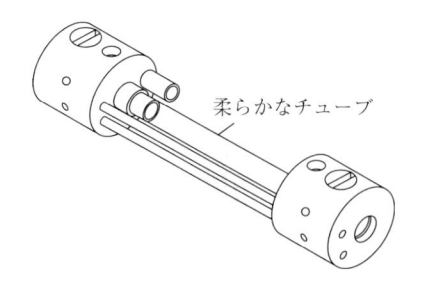

図4.14 伸縮可能なチューブを利用したせん断応力と張力の同時負荷が可能な装置[11]

血管壁を想定した場合には，血管壁は単に内皮細胞1層で構成されているわけではなく，壁を構成している主たる細胞として平滑筋細胞がある．血管壁の径の調節は血圧を制御する血管壁のおもな機能の一つであり，その役割を平滑筋が担っている．生体内における条件で，内皮細胞と平滑筋の相互作用が重要であるとの指摘がなされており，このような機能に

焦点を絞って研究を行う場合には，それに適したモデルを構築する必要がある。

筆者らは，**図4.15**[12]に示すように内皮細胞と平滑筋細胞の共存培養モデルを開発した。このモデルでは，35 mm径のディッシュの底面に平滑筋細胞を培養し，その上にコラーゲンゲルの層を作製する。コラーゲンゲルの上に多孔質膜をのせて，その上に内皮細胞を培養している。このモデルの内皮細胞の上に図4.12のシリコーンガスケットとI/Oユニットをセットして流れのせん断応力を負荷することが可能である。このようにして，コラーゲンゲルの層が存在することによって流れの条件下で平滑筋や内皮細胞がゲル中に遊走する現象を観察することが可能になる。

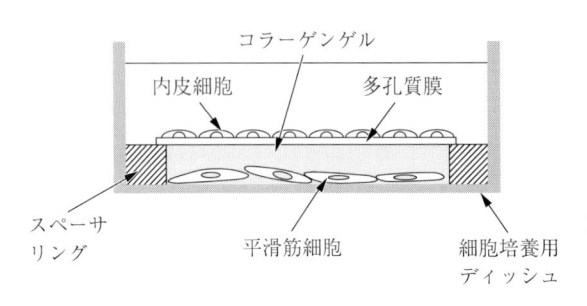

図4.15 内皮細胞と平滑筋を共存培養した血管壁モデル[12]

4.3.2 流れに対する内皮細胞の応答

培養内皮細胞に流れを加えると，流れに応答して細胞が伸長，配向することが知られている。**図4.16**[13]（a）はウシ胸部大動脈由来の内皮細胞を静置培養したもので，図（b）は2 Paのせん断応力を24時間負荷したあとの状態である。静置培養状態では，内皮細胞は接触抑制がかかって1層の状態となっており，多角形状（あるいは敷石状）に細胞が密に接触した状態になっている。これに対して，流れを負荷すると細胞は流れの方向に配向するとともに伸張している様子がよくわかる。

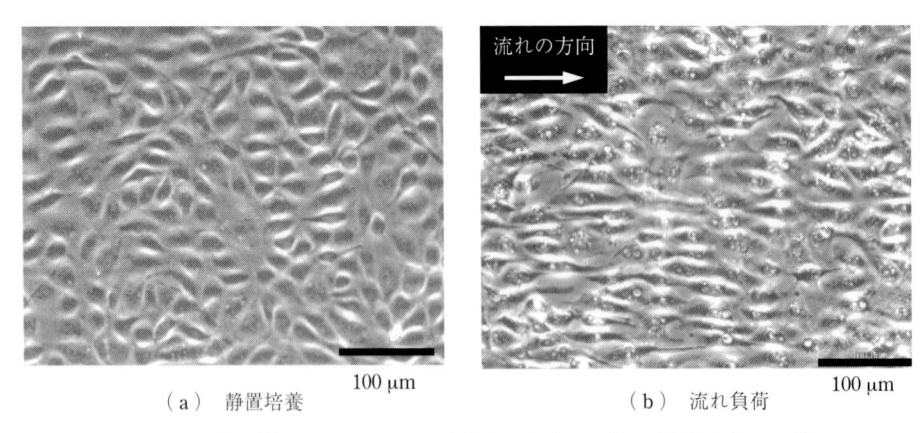

（a）静置培養　　　（b）流れ負荷

図4.16 培養内皮細胞に2 Paのせん断応力を負荷した際の形態的応答の一例[13]

その程度は，加えるせん断応力の大きさと時間に依存している。細胞の形態変化を表す指標としてよく使われているのが SI（shape index）であり，式（4.5）によって定義される。

$$SI = \frac{4\pi A}{P^2} \tag{4.5}$$

ここに，A：細胞の面積，P：細胞の周囲長

形状が真円のときに $SI=1.0$ となり，細胞が細長くなるにつれて SI 値が 0 に近づく。細胞の配向の程度は流れの方向に対する細胞の長軸の角度によって表すことができる。

図4.17に，せん断応力の負荷時間に対する SI の変化を示す。用いた細胞はウシ大動脈由来の内皮細胞で，2 Pa のせん断応力を負荷した場合の応答である。3時間程度で内皮細胞が有意に伸長していることがわかる。

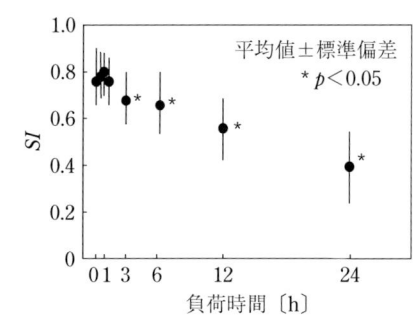

図4.17 せん断応力を負荷した内皮細胞の SI の負荷時間による変化

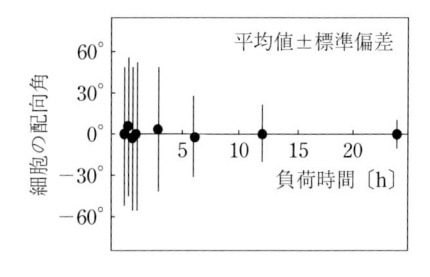

図4.18 せん断応力を負荷した内皮細胞の配向角の負荷時間による変化

また，**図4.18**に，図4.17と同じ細胞群に対する配向角の様子を示す。せん断応力を負荷する前にはほぼランダムに分布していた細胞が流れ負荷の時間経過とともに細胞の長軸が全体的に流れの方向に集中している様子がよくわかる。

このような変化は，果たして内皮細胞が流れに対して受動的に反応した結果であろうか。この点を検証するため，細胞どうしが接触していないスパース（sparse）な状態で同様に2 Pa のせん断応力を負荷した実験を行った。その結果を**図4.19**[10]に示す[14]。24時間の負荷にもかかわらず細胞は流れの方向に配向していない。このことから，内皮細胞が流れのせん断応力に応答して伸長・配向するためには，細胞どうしが接触していることが重要であり，かつこのような内皮細胞の応答は能動的な反応であるということがわかる。

そこで，中間的な状態として細胞群の固まりであるコロニーを形成して，2 Pa のせん断応力を負荷してみた。その結果を**図4.20**[14]に示す。図（a）のような流れを負荷する前の状態では，コロニーの中心部では内皮細胞は多角形状をしているが，周辺部はその形がみだれ，スパースな状態で培養した場合と似た形状になっている。このようなコロニーにせん断応力を負荷した結果が図（b）である。細胞が密集している中心部では，細胞が配向してい

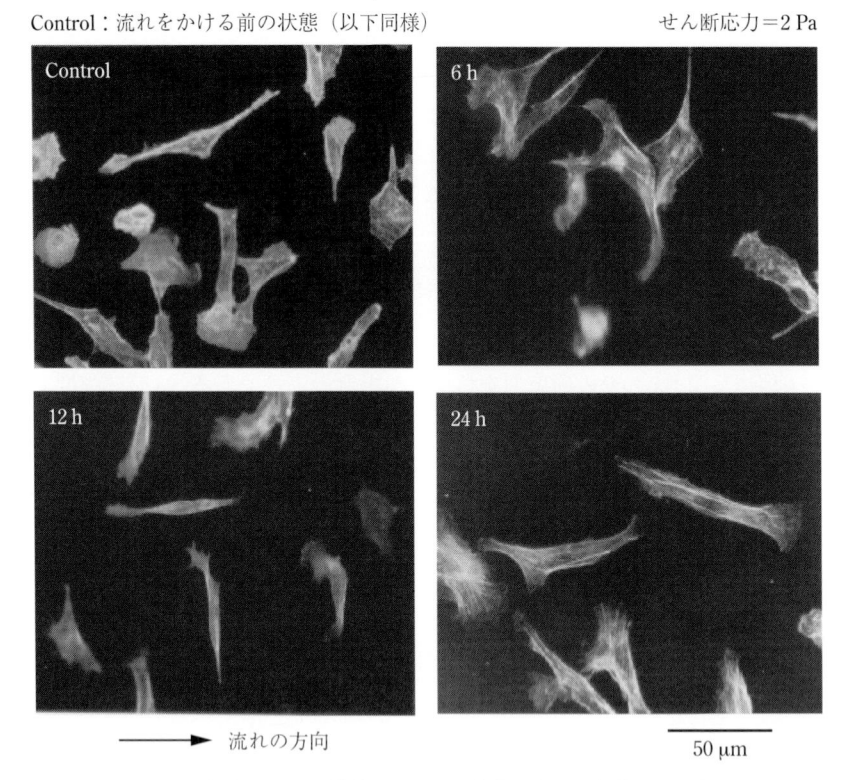

図4.19 細胞どうしが接触していない状態で流れを負荷した場合の細胞形態の時間経過[10]

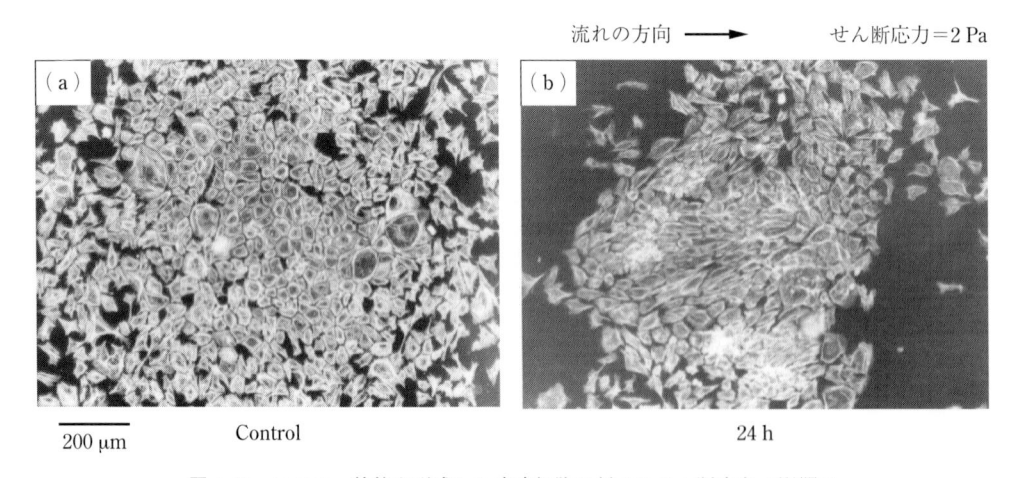

図4.20 コロニー状態を形成した内皮細胞に対するせん断応力の影響[14]

るが，細胞どうしの接触が不十分なコロニーの周辺部では反応の程度が悪く，配向も伸長も十分に起こっていないことがわかる。

細胞内の小器官は，細胞の機能をつかさどるうえで，たいへん重要なはたらきをしているが，特に形態に関しては，細胞骨格がそのはたらきを受けもっている。細胞骨格は，主とし

てアクチンフィラメント（あるいはマイクロフィラメントともいわれ，アクチンによって構成されている直径約 7 nm の線維），マイクロチューブル（チューブリンによって構成されている直径約 25 nm の線維）と中間径フィラメント（ビメンチンあるいはデスミンなどによって構成される直径約 10 nm の線維．名前は線維の太さに由来する）によって構成されており，細胞の形態決定，物質移動，細胞の剛性などに関与している．

アクチンフィラメントは細胞運動や細胞の形態決定において重要なはたらきをしていると考えられ，せん断応力によって細胞形状が変化する場合のアクチンフィラメントのはたらきやはたらきの解析が盛んに行われている．

時間経過によるストレスファイバ（アクチンフィラメントの束）の発現頻度を定量的に評価したデータも報告されている[10]．2 Pa のせん断応力をウシ大動脈由来内皮細胞に負荷した場合，20 分後には全体の 16 ％の細胞でストレスファイバの発現が見られ，1 時間後には全体の半数以上の細胞である 64 ％に，その後 3 時間でほぼすべて（91 ％）の細胞にストレスファイバの発現が見られるようになった．

せん断応力負荷とともに内皮細胞に発現するストレスファイバの配向角と内皮細胞の配向角との関係を調べると，2 Pa のせん断応力負荷後 20 分では，発現したストレスファイバの配向はランダムだが，個々の細胞についてみるとストレスファイバはほぼ細胞の長軸に沿って発現していることがわかった．せん断応力負荷 20 分後のストレスファイバの配向角と細胞自体の配向角の間には非常によい相関関係が見られ，その後もストレスファイバは細胞の長軸に沿って発達していくことが確認された．

つぎに，ストレスファイバの発現が見られる細胞と，発現が見られない細胞との shape index の値を比較すると，せん断応力負荷 20 分後には，全体としては細胞の形態の有意な変化は見られないが，この段階においてストレスファイバの発現が見られる細胞は，ストレスファイバの発現が見られない細胞と比較すると有意に伸長していた．この傾向は，40 分，1 時間後にも見られ，せん断応力負荷 3 時間後においては，90 ％以上の細胞でストレスファイバが見られた．一部の細胞では依然としてストレスファイバの発現が見られないが，このような細胞は多角形状の形態をしていることがわかった．この結果より，主としてストレスファイバが発達した細胞において形状が伸長していくことがわかり，両者の間に密接な関係があることが推察される．

このような観察結果をもとに典型的なアクチンフィラメントの形態変化と思われる時間経過の様子を図 4.21[10] に示す．図中で白く見えているのが，アクチンフィラメントである．これはそれぞれの時間帯における典型的なアクチンフィラメントの構造を時間経過を追って並べたものである．これから，最初細胞内にランダムに分布していた細いアクチンフィラメントが 40 分経過したあたりで流れの方向に配向し始めている．3 時間程度経つと，アクチ

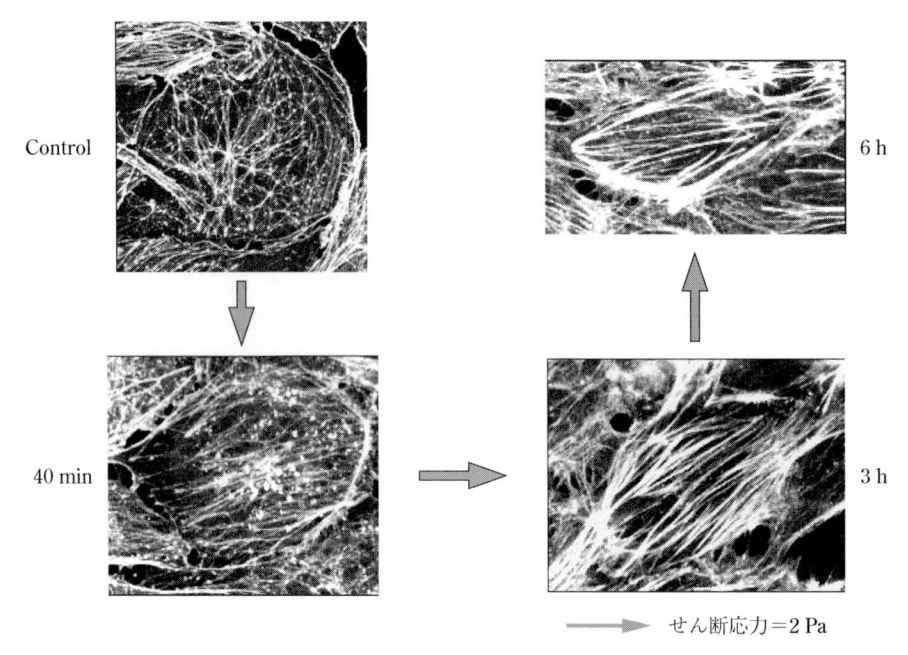

図 4.21 せん断応力を受ける内皮細胞内のアクチンフィラメントの構造変化の時間経過。各時間における代表的な構造を並べて示したものである[10]

ンフィラメントどうしが束をつくってストレスファイバとなり，6時間位経過した時点で流れの方向に配向した太いストレスファイバが形成されるようになる。このような時間経過を同一の生きた細胞で観察する研究も，近年の遺伝子導入技術を使って盛んに行われるようになってきている。

4.3.3 静水圧に対する内皮細胞の応答

図 4.1 に示したように内皮細胞には流体力学的因子として流れのほかに血圧による静水圧成分も作用している。そこで，培養内皮細胞に 50，100，150 mmHg の静水圧を作用させた。静水圧のみの負荷であると，細胞に酸素や栄養分が到達しないので，0.1 Pa 程度の非常に弱い流れを与えた。この程度のせん断応力では細胞の形態に影響を及ぼさないことがわかっている。

結果を**図 4.22**[15]に示す。図は内皮細胞のアクチンフィラメントを染色したもので，静水圧を加えることによって細胞の形状が乱れ，細胞間の接触抑制がはたらいていないことがわかる。すなわち，正常な内皮細胞では，増殖によって細胞どうしが接触すると接触抑制作用がはたらき，それ以上の増殖は起こらない。しかしながら，静水圧を負荷した場合には，50，100，150 mmHg のいずれの圧力においても細胞どうしが重なり合って複層化していることがわかる。この原因については現在不明であるが，細胞どうしの接着結合に重要な役割

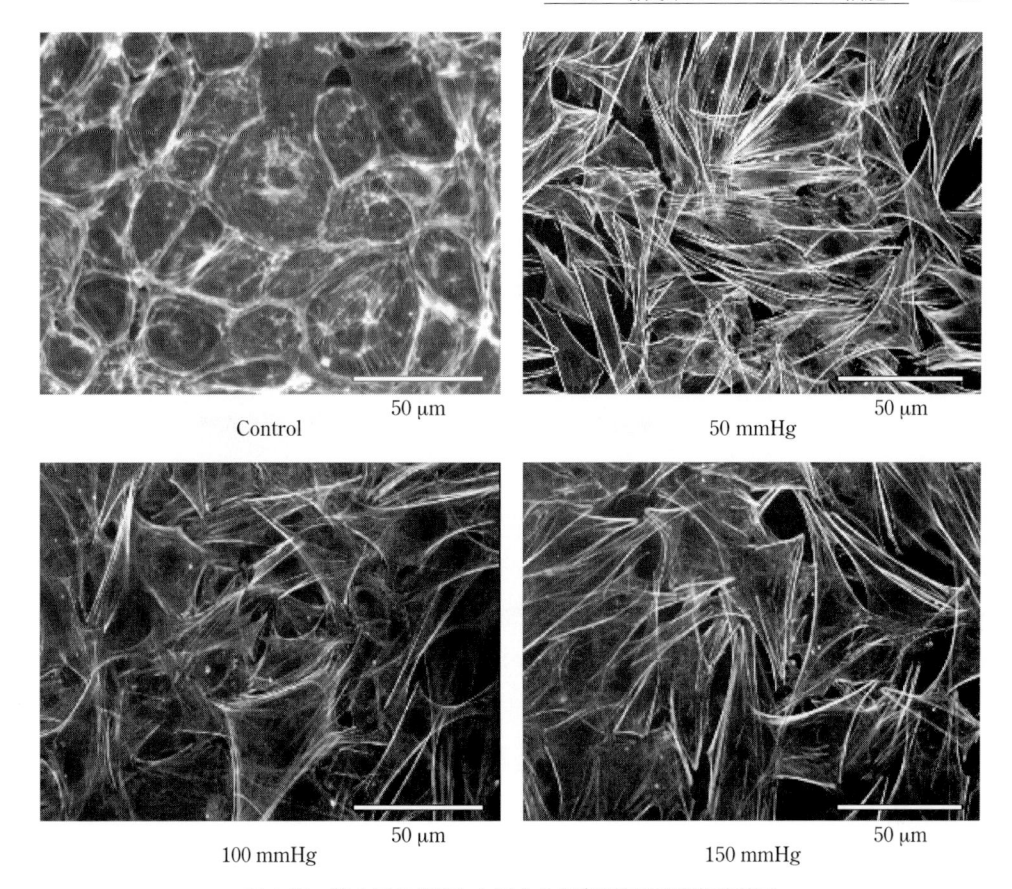

図 4.22 静水圧を負荷した場合の内皮細胞の形態的応答[15]

を果たしている VE-カドヘリンなどの接着タンパク質が関与している可能性がある。

4.3.4 流れに対する平滑筋細胞の応答

4.2.2 項で述べたように血管壁内を流れる組織液によって平滑筋細胞が受ける平均的なせん断応力は約 0.1 Pa 程度である。この値は内皮細胞に対しては反応が起こる閾値（約 0.5 Pa）以下であることがわかっている。しかしながら，平滑筋細胞に対しては 0.1 Pa のせん断応力によってプロスタグランディン I_2，E_2 などの産生が促進されること[16]，一酸化窒素（NO）の産生が促進されること[17] などが報告されている。

また，組織液が内皮細胞を通過後に内弾性板の孔を通ることによって流れの速度が増加するため，内弾性板の近傍に位置する平滑筋細胞では，細胞の表面に負荷されるせん断応力が上述の平均値（0.1 Pa）よりも 100 倍程度大きくなる可能性も指摘されている[4]。

4.3.5 流れに対する骨細胞の応答

多孔性の構造をもつ骨に力学的負荷が作用すると骨組織内部に存在する組織液の移動によって骨細胞にせん断応力が作用する。このような現象は前述のようにWeinbaumら[9]によって指摘された。彼らのモデルによれば，骨細胞に作用するせん断応力は0.8〜3 Pa 程度である。

Owanら[18]は骨芽細胞を用いて，曲げによる力学刺激と流れによるせん断応力刺激を与えてオステオポンチン（非コラーゲン性骨マトリックスタンパク質の一つで，インテグリンとの結合を介して骨芽細胞や破骨細胞の分化誘導や機能発現に重要な役割をもっている）のmRNAの発現を調べた。その結果，骨に生じるひずみよりも流れのせん断応力に対して敏感に応答することを報告している。

このほか，骨細胞は流れに対して反応し，細胞からプロスタグランディンや一酸化窒素を産生することや，細胞内カルシウムが増加することなども報告されている[19]。しかしながら，骨内の組織液の流れに関しては理論的な解析を中心とした研究の展開であり，実際の骨内での流れに関しては不明な点が多く，今後の展開が待たれる領域である。

4.3.6 共存培養モデルによる内皮細胞の応答

上述の細胞はいずれも単独で培養した系に流れや静水圧などの流体力学的因子を作用させて，その応答を観察したものである。これに対して，2種類以上の細胞を共存させて実験を行う共存培養モデルにおいては，細胞間の相互作用も興味ある研究対象となってくる。

図4.15に示した血管壁をモデル化した内皮細胞と平滑筋細胞の共存培養モデルにおいて，内皮細胞側に流れによるせん断応力を作用させた場合の研究例が報告されている[20]。その一つは，内皮細胞を通ってのウシ血清アルブミンの透過性をみたもので，せん断応力としては1.5 Pa を48時間にわたって作用させている。平滑筋細胞と共存培養した場合には内皮細胞にせん断応力を負荷させることによって，物質透過性が有意に減少した。

これに対して内皮細胞のみを単独で培養した場合には，そのような効果は得られなかった。この場合，共存培養モデルと内皮細胞単独培養モデルでは，せん断応力負荷による内皮細胞の形態的応答や細胞間結合タンパク質であるVE-カドヘリンの発現に有意な差は認められなかった。

また，共存培養系において，平滑筋細胞のコラーゲンゲル内への遊走現象を観察した例もSakamoto[21]によって報告されている。Sakamotoによれば，せん断応力を負荷しない静的な状態で培養した場合には，平滑筋細胞がコラーゲンゲル中を内皮細胞に向かって遊走していく現象が観察された。これに対して，1.5 Pa のせん断応力を内皮細胞に加えたところ，その遊走現象が抑制された。このような現象は，動脈硬化発生の初期過程において，内皮細

胞に作用するせん断応力が大きい部では動脈硬化の発生が抑制されるという現象と符合する。今後，このような共存培養モデルを用いた研究がますます発展していくものと期待されている。

4.4 組織再生と流れ

4.4.1 血管再生と流れ

組織が傷害を受けたあとの修復過程やがん細胞の増殖過程などにおいて，血管が新たに形成される現象を血管再生（angiogenesis）という。血管再生には厳密には2種類あり[22]，その一つは**図4.23**[22]（a）のように内皮細胞が増殖して再生血管が進展する血管新生（狭義のangiogenesis）であり，他の一つは図（b）のように血流中を流れる血管内皮前駆細胞が集合して新たに血管が形成される血管形成（vasculogenesis）である。特に血管新生の場合には，血液の流れによるせん断応力が刺激となって内皮細胞が増殖することが指摘されている。また，血管再生自体もせん断応力負荷によって促進されることが報告されている。

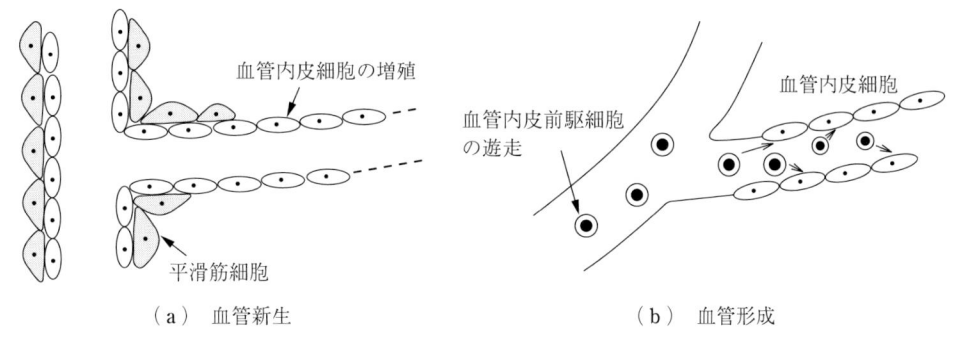

図4.23 2種類の血管再生の違いを表す模式図[22]

内皮細胞をゲル上で培養しコンフルエント（細胞に接触抑制がかかるまで密に増殖した状態）な状態になったときにbFGF（basic fibroblast growth factor）[23]やVEGF（vascular endothelial growth factor）[24]などで刺激を与えると毛細血管様の管腔構造が形成されることが知られている。上述のように生体内における血管再生にせん断応力が深くかかわっていることが指摘されているが，*in vitro* で培養した内皮細胞にせん断応力を負荷することによって毛細血管様の構造が形成される。

例えば，Uedaら[25]らは，コラーゲンゲルの上に内皮細胞を培養してbFGFおよびせん断応力負荷によってゲル内に形成される管腔構造の形成状態を共焦点レーザ顕微鏡によって観察した。コラーゲンゲルの厚みは約1.53 mmで血管再生が3次元的に起こるように工夫している。

毛細血管様管腔構造の形成の様子を図 4.24[25] に示す。彼らの結果によれば，48 時間のせん断応力負荷によって再生血管の長さが刺激前の初期の長さに比べて 6.17 倍に増加した。一方，せん断応力を負荷しない場合は 3.30 倍で，せん断応力負荷による効果が有意であることが示された。また，せん断応力負荷によって再生血管の分岐数や端点の数も有意に増加していることが示された。

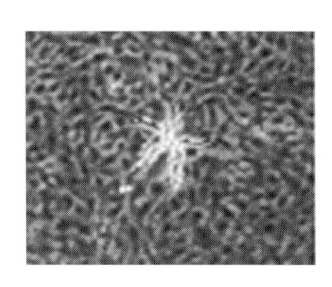

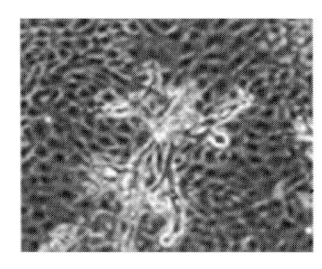

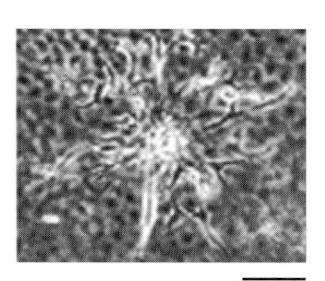

（a） ネットワーク構造が形成され始めた状態　　（b） 静的に培養した状態　　（c） 0.3 Pa のせん断応力を負荷した状態

図 4.24　コラーゲンゲル中に毛細血管のネットワーク構造が形成される様子[25]
　　　　　図（b），（c）は 48 時間経過後の状態

4.4.2　血管壁組織の再生

血管壁の内側は内皮細胞に覆われ，血管径の調節や血液凝固に対して能動的に機能しているが，血圧による大きな力に対して内皮細胞だけで耐えることはできない。生体血管壁には内皮細胞の底面に存在する基底膜，壁の中膜に多数存在する平滑筋細胞，強度を支えるコラーゲンやエラスチン線維などが複雑に混合して存在している。生体血管の機能を模擬して平滑筋細胞や内皮細胞を使って人工血管を作製しようとするティッシュエンジニアリングによる研究が盛んに行われている。

Seliktar ら[26] の試みもその一つである。彼らはコラーゲンゲルの足場材料に細胞を組み込んで図 4.25[26] に示すような装置の中で培養した。この場合，主たる目的が血管壁中膜における平滑筋の円周方向への配向を促し，壁の強度を高めることである。そのため管腔内に周期的な圧力を負荷して壁に張力による力学的刺激を与えている。

つぎの段階では，人工血管内に培養液を還流してせん断応力負荷によって内皮細胞の配向と機能を高めるといった手法がとられることが期待されるが，現時点ではその段階に至っていないようである。

Miwa ら[27] も人工血管の最内層に内皮細胞を，その下層に平滑筋細胞を，さらにその下に線維芽細胞を層状に配置するという正に生体血管を模擬した構造を作製している。彼らは，生体外において流れを加える代わりに，生体外で準備したこのような人工血管を生体内

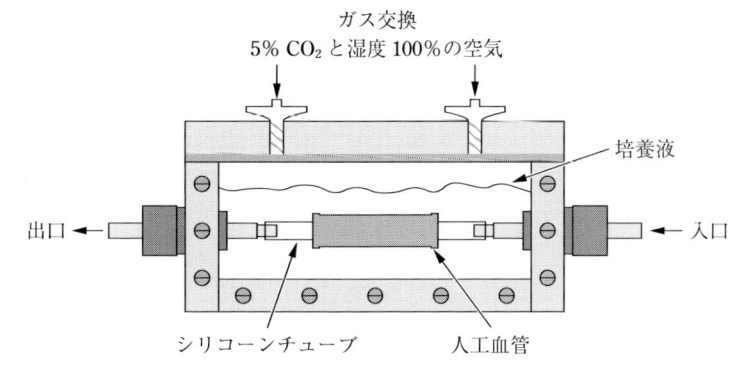

図 4.25 ティッシュエンジニアリングによって複数の細胞を培養した人工血管に力学刺激を加えて平滑筋細胞の配向と強度を高めるための装置[26]

に入れることによって血液の流れ負荷が作用して急速に安定した新生血管壁が掲載されることを報告している。

このように流れなどの力学的因子が人工血管の機能再生に重要な役割を果たしていることが明らかであり，今後ティッシュエンジニアリングの領域においても検討が開始されるであろう。

4.5 お わ り に

近年細胞を使った研究が急速な発展をみせており，細胞の詳細な構造と機能の関係が明らかになりつつある。本章では，流れの視点から細胞を見たいくつかの例について，特に血液循環系を対象として記述した。

生体内には，このほか，脳脊髄，リンパ管，胃，腸管，尿管など，液体の流動を伴う箇所が多数あり，それぞれに細胞との接点をもっている。再生医学の点からみるとき，生体のもつ力学的にダイナミックな特徴が十分に検討されていない現状にあり，今後，本章で扱ったように，流体力学視点や材料力学的視点など，生体組織や細胞にダイナミックに力が作用して安定な平衡状態が保たれていることを認識した取組みが盛んになるであろうことを期待している。

引用・参考文献

1) 日本エム・イー学会 編：ME 事典，p.588，コロナ社（1978）
2) Nichols, W. W. and O'Rourke, M. F.：McDonald's Blood Flow in Arteries（3rd ed），p.40, Edward Arnold（1990）

3) Kataoka, N., Ogawa, Y., Takeda, K. and Sato, M.：Relationship between permeability and endothelial cell morphology in rat aortae, JSME International Series C, **42**, 3, pp.811-817（1999）
4) Tada, S. and Tarbell, J. M.：Interstitial flow through the internal elastic lamina affects shear stress on arterial smooth muscle cells, Am. J. Physiol., **278**, pp.1589-1597（2000）
5) Wang, D. M. and Tarbell, J. M.：Modeling interstitial flow in an artery wall allows estimation of wall shear stress on smooth muscle cells, J. Biomech. Eng., **117**, pp.358-263（1995）
6) Brooks, D. E., Goodwin, J. W. and Seaman, G. V. F.：Intereactions among erythrocytes under shear, J. Appl. Phyiol., **28**, pp.172-177（1970）
7) Tangelder, G. J., Teirlinck, H. C., Slaaf, D. W. and Reneman, R. S.：Distribution of blood platelets flowing in arterioles, Am. J. Physiol., **248**, pp.H 318-H 323（1985）
8) エレイン N. マリーブ（林正健二 ほか訳）：人体の構造と機能，p.114，医学書院（1997）
9) Weinbaum, S., Cowin, S. C. and Zeng, Y.：A model for the excitation of osteocytes by mechanical loading-induced bone fluid shear stresses, J. Biomech., **27**, 3, pp.339-360（1994）
10) 片岡則之，佐藤正明：せん断応力負荷の初期過程における培養内皮細胞の形態およびF-アクチンフィラメントの変化，日本機械学会論文集（B編），**64**，pp.1801-1808（1998）
11) Moore, J. E., Bürki, Jr, E., Suciu, A., Zhao, S., Burnier, M., Brunner, H. R. and Meister, J.-J.：A device for subjecting vascular endothelial cells to both fluid shear stress and circumferential cyclic stretch, Ann. Biomed. Eng., **22**, pp.416-422（1994）
12) Sakamoto, N., Ohashi, T. and Sato, M.：Effect of shear stress on permeability of vascular endothelial monolayer cocultured with smooth muscle cells, JSME Int. J., Ser. C, **47**, 4, pp.992-999（2004）
13) Ito, K.：Effect of pulsatile flow on cell-matric adhesion and integrin expression of cultured endothelial cells，東北大学大学院工学研究科修士論文（2005）
14) Kataoka, N., Ujita, S., Kimura, K. and Sato, M.：The morphological responses of cultured bovine aortic endothelial cells to fluid-imposed shear stress under sparse and colony conditions, JSME Int. J. Ser., C, **41**, 1, pp.76-82（1998）
15) Sugaya, Y., Sakamoto, N., Ohashi, T. and Sato, M.：Elongation and random orientation of bovine endothelial cells in response to hydrostatic pressure；comparison with response to shear stress, JSME Int. J., Ser C, **46**, 4, pp.1248-1255（2003）
16) Alshihabi, S. N., Chang, Y. S., Frangos, J. A. and Tarbell, J. M.：Shear stress-induced release of PGE_2 and PGI_2 by vascular smooth muscle cells, Biochem. Biophys. Res. Commun., **224**, pp.808-814（1996）
17) Papadaki, M., Tilton, R. G., Eskin, S. G. and McIntire, L. B.：Nitric oxide production by cultured human aortic smooth muscle cells；stimulation by fluid flow, Am. J. Physiol., **274**, pp.H 616-H 626（1998）
18) Owan, I., Burr, D. B., Turner, C. H., Qiu, J., Tu, Y., Onyia, J. E. and Duncan, R. L.：Mechanotransduction in bone；osteoblasts are more responsive to fluid forces than mechanical strain, Am. J. Physiol., **273**, pp.C 810-C 815（1997）
19) Knothe Tate, M. L., Steck, R., Forwood, M. R. and Niederer, P.：In vivo demonstration of

load-induced fluid flow in the rat tibia and its potential implications for prcesses associated with functional adaptation, J. Exp. Biol., **203**, pp.2737-2745 (2000)

20) Sakamoto, N., Ohashi, T. and Sato, M.: Effect of shear stress on permeability of vascular endothelial monolayer cocultured with smooth muscle cells, JSME Int. J., Ser. C, **47**, 4, pp. 992-999 (2004)

21) Sakamoto, N.: Study of effect of cellular interactions on mechanism of atherogenesis using cocultured blood vessel model, 東北大学博士論文 (2003)

22) 西上和宏, 徳永宣之, 神田宗武, 白井幹康, 笠原啓史, 田中越郎, 盛 英三：血管再生療法の未来と画像評価法, BME, **16**, 2, pp.45-50 (2002)

23) Montesano, R., Vassalli, J. D., Baird, A., Guillemin, R. and Orci, L.: Basic fibroblast growth factor induced angiogenesis in vitro, Proc. Natl. Acad. Sci. USA, **83**, pp.7297-7301 (1986)

24) Pepper, M. S., Ferrara, N., Orci, L. and Montesano, R.: Leukemia inhibitory factor (LIF) inhibits angiogenesis in vitro, J. Cell Sci., **108**, pp.73-83 (1995)

25) Ueda, A., Koga, M., Ikeda, M., Kudo, S. and Tanishita, K.: Effect of shear stress on microvessel network formation of endothelial cells with in vitro three-dimensional model, Am. J. Physiol., **287**, pp.H 994-H 1002 (2004)

26) Seliktar, D., Black, R. A., Vito, R. P. and Nerem, R. M.: Dynamic mechanical conditioning of collagen-gel blood vessel constructs induces remodeling in vitro, Ann. Biomed. Eng., **28**, 4, pp.351-362 (2000)

27) Miwa, H., Matsuda, T. and Iida, F.: Development of a hierarchically structured hybrid vascular graft biomimicking natural arteries, ASAIO J., **39**, pp.273-277 (1993)

5 遺伝子工学手法に基づく新しい細胞マトリックス設計と再生医療への応用

5.1 はじめに

　生体内に存在する細胞の多くは，細胞外マトリックスと呼ばれる足場との接着，細胞どうしの相互作用，増殖因子やサイトカインなどの液性因子からの刺激を受けて，機能の発現や組織の維持を行っている。個体の発生過程においても同様で，さまざまな刺激が複雑に絡み合うことによって，適切な組織の形成による個体の発生が行われる。幹細胞の発見と，幹細胞から目的の細胞へ分化させる方法が確立されてきたことにより，これまで検討されてきた生体組織の細胞を移植する細胞移植治療から，発生過程を追従することによって目的の細胞を得る再生医療が注目されてきている。再生医療実現の一つのアプローチとして，細胞の足場となるマトリックスに着目し，天然の生体内での足場だけではなく遺伝子工学手法を用いて作製した人工的なタンパク質分子を細胞の足場として用いることが検討されている。本章では，実際には細胞の足場となり得ない細胞間接着分子や増殖因子・サイトカインを足場として利用することによる細胞機能の制御について触れることにする。

5.2 再生医療のための足場マトリックス

5.2.1 幹細胞による再生医療

　数年前までは損傷組織や臓器の治療のために，人工臓器の作成や臓器・細胞をそのまま移植する研究が盛んに研究されていたが，近年ではそれぞれの臓器や組織を構成する細胞へ分化することができる幹細胞や前駆細胞を用いた再生医療への関心が高まってきている。従来の手法では，臓器ドナー数の不足，供給できる細胞の量が限られているなどの問題があったが，幹細胞や前駆細胞は，高い増殖性と目的の細胞への分化能を併せ持っているため，生体外で必要な細胞数まで増幅したあとに，目的の細胞へ分化を誘導して治療に用いる，というアプローチが可能となる（図 5.1）。

　幹細胞や前駆細胞は，それぞれの組織から単離された体細胞由来の細胞だけではなく，近

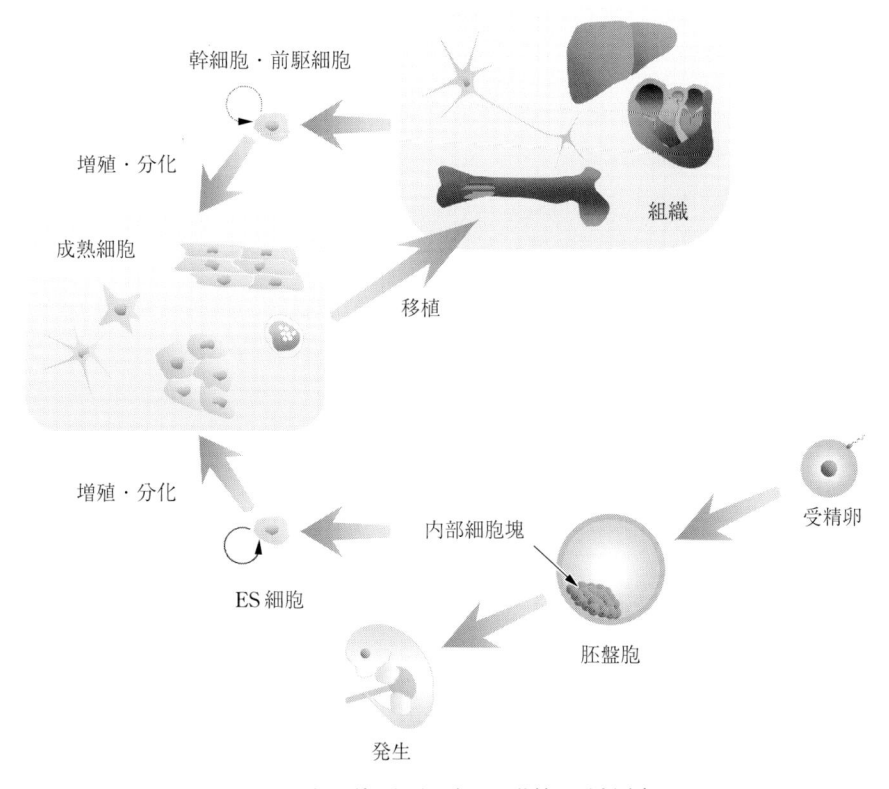

図 5.1 幹・前駆細胞の起源と移植・再生医療

年では胚盤胞から万能性をもつ ES (embryonic stem) 細胞が樹立され[1),2)]，これらを用いた再生医療研究が活発になってきている。さらに，ヒト ES 細胞の樹立に伴い[3)]，現実の医療への応用に一歩前進したといえる。しかし，現時点では ES 細胞をはじめとした幹細胞や前駆細胞はまだまだ未知の細胞であり，多能性を保つメカニズムから分化誘導の方法まで解明された部分はごくわずかである。また，これらの幹細胞や前駆細胞が接着するための足場である，細胞外マトリックスが果たす役割についての検討もあまり進んではいない。そのため，さまざまなバイオマテリアルを用いることで，幹細胞の分化や増殖を制御する試みが重要視されるようになってきている。

5.2.2 細胞外マトリックスと幹細胞の分化制御

細胞外マトリックスは，生体内では細胞が生存するための足場となり，また発生過程では細胞の分化や増殖を制御していることが知られている。細胞外マトリックスはさまざまなタンパク質の混合体として構成され，組織や臓器によって，その構成タンパク質の種類や構成比が異なることが知られている。細胞外マトリックスを構成するタンパク質についての詳細は，本シリーズ第 2 巻「再生医療のための細胞生物学」を参照されたい。

このように，細胞外マトリックスは組織や臓器に特異的に存在し，また特定の構成比によって細胞の機能を制御していることから，幹細胞から目的の細胞へ分化誘導するために，細胞外マトリックスの種類や構成比の検討が行われている。例えば，Prudhomme[4]やPhilp[5]，Battista[6]らは細胞外マトリックスの種類や構成を変更することでES細胞の分化に与える影響を制御できることを示しており，また，より特異的に肝細胞[7]や神経細胞[8]への分化に与える細胞外マトリックスの効果も検証されている。

5.2.3 その他の外的刺激による幹細胞の分化制御

前述のように，細胞の機能は足場となる細胞外マトリックスだけではなく，細胞間相互作用や増殖因子などによっても制御されている（図5.2）。細胞間の相互作用には，カドヘリンをはじめとする細胞間接着分子や，Eph/ephrin[9]，Notch/Delta[10]などの相互作用によるシグナル伝達，HB-EGF[11]などの膜や糖鎖に結合した増殖因子からの刺激など多岐にわたる。そのため，それぞれの分子によるシグナルを分離して解析することは非常に困難である

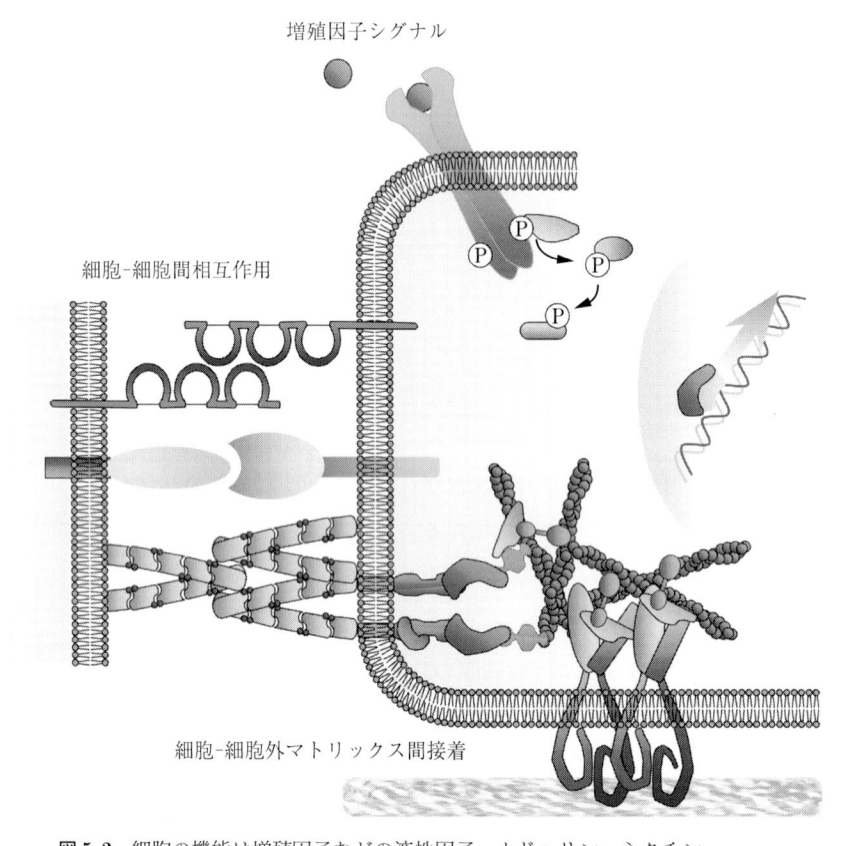

図5.2 細胞の機能は増殖因子などの液性因子，カドヘリン，ネクチン，エフリンなどの細胞間相互作用，コラーゲンやフィブロネクチンなどの細胞外マトリックスとの接着により機能が制御されている

と考えられる。また，増殖因子やサイトカインによる刺激は，溶液中で作用する場合だけではなく，細胞表面の糖鎖に結合，あるいはおもに細胞外マトリックスで構成されている基底膜に結合した状態で作用する場合があると考えられており，遊離した状態と固定された状態では，細胞に与えるシグナル強度や持続時間が異なることが示唆されている。このような細胞間相互作用や増殖因子等の刺激が時空間的に制御されることによって，より精緻な細胞機能の制御が行われている。

幹細胞の分化もこれらの刺激によって誘導されることが報告されており，さまざまな液性因子や細胞間相互作用が幹細胞の分化にどのような影響を与えているかを詳細に解析することが必要とされている。

5.2.4 バイオマテリアルの人工マトリックスとしての利用と再生医療への応用

ひとことでマトリックスといっても，細胞の足場として機能するマトリックスは多く，実際に生体で足場として機能しているコラーゲンなどの細胞外マトリックスから，工学的あるいは遺伝子改変により作製した人工合成マトリックスまで多岐にわたる。つまり，天然の細胞外マトリックスだけではなく，本来の役割を越え細胞認識機能を付与すべく，高分子合成化学や遺伝子工学的手法による人工マトリックスの作製と，その細胞機能制御への応用が活

1. 細胞外マトリックスの固定化
- コラーゲン，フィブロネクチンなど

2. 細胞-細胞間接着分子の固定化
- カドヘリン，ICAM など

3. サイトカインの固定化
- EGF, HGF, VEGF, NGF, TNF-α, HB-EGF など

4. 被貪食性リガンドの固定化
- アシアロ糖タンパク質，LDL など

5. 低分子化合物・ホルモンの固定化
- 化学薬品，ホルモンなど

6. レセプター特異的抗体の固定化
- アゴニスト抗体，アンタゴニスト抗体など

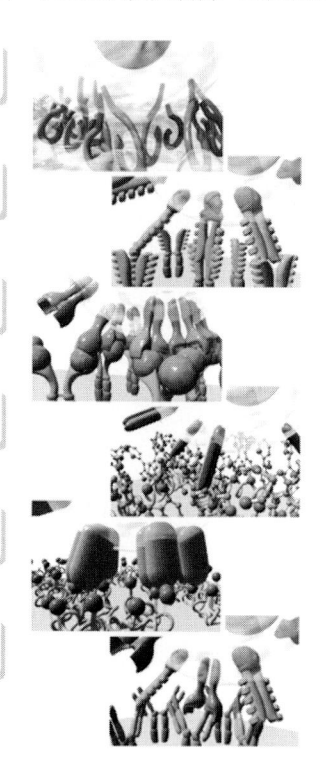

図 5.3　バイオマテリアルのマトリックスとしての応用性

発に行われている（図5.3）。例えば，合成高分子の特性を利用した細胞シート工学[12]や，細胞表面のリガンドを共有結合により固定化することで細胞の機能を制御する試み[13]，またパターニングを組み合わせることによってさらなる付加価値を生み出せることも検討されている[14]~[16]。これらの詳細は本シリーズ第2巻「再生医療のための細胞生物学」8，9章，第5巻「再生医療のためのバイオエンジニアリング」1，10，13章を参照されたい。

これまでわれわれは，細胞の機能を制御しうるバイオマテリアルとして，肝細胞が特異的に認識できる糖鎖高分子であるPVLA (poly $N\text{-}p\text{-}vinylbenzyl\text{-}O\text{-}\beta\text{-}D\text{-}galactopyranosyl\text{-}[1\rightarrow 4]\text{-}D\text{-}gluconamide$) の開発と，肝細胞培養と肝組織再生への応用展開を行ってきた[17]。培養プレートに吸着させるPVLAの濃度によって形態や増殖性などの肝細胞の応答が異なり，また細胞の集合体であるスフェロイド形成の促進により，分化能と生存性を長期間維持できることを明らかにした[18]。さらに，PVLAをコートした表面を用いることにより，PVLAのガラクトース側鎖を認識するタンパク質であるアシアロ糖タンパク質レセプターの発現量の少ない増殖性の肝前駆細胞様の細胞を，肝臓全体から単離することにも成功している[19]。すなわち，人工的に合成された高分子化合物により肝細胞の分化と増殖の相反する機能を制御することが可能であり，さらには成熟肝細胞の大量確保にもつながる肝前駆細胞の単離も期待される（図5.4）。

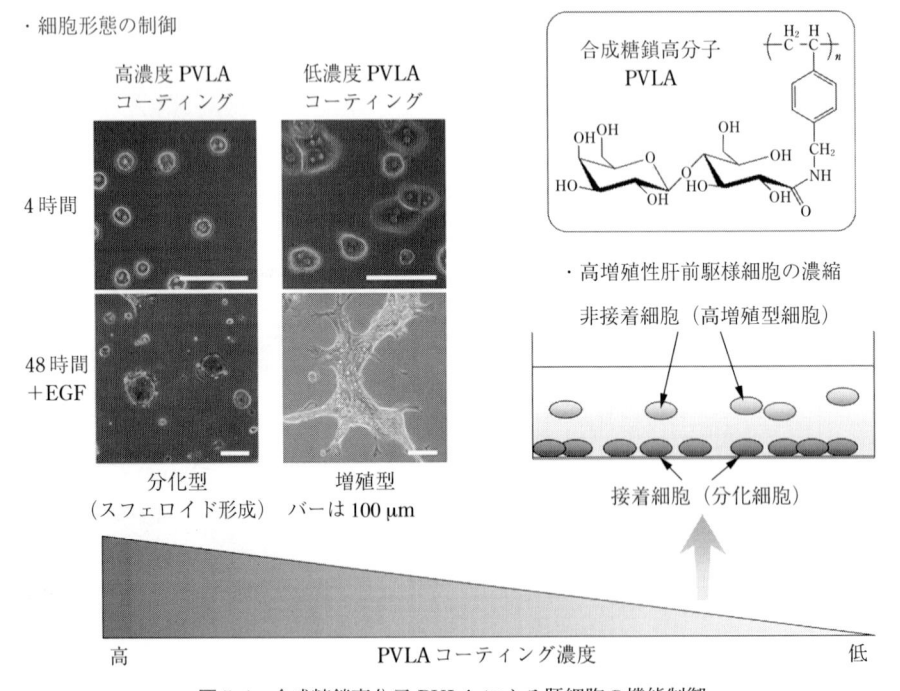

図5.4 合成糖鎖高分子PVLAによる肝細胞の機能制御

5.3 遺伝子工学によるマトリックス設計と応用

5.3.1 融合タンパク質の設計と細胞機能の制御

細胞の機能を制御する上で，細胞接着分子や各種増殖因子のシグナルを解析し，さらに制御することは必要不可欠だが，その機能の複雑性のために，まだ解明が難しい課題が数多く残されている。そのなかでも，細胞間接着分子やある種の増殖因子のように細胞間で作用する場合には，前述のように目的の分子以外にもさまざまな分子が作用しているために，純粋に目的の分子からのシグナルにしぼって検討することは非常に困難であると考えられる。また，増殖因子の多くは，細胞に取り込まれる場合と，細胞外マトリックスや細胞膜上に結合した状態で作用する場合があり，異なるシグナルが誘起されることが示唆されている。そこで，新たな分子認識を制御する分子として，そのような細胞間相互作用にかかわる分子を細胞が接着する基質（マトリックス）として創成することで，細胞と目的分子の直接の相互作用によるシグナルのみを解析することを試みた。特異的な分子認識を制御するために，ポリスチレンなどの疎水性表面に対して安定に吸着できる IgG (Immunoglobulin G) の Fc ドメインや金表面への配向固定を目指した GST などと，目的のタンパク質との融合タンパク質を遺伝子工学的に創成し，細胞内シグナル伝達機構の解析や細胞機能の制御，さらには幹細胞を用いた再生医療への応用性を検討した（図 5.5）。本節ではわれわれが実際に行った例を中心に紹介する。

細胞間接着分子
・カドヘリンファミリー
・セレクチンファミリー
など
増殖因子
・EGF (epidermal growth factor)
・HGF (hepatocyte growth factor)
・NGF (nerve growth factor)
・LIF (leukemia inhibitory factor)
など

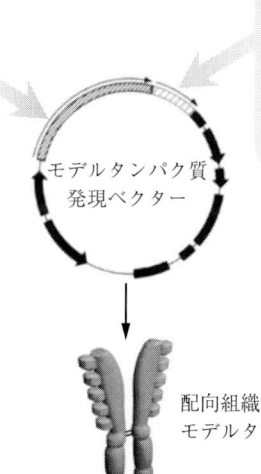

・IgG の Fc ドメイン
 (＋プロテイン A, G)
・GST (glutathione-S-transferase)
 (＋glutathione on Au surface)
・フィブロネクチンフラグメント
・化学架橋可能な人工アミノ酸
など

モデルタンパク質発現ベクター

配向組織化可能なモデルタンパク質

図 5.5 遺伝子改変による人工マトリックスの創成

5.3.2 幹細胞培養への応用

ES細胞の新しい培養・維持方法の確立のために，固定基質型モデルタンパク質をマトリックスとして応用した．そのために，発生初期過程における細胞の認識とES細胞間の接着にかかわるE-カドヘリンに着目し，細胞-細胞間接着分子であるE-カドヘリンの細胞外ドメインとIgGのFcドメインとの融合タンパク質（E-cad-Fc）を用いた[20]．

その結果，E-カドヘリン固定表面上では，これまでのES細胞の概念とはまったく異なり，凝集したコロニーを形成せず，つねに分散しながら増殖することを発見した（図5.6）．さらに個々の細胞が多数の突起を伸縮しながら，つねにE-カドヘリン表面上を活発に移動している様子も観察され，いままで観察できなかった凝集塊の内部で起こっている現象を初めて観察することに成功した．

バーは 50 μm

従来の培養法
（ゼラチン上）

新規培養法
（E-cad-Fc 上）

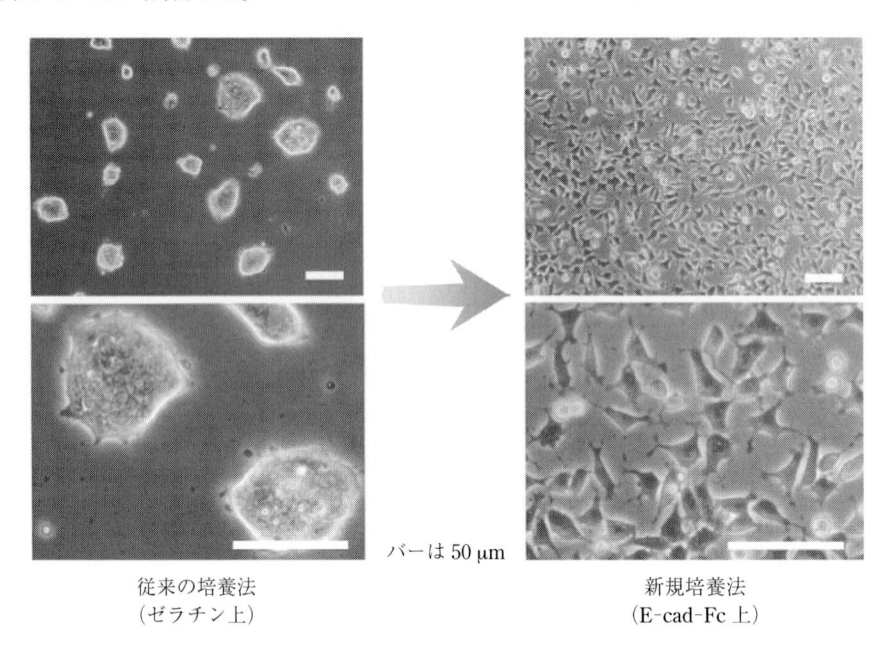

図5.6 人工マトリックスを利用したES細胞の新規培養法の確立

これまで，ES細胞が分散して増殖するという現象はまったく観察されていなかったため，E-カドヘリン上で培養することでES細胞の性質が変化している恐れがある．そこで，ES細胞の最も根本的かつ重要な性質である，未分化性と多能性の維持について検討した．

未分化なES細胞の指標として，マーカー遺伝子であるoct-3/4，rex-1，nanogの発現について検討したところ，マウスES細胞の未分化維持に必須なLIF（leukemia inhibitory factor：白血病抑制因子）の添加により，E-カドヘリン固定表面上でもゼラチン上と同程度の発現維持が確認され，固定化したE-カドヘリン上でも，未分化性を維持できることが示された（図5.7）．

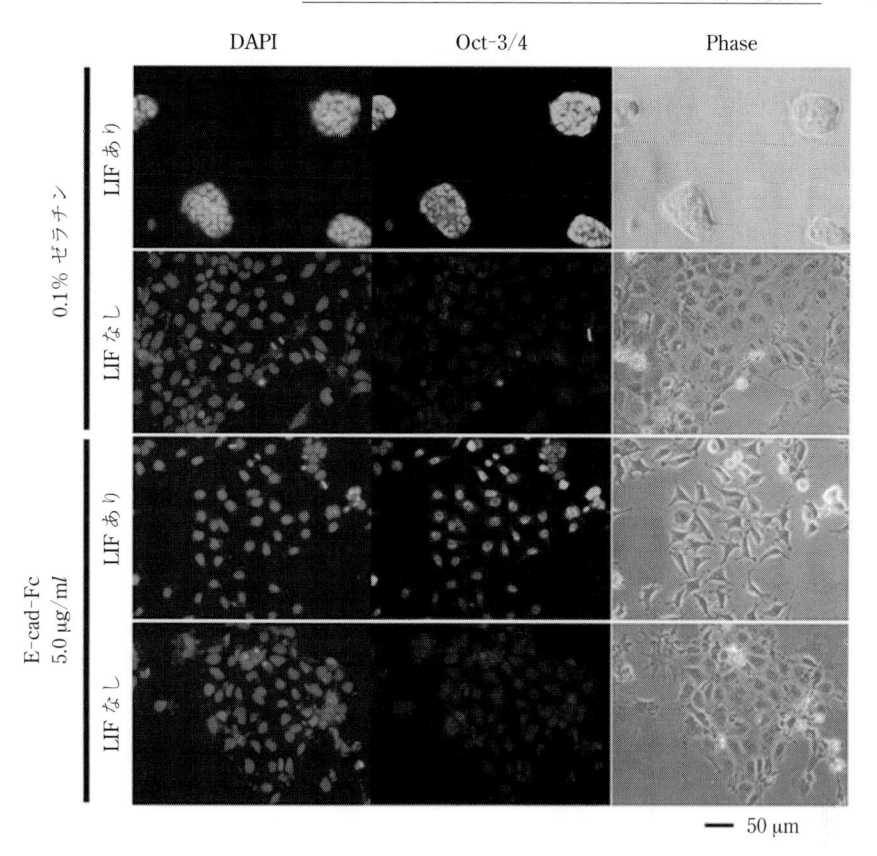

5.3 遺伝子工学によるマトリックス設計と応用

（a） 未分化マーカーである Oct-3/4 の発現維持を免疫染色で確認し，核を DAPI で染色

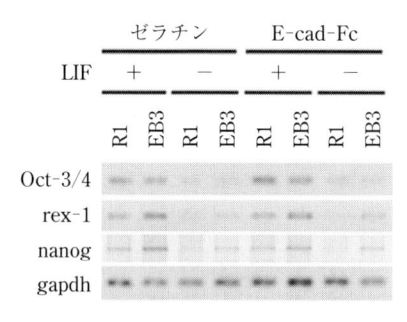

（b） RT-PCR による未分化マーカーの遺伝子発現を解析

図 5.7 人工マトリックス（E-cad-Fc）上での ES 細胞の未分化性維持

さらに，実際の医療応用を目指すうえで重要な，さまざまな細胞に分化する能力である多能性の維持について検討した．ES 細胞は胚様体と呼ばれる凝集した細胞塊を形成することで，発生過程を再現するように三胚葉由来の細胞に分化することができる．そこで，通常のゼラチン上と E-カドヘリン上で培養した ES 細胞から胚様体を形成し，ES 細胞の分化につ

いて確認した。その結果，ゼラチン上，E-カドヘリン上で培養したどちらの細胞でも，未分化マーカー遺伝子である oct-3/4, rex-1, nanog の発現が減少し，外胚葉（neurod 3），中胚葉（gata-1, T/brachyury, flk-1, hbb），内胚葉（α-fetoprotein, transthyretin, vitronectin）すべての細胞系譜のマーカー遺伝子の発現が確認され，E-カドヘリン上で培養した ES 細胞も三胚葉由来の細胞に分化する能力を維持していることが示された（図 5.8（a））。多能性維持をさらに裏づける証拠として，E-カドヘリン上で培養した ES 細胞からのテラトーマ形成，キメラマウス作成，生殖系列への寄与も確認され，E-カドヘリン上では，すべての ES 細胞としての性質を維持し，かつ分散状態で培養できることが示された（図（b））。

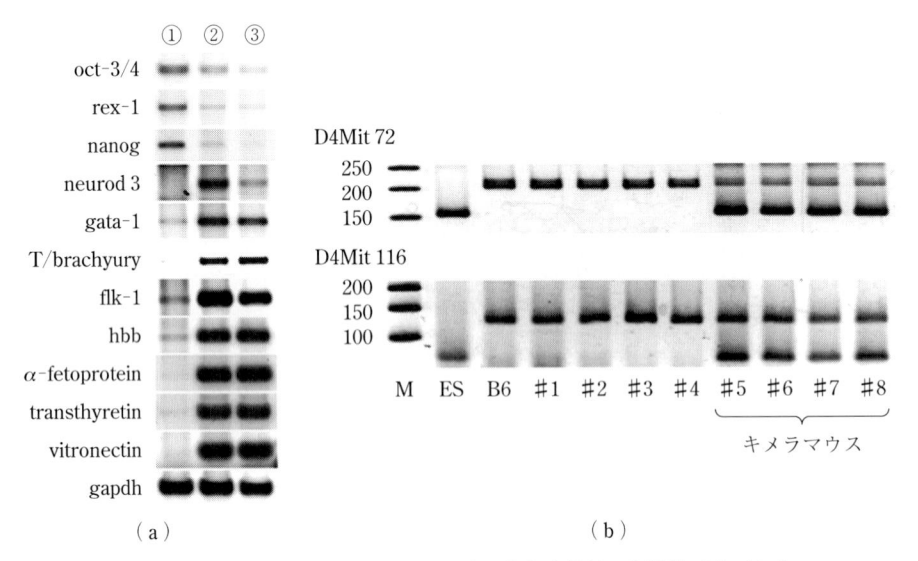

図 5.8 E-cad-Fc 上で培養したマウス ES 細胞の分化多能性を胚様体形成（（a）：レーン① 未分化 ES 細胞，レーン② ゼラチン上，レーン③ E-cad-Fc 上），生殖系列への寄与（（b）：♯5～♯8 がキメラマウス）により確認

また，E-cad-Fc 上では通常のコロニーを形成する培養法よりも増殖が速くなることが明らかになった（図 5.9（a），（b））。E-カドヘリン上でも細胞の密度が高い場合は細胞の増殖が抑制されていることから（図（b）：72 h 過密状態），コロニーを形成した状態ではコロニー内部で細胞間の相互作用が非常に強くなり，増殖が抑制されることが考えられる。それに対して，E-カドヘリン上ではそれぞれの細胞が独立して増殖できるので，通常の培養法よりも増殖が促進されたことが示唆される。さらに，遺伝子導入効率も E-カドヘリン上で高いことが示され（図（c）），さまざまな利点を付加した ES 細胞の新規培養法として期待できる。

従来の培養法では，ES 細胞は凝集した細胞塊を形成するが，このような凝集した状態が

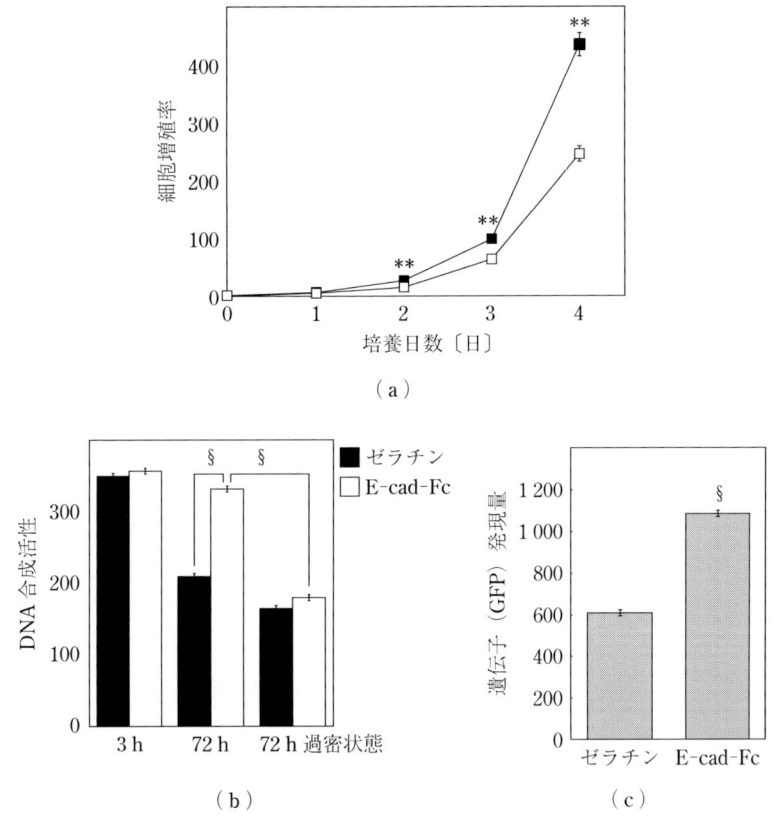

図 5.9 ES 細胞の増殖性((a), (b))と遺伝子導入効率の促進((c)) (**：$p<0.01$, §：$p<0.001$)

必ずしも最適な条件とはいえない面もある。まず，凝集塊の底面では細胞外マトリックスとの接着があり，表層では液性因子の影響を受けやすくなる。また，細胞塊内部では細胞間接着が発達する。そのため存在する場所により細胞の周辺環境が不均一になり（図 5.10），不

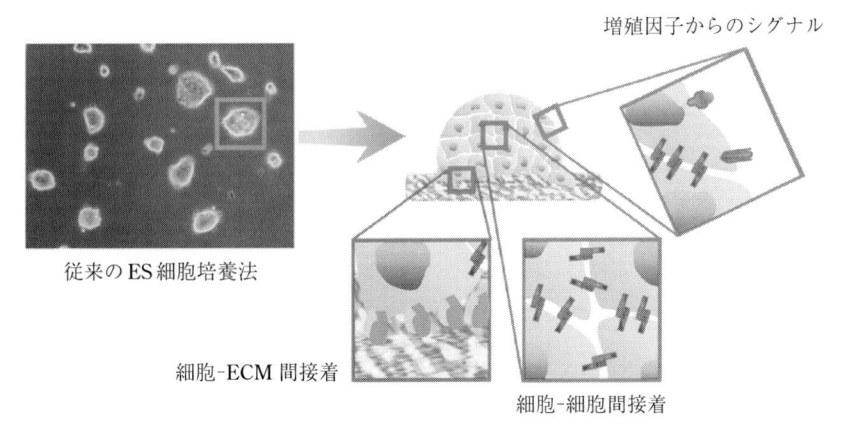

図 5.10 細胞の周辺環境が不均一になる可能性

均一な刺激が細胞に伝わる可能性が考えられる。それに対して，E-カドヘリン上では個々の細胞を同じ環境で維持することができるため，従来の培養法で生じる可能性がある不均一性を完全に除外することができ，またさまざまな細胞外からのシグナルに対する応答を細胞レベルで観測することが可能となる。そのため，ES細胞を含めた幹細胞の機能解析から，分化誘導法の確立など，基礎研究から再生医療分野まで広く貢献できると期待できる。

マウスES細胞はLIFの添加によって未分化性を維持できることが知られているが，分泌型だけではなく膜結合型でも作用していることが示唆されている（図5.11（a））。

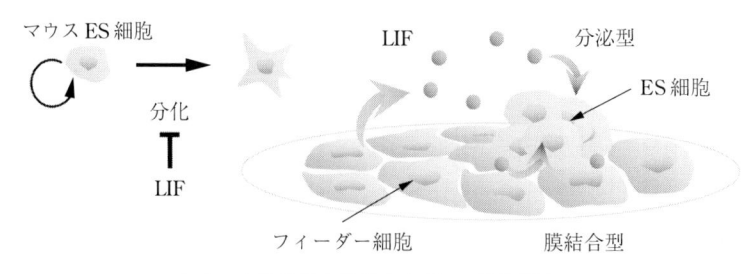

（a）未分化性を維持するLIFの作用機序

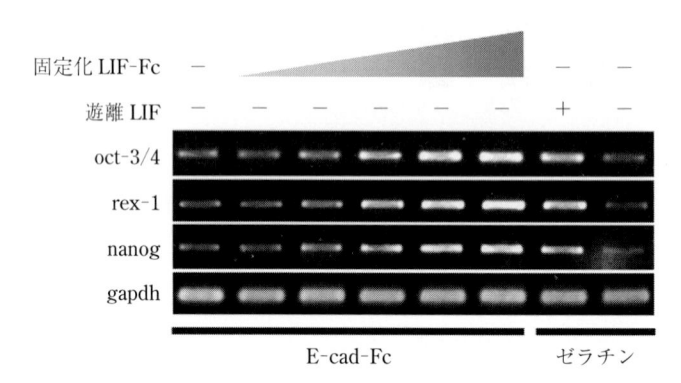

（b）E-cad-FcとLIF-Fcの共固定表面のマウスES細胞培養への応用性

図5.11

そこで，LIFとFcドメインの融合タンパク質を作製し，E-カドヘリンとLIFの共固定表面によるES細胞の維持についても検討した。その結果，共固定表面上でもES細胞はE-カドヘリン上と同様な分散した形態を保ち，さらに固定化したLIFの濃度に依存して未分化性を維持できることが確認できた（図（b））。E-カドヘリンの固定表面を用いることで，LIFの作用機構（直接的か間接的か）の解明も期待でき，霊長類ES細胞に作用する分子の検討への応用も期待できる。

5.3.3 細胞機能制御への応用

幹細胞の分化を制御するために，さまざまな細胞間認識分子を固定する試みが行われてお

り，例えば Beckstead らは細胞間で相互作用している Notch 系に着目し，リガンドである Jagged を固定化した表面上での幹細胞の分化誘導を検討している[21]。また，われわれは，細胞接着分子をマトリックスとして用いた表面上でのマウスの胚性奇形腫細胞である P 19 細胞の分化誘導への応用性を検討した。P 19 細胞は，レチノイン酸や DMSO の刺激によって，神経系の細胞や心筋・骨格筋細胞へと分化することが知られている。神経細胞および心筋細胞への分化には，N-カドヘリンによる接着が重要であることが報告されているため，N-カドヘリンを固定化した表面上で P 19 細胞を培養して，分化に与える影響を確認した。その結果，N-カドヘリン上で分化誘導を行った場合，神経系のマーカー遺伝子群（nestin, map 2, neurod 3）の発現が，通常の培養基質であるゼラチン上よりも低く，心筋・骨格筋細胞のマーカー遺伝子である cardiac actin や gata-4 の発現が増強していることから，N-カドヘリンによる接着によって心筋細胞への分化が促進されることが示された（図 5.12）。

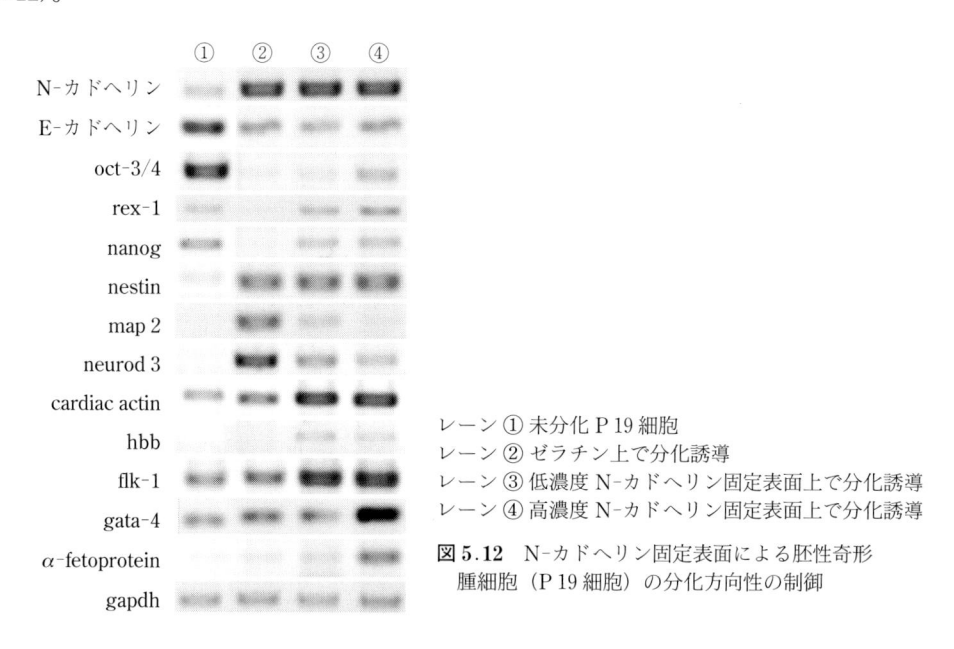

レーン① 未分化 P 19 細胞
レーン② ゼラチン上で分化誘導
レーン③ 低濃度 N-カドヘリン固定表面上で分化誘導
レーン④ 高濃度 N-カドヘリン固定表面上で分化誘導

図 5.12　N-カドヘリン固定表面による胚性奇形腫細胞（P 19 細胞）の分化方向性の制御

細胞の分化を制御する接着分子や増殖因子を固定化した表面を用いることによって，目的の分子がどのように細胞の機能を制御しているかを解析でき，また数種類のリガンドを適切な割合で固定化することで，幹細胞の分化を制御できる表面開発の可能性が示唆される。

さらに，物理的吸着法だけではなく，共有結合による固定化法も検討されている。前記のように，伊藤らは架橋剤を用いて有機合成によって基盤表面上に増殖因子を固定する方法を確立し，上皮増殖因子（EGF）や LIF の固定化と細胞機能制御への応用を報告しており[13]，詳細は本シリーズ第 5 巻「再生医療のためのバイオマテリアル」13 章を参照された

い。また佐甲らは，EGF を共有結合で固定化した表面上でのシグナル伝達を一分子レベルで観測する手法を確立し，固定化増殖因子シグナルの解析系が確立されつつある[22]。われわれも，部位特異的に非天然アミノ酸を導入することにより末端にアジド基を導入した EGF を遺伝子工学的に作製し，この EGF 誘導体を固定化した表面を用いて，固定化 EGF によるシグナルの解析を検討した（図 5.13）[23]。化学架橋によって共有結合する手法では，結合する部位を特定することが難しく，活性が減少する可能性が払拭できない。それに対してこの方法では，導入した特異的な部位でのみ結合が起こるので，固定の配向性や活性維持を改善できることが期待される。

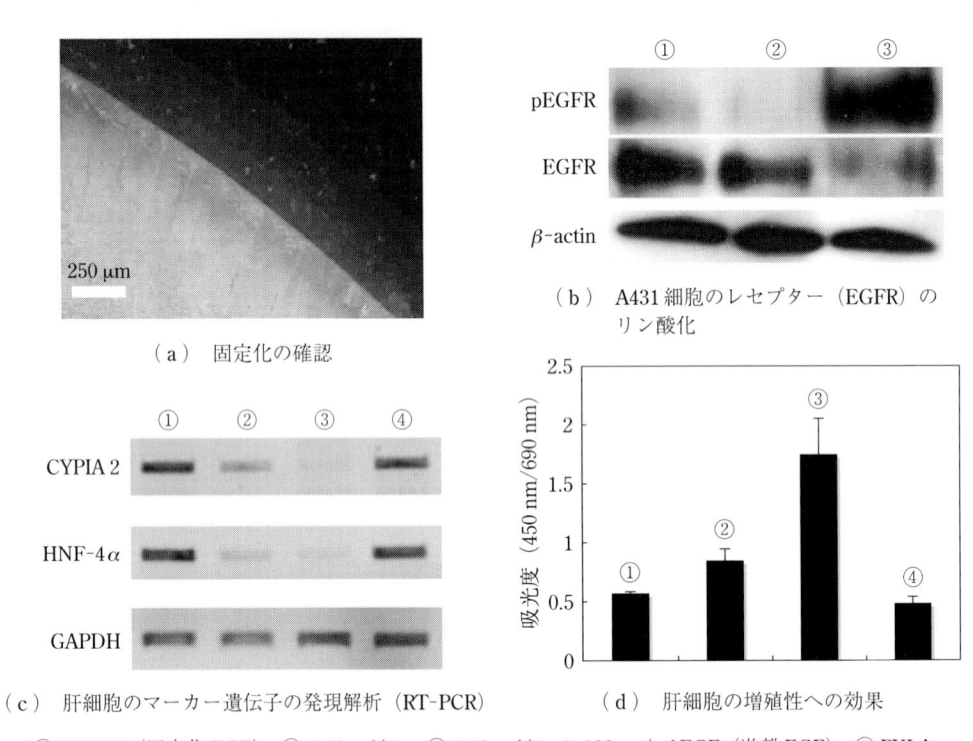

（a）固定化の確認

（b）A431 細胞のレセプター（EGFR）のリン酸化

（c）肝細胞のマーカー遺伝子の発現解析（RT-PCR）

（d）肝細胞の増殖性への効果

① HEGFP（固定化 EGF），②コラーゲン，③コラーゲン + 100 ng/ml EGF（遊離 EGF），④ PVLA

図 5.13　共有結合型 EGF（HEGFP）の開発

これらのタンパク質は遺伝子工学的に作製しているため，部位特異的な変異導入や他のタンパク質との融合タンパク質としての作製も可能であるためさまざまな応用性があり，細胞認識性マトリックスの再生医療への応用も期待できる。

5.4　おわりに

幹細胞をはじめ多くの細胞は，足場となる細胞外マトリックスとの接着，細胞どうしの相

互作用，細胞周辺に存在するさまざまな液性因子からの刺激に応答して，特異的な機能発現や，細胞の性質を変化させている．しかしながら，そのようなシグナル経路の詳細や複数のシグナルどうしのクロストークに関してはまだ未解明な部分が数多く残されており，これまで推測されている機能・機構のほかにも未知な機構の存在が示唆されている．個々の分子自身の機能を知ることで初めて見えてくる現象もあり，そのような個々の分子の機能から全体を構築することが，本来の機能を解明するうえで重要な意味を持つと考えられる．細胞間相互作用のように，つねに多種類の分子がシグナルを伝えている場合，目的の分子のみの機能を純粋に解析することは非常に困難なうえ，目的の分子のみの分子認識を利用してシグナルを解析する方法はほとんど報告されていない．そのため，細胞間接着分子の固定表面を用いることで初めて ES 細胞の新たな側面を見いだすことができたのは事実であり，従来のどのような手法でも今回の報告のような現象を発見することはできていなかった．そのため，目的の分子を細胞が接着しうる接着マトリックスとして利用することでさらに新しい知見を得ることが期待される．遺伝子工学を応用する利点は，細胞接着分子だけではなく，増殖因子などの直接には細胞接着にはかかわらない分子を固定化し，接着マトリックスとして応用できる点にあり，さらに数種類のシグナルを組み合わせることも実現することが可能となる．さらに，作製したモデルタンパク質はすべて同様な手法により固定化が可能であるので，固定化する割合を制御することが容易であり，またマイクロパターニング技術を用いることで，より精密なシグナル伝達の制御へも応用の可能性が広がる．また，遺伝子工学的な手法を用いて作製しているため変異の導入も容易であり，天然のタンパク質に新たな機能を付加してより性能の良いシグナル分子の創成や，プロテアーゼ切断部位の導入により刺激を与える時間を制御するなど，さまざまなアプローチによる応用展開が期待される．

このように，さまざまな機能性リガンドを，細胞の分子認識を制御しうる接着マトリックスとして設計・創成することで，細胞機能を解析する基礎的な研究から，将来的には再生医療を目的とした応用的な研究まで，多岐にわたる分野への貢献が期待される．

謝辞　ES 細胞の研究成果は，慶應義塾大学医学部 再生医学教室 教授 福田恵一先生，第一アスビオファーマ株式会社 生物医学研究所 主任研究員 小清水右一博士との共同研究により行われたものである．また，キメラマウスの作製は，大阪大学 遺伝情報実験センター 遺伝子機能解析分野 教授 岡本勝先生のもとで行われたものである．ここに深謝します．

引用・参考文献

1) Evans, M. J. and Kaufman, M. H. : Establishment in culture of pluripotential cells from mouse embryos, Nature, **292**, pp.154-156（1981）
2) Martin, G. R. : Isolation of a pluripotent cell line from early mouse embryos cultured in medium conditioned by teratocarcinoma stem cells, Proc. Natl. Acad. Sci. USA, **78**, pp.7634-7638（1981）
3) Thomson, J. A., Itskovitz-Eldor, J., Shapiro, S. S. et al. : Embryonic stem cell lines derived from human blastocysts, Science, **282**, pp.1145-1147（1998）
4) Prudhomme, W., Daley, G. Q., Zandstra, P. et al. : Multivariate proteomic analysis of murine embryonic stem cell self-renewal versus differentiation signaling, Proc. Natl. Acad. Sci. USA, **101**, pp.2900-2905（2004）
5) Philp, D., Chen, S. S., Fitzgerald, W. et al. : Complex extracellular matrices promote tissue-specific stem cell differentiation, Stem Cells, **23**, pp.288-296（2005）
6) Battista, S., Guarnieri, D., Borselli, C. et al. : The effect of matrix composition of 3 D constructs on embryonic stem cell differentiation, Biomaterials, **26**, pp.6194-207（2005）
7) Teratani, T., Yamamoto, H., Aoyagi, K. et al. : Direct hepatic fate specification from mouse embryonic stem cells, Hepatology, **41**, pp.836-846（2005）
8) Andressen, C., Adrian, S., Fassler, R. et al. : The contribution of beta 1 integrins to neuronal migration and differentiation depends on extracellular matrix molecules, Eur. J. Cell Biol., **84**, pp.973-982（2005）
9) Pasquale, E. B. : Eph receptor signalling casts a wide net on cell behaviour, Nat. Rev. Mol. Cell Biol., **6**, pp.462-475（2005）
10) Bray, S. J. : Notch signalling : a simple pathway becomes complex, Nat. Rev. Mol. Cell Biol., **7**. pp.678-689（2006）
11) Iwamoto, R. and Mekada, E. : ErbB and HB-EGF signaling in heart development and function, Cell Struct. Funct., **3**, pp.11-14（2006）
12) Shimizu, T., Yamato, M., Kikuchi, A. and Okano, T. : Cell sheet engineering for myocardial tissue reconstruction, Biomaterials, **24**, pp.2309-2316（2003）
13) Ito, Y., Hasuda, H., Yamauchi, T. et al. : Immobilization of erythropoietin to culture erythropoietin-dependent human leukemia cell line, Biomaterials, **25**, pp.2293-2298（2004）
14) Flaim, C. J., Chien, S. and Bhatia, S. N. : An extracellular matrix microarray for probing cellular differentiation, Nat. Methods, **2**, pp.119-125（2005）
15) Albrecht, D. R., Underhill, G. H. et al. : Probing the role of multicellular organization in three-dimensional microenvironments., Nat. Methods. **3**, pp.369-375（2006）
16) Nakajima, M., Ishimuro, T., Kato, K. et al. : Combinatorial protein display for the cell-based screening of biomaterials that direct neural stem cell differentiation, Biomaterials, **28**, pp.1048-1060（2007）
17) Kobayashi, K., Kobayashi, A. and Akaike, T. : Culturing hepatocytes on lactose-carrying

polystyrene layer via asialoglycoprotein receptor-mediated interactions, Methods Enzymol., **247**, pp.409-418 (1994)
18) Kobayashi, A., Goto, M., Sekine, T. et al. : Regulation of differentiation and proliferation of rat hepatocytes by lactose-carrying polystyrene, Art. Org., **16**, pp.564-567 (1992)
19) Ise, H., Sugihara, N., Negishi, N. et al. : Low asialoglycoprotein receptor expression as markers for highly proliferative potential hepatocytes, Biochem. Biophys. Res. Commun., **285**, pp.172-182 (2001)
20) Nagaoka, M., Koshimizu, U., Yuasa, S. et al. : E-cadherin-coated plates maintain pluripotent ES cells without colony formation, PLoS ONE, **1**, 1, e15 (2006)
21) Beckstead, B. L., Santosa, D. M. and Giachelli, C. M. : Mimicking cell-cell interactions at the biomaterial-cell interface for control of stem cell differentiation, J. Biomed. Mater. Res A., **79**, pp.94-103 (2006)
22) Ichinose, J., Morimatsu, M., Yanagida, T. and Sako, Y. : Covalent immobilization of epidermal growth factor molecules for single-molecule imaging analysis of intracellular signaling, Biomaterials, **27**, pp.3343-3350 (2006)
23) Ogiwara, K., Nagaoka, M., Cho, C. S. and Akaike, T. : Effect of photo-immobilization of epidermal growth factor on the cellular behaviors, Biochem. Biophys. Res. Commun., **345**, pp.255-259 (2006)

6 高分子界面設計と細胞・組織（スフェロイド）エンジニアリング

6.1 細胞工学用材料と高分子

　何年もの間，細胞外マトリックス（ECM）は組織の構造を支えているにすぎないと考えられていたが，ECM 分子が細胞に及ぼす効果に関して詳細に研究された結果，ECM と細胞骨格，核物質との間の"機能的相互作用"モデルを，1982 年に Bissell らが提唱した[1]。このモデルにおいて ECM 分子は細胞表層のレセプターと相互作用し，その後シグナルは細胞膜を横切って細胞質内の分子に伝えられる。そして，細胞骨格を通じて起こる一連のカスケードを経て核へと到達する。その結果，さまざまな方法で ECM に効果を及ぼす特異的な遺伝子の発現が誘導される[2),3)]。細胞と ECM の相互作用は，成長因子やサイトカインによる調節，あるいは細胞内シグナルの活性化と同様に，細胞接着，遊走，増殖，分化，アポトーシスに関与しているのである。

　近年，バイオテクノロジー分野で研究の急速な進展に伴い，細胞培養・細胞工学は細胞-ECM 相互作用などの研究手段として重要な役割を果たすようになった。各種細胞を分離・精製したり，増殖・分化誘導などの培養操作の対象にしたり，あるいは修飾・改質・融合させたりするうえで，工学的技術は最近特に有用性を増している。とりわけ，高分子材料の貢献は大きく，細胞に対するさまざまなはたらきかけを可能にしている。本章では細胞工学技術において役割を果たす高分子材料について述べ，組織工学との関連についてまとめる。

6.2 細胞培養と基質材料表面

　工学的に生体組織を作り出すための新しい戦略（組織工学）において，合成および天然由来の高分子は重要な要素となる。これまでに，いくつかの高分子が生医学的応用において，有用であることが実験的に立証され，その応用例も示されている（表 6.1）。
　これらの高分子材料は組織工学的応用にも適切な材料となることが期待できる。しかし，材料を体内に埋め込んだあとに見られる細胞応答が重要であるこの分野では，生体内で簡単

表6.1 組織工学で有用となる得る高分子材料

ポリマー	応用例
ポリジメチルシロキサン, シリコーンエラストマー (PDMS)	胸部, 陰茎, および睾丸の置換物 カテーテル, 薬物送達デバイス 心臓弁, 水頭症用シャント 膜型酸素供給器
ポリウレタン (PEUs)	人工心肺支援装置, カテーテル ペースメーカーのリード線
ポリテトラフルオロエチレン (PTFE)	心臓弁, 血管, 顔面の補綴物 水頭症用シャント, 膜型酸素供給器 カテーテル, 縫合糸
ポリエチレン (PE)	股関節置換物, カテーテル
ポリスルホン (PSu)	心臓弁, 陰茎置換物
ポリメチルメタクリレート (pMMA)	骨折補綴物, 眼内レンズ, 義歯
ポリ2-ヒドロキシエチルメタクリレート (pHEMA)	コンタクトレンズ, カテーテル
ポリアクリロニトリル (PAN)	透析膜
ポリアミド	透析膜, 縫合糸
ポリプロピレン (PP)	プラズマフェレシス膜, 縫合糸
ポリ塩化ビニル (PVC)	プラズマフェレシス膜, 血液バッグ
エチレン-酢酸ビニル共重合体	薬物送達デバイス
ポリL-乳酸, ポリグリコール酸 乳酸-グリコール酸共重合体 (PLA, PGA, PLGA)	薬物送達デバイス, 縫合糸
ポリスチレン (PS)	組織培養シャーレ
ポリビニルピロリドン (PVP)	血液置換物

医療用デバイスとして過去に使用された例をもとにしてリストに入れた。
〔Peppas and Langer (1994) and Marchant and Wang (1994) より〕

に得ることができない培養環境の制御や定量的特性の知見が基礎的データとして必要不可欠である。細胞と材料の相互作用はふつう，培養細胞を高分子表面に播種して，表面への細胞の接着性・伸展性や凝集性の度合いを見るなど，細胞培養技術が中心である。細胞と材料との間には，いろいろな種類の相互作用が考えられるが，それらは非特異的相互作用と特異的相互作用の二つに大別できる。前者は静電的相互作用，水素結合や疎水結合あるいは表面微細構造や表面自由エネルギーなどに基づく物理化学的相互作用である。後者はECMの細胞接着分子や細胞接着レセプターを介した生物学的相互作用である。

6.3 汎用培養容器

動物細胞，特に接着依存性細胞の培養容器には，シャーレやフラスコがあるが，現在，プラスチック製容器が一般的によく使用されている。これはポリスチレン素材で，放電処理により親水性が付与されている。また，正電荷の表面処理を施したプラスチック容器も市販され，初代培養や継代の困難な細胞の培養に使用されている。さらに，大量高密度培養のためのポリスチレンマイクロキャリアビーズも使用されている。

6.4 合成高分子

これまで細胞-合成高分子間相互作用に関して，数多くのグループが基質の化学的あるいは物理的特性と接着細胞の挙動あるいは機能との間に相関性があるかどうかについて研究を行ってきた。図 6.1 は種々の高分子材料の水濡れ性（水の接触角）とマウス線維芽細胞（L細胞）の接着性の関係を調べたものである[4]。いくつかの例外はあるものの，細胞接着は，極端な親水性あるいは疎水性表面では減少し，中間の濡れ性（接触角が約 70° 付近）を有する表面で最大となることがわかった。ほとんどの表面において，接着には血清の存在が必要であり，この結果はおそらくフィブロネクチンのような血清タンパク質の表面への吸着能力と関係があると考えられる。実際，タンパク質の吸着についても同様の結果が得られている。

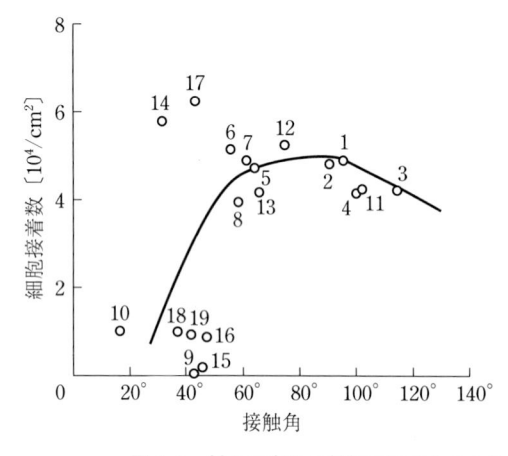

1. ポリエチレン 2. ポリプロピレン 3. ポリテトラフルオロエチレン 4. テトラフルオロエチレン-ヘキサフルオロプロピレン共重合体 5. ポリエチレンテレフタレート 6. ポリメチルメタクリレート 7. ナイロン-6 8. ビニルアルコール-エチレン共重合体 9. ポリビニルアルコール 10. セルロース 11. シリコーン 12. ポリスチレン 13. 市販培養皿 14. ガラス 15. ポリアクリルアミドグラフト化ポリエチレン 16. ポリアクリル酸グラフト化ポリエチレン 17. フィブロネクチングラフト化ポリエチレン 18. コラーゲングラフト化ポリエチレン 19. BSA グラフト化ポリエチレン

図 6.1 種々の高分子材料に対する水の接触角と線維芽細胞（L 細胞）の接着

一方，高分子は表面改質によって，細胞の接着や増殖にとってより適合した表面にすることができる。実際，組織培養用ポリスチレン基板表面にグロー放電や硫酸処理を行うことにより，表面荷電基を増やすと，多くの細胞では接着性や増殖性が改善される。また，高分子表面の特定の官能基が接着細胞の挙動を左右する重要な因子であることが明らかとなった。例えば，ヒドロゲルの表面でマクロファージが多核性巨細胞となる度合いが，表面の特定官能基の存在と関係していることがわかっている。マクロファージの融合は

$$(CH_3)_2N- > -OH = -CO-NH- > -SO_3H > -COOH(-COONa)$$

の順に減少する[5),6)]。同じような傾向が官能基を導入した表面上への CHO 細胞の接着と増殖でも見られ，この場合は

$$-CH_2NH_2 > -CH_2OH > -CONH_2 > -COOH$$

の順に CHO 細胞の接着と増殖が減少する[7]。高分子表面で培養した細胞の接着，伸展およ

び増殖の程度を予測するような一般的原理はこれまでに明らかとなってはいない。しかし，限定された細胞に対しては表面のヒドロキシ基密度[8]，表面のスルホン酸基密度[9]，表面自由エネルギー[10]，フィブロネクチンの吸着[11]，平行吸水量[12]のようなパラメータと興味深い相関が見いだされている。

6.5 生分解性高分子

　生体内，とりわけ人体の組織中で分解を受け（生体分解性），かつ分解生成物が代謝・排泄される（生体吸収性）高分子材料を生体分解吸収性高分子，あるいは単に生体吸収性高分子と呼び，分解はされるが分解物が長期間にわたって体内に残留するような高分子，生体分解性高分子とは区別している。

　さまざまな生分解性高分子に関して，細胞接着と機能，分解性の観点から研究が行われてきた。生分解性高分子は体内に封入されたあと，機能のある組織が再生するのに伴って，高分子自身が消滅してしまうという特徴を有する[13]。この性質は組織工学的応用に重要である。生体吸収性材料としては酵素分解型および自然分解型生体吸収性高分子に大別される。前者には，ペプチドや多糖類などの生体高分子もしくはその誘導体が多く含まれる。もともと生体によって合成される高分子に対しては，生体自身が分解酵素や代謝系を用意しており，生体高分子の大半は酵素分解型吸収性を示すと考えてよい。例外はケラチン，フィブロインなどの硬タンパクや高結晶性のセルロース類であり，人体がこれらに対する分解酵素を持たない類である。それに対して，自然分解型生体吸収性高分子の代表例は（表6.2），脂肪族のポリエステル，ポリカーボネートなどの合成高分子である。いずれも水と接触すると徐々に加水分解されて，毒性の低い低分子化合物もしくはオリゴマーとなる。生体内においても体液によってほぼ同じ機構で非特異的加水分解を受けるので，生体部位による分解性の違いはほとんどみられない。生体に放出された分解物はその場，もしくは血液や体液によって適当な代謝系を備えた器官に運ばれたあと代謝・排泄される。

　特に，ポリL-乳酸，ポリグリコール酸，および乳酸-グリコール酸共重合体といった単独重合体と共重合体（PLA，PGA，PLGA）は，生分解・吸収を志向した細胞培養基材として多くの研究がなされてきた。軟骨細胞は増殖してPGAの多孔質性メッシュやPLAの発泡体の中でグリコサミノグリカンを分泌する[14]。ラットの肝細胞は生分解性のPLGAポリマーの混合物に付着して，培地中に5日にわたってアルブミンを分泌するようになった。また，生体吸収性高分子のこのような組織再生用足場として以外の用途としては，縫合材料，止血材料，骨折固定材，癒着防止剤，人工腱，人工靱帯，人工血管，人工皮膚，DDS用材料などが挙げられる。

表6.2 自然分解型生体吸収性高分子

種類・構造	例	分解・代謝生成物
ポリエステル 　ポリ（α-ヒドロキシ酸） 　$-(\text{O}-\text{CH}-\overset{\overset{\text{O}}{\|\|}}{\text{C}})_n-$　　　$\|$　　　R	ポリグリコール酸（R=H） ポリ乳酸（R=Me） グリコール酸-乳酸共重合体（ポリグラクチン） リンゴ酸（R=CH$_2$COOH）共重合体 ラクチド-カプロラクトン共重合体	グリコール酸 乳酸 リンゴ酸
ポリ（ω-ヒドロキシカルボン酸） 　$-(\text{O}-(\text{CH}_2)_x-\overset{\overset{\text{O}}{\|\|}}{\text{C}})_n-$	ポリ-ε-カプロラクトン（$x=5$）	ε-ヒドロキシカプリン酸
$-(\text{O}-\text{CHCH}_2-\overset{\overset{\text{O}}{\|\|}}{\text{C}})_n-$　　　　$\|$　　　　R	ポリ-β-ヒドロキシカルボン酸（R=Me, Et）[*1,*2]	β-ヒドロキシ酪酸
ポリ（エステル-エーテル） 　$-(\text{O}-\text{CH}_2\text{CH}_2-\text{O}-(\text{CH}_2)_x\overset{\overset{\text{O}}{\|\|}}{\text{C}})_n-$	ポリジオキサノーン（$x=1$） ポリ-1,4-ジオキセパン-7-オン（$x=2$）	2-ヒドロキシエチルカルボキシメチルエーテル
ポリ（エステル-カーボネート） 　$-((\text{OCH}_2\overset{\overset{\text{O}}{\|\|}}{\text{C}})_x-(\text{OCH}_2\text{CH}_2\text{CH}_2\text{O}\overset{\overset{\text{O}}{\|\|}}{\text{C}}))_n-$	グリコリド-トリメチレンカーボネート共重合体	グリコール酸 トリメチレングリコール
ポリ酸無水物 　$-(\overset{\overset{\text{O}}{\|\|}}{\text{C}}-(\text{CH}_2)_x-\overset{\overset{\text{O}}{\|\|}}{\text{C}}-\text{O})_n-$	ポリセバシン酸無水物（$x=6$）	セバシン酸
$-(\overset{\overset{\text{O}}{\|\|}}{\text{C}}-\text{C}_6\text{H}_4-\text{O}-(\text{CH}_2)_x-\overset{\overset{\text{O}}{\|\|}}{\text{C}}-\text{O})_n-$	ポリ-ω-（カルボキシフェノキシ）アルキルカルボン酸無水物	
ポリオルトエステル 　Et-(O,O-spiro)-Et-$\text{O}-(\text{CH}_2)_x-\text{O})_n$		多価アルコール
ポリカーボネート 　$-(\text{O}-(\text{CH}_2)_x-\text{O}-\overset{\overset{\text{O}}{\|\|}}{\text{C}})_n-$	ポリ-1,3-ジオキサン-2-オン（$x=3$）	トリメチレングリコール
ポリ（アミド-エステル） 　$-((\text{NHCHC})_x-(\text{OCHC}))_n-$　　　　$\|\ \ \ \ \ \ \ \ \ \ \ \ \|$　　　　$\text{R}\ \ \ \ \ \ \ \ \ \ \ \text{R}'$	ポリデプシペプチド（R=R'=Me, $x=1$）[*2]	アミノ酸，ヒドロキシ酸
ポリシアノアクリル酸エステル 　　　　CN 　　　　$\|$ 　$-(\text{CH}_2-\text{C})_n-$ 　　　　$\|$ 　　　COOR	ポリ-α-シアノアクリル酸エチル（R=Et）	ホルマリン シアノ酢酸エチル
無機高分子 　　　R 　　　$\|$ 　$-(\text{P}=\text{N})_n-$ 　　　$\|$ 　　　R	ポリホスファゼン（R=imidazoyl, p-cresyl）	リン酸，アンモニア，その他
Ca$_{10}$(PO$_4$)$_6$(OH)$_2$	ヒドロキシアパタイト	リン酸，カルシウム

*1 微生物の産生するポリエステルであり酵素分解型に分類される場合もある。
*2 エステラーゼやペプチダーゼによって分解が加速される。

6.6 分子中に官能基を有するハイブリッド型高分子

表面改質技術は細胞接着用の高分子を創出するために多くの研究者によって利用されている技術である[15]。高分子モノマー溶液にタンパク質を添加して重合を開始させることによって[16]，あるいはpHEMA（ポリメタクリル酸ヒドロキシエチル）のような重合した高分子とタンパク質を混合することによって[17] コラーゲンや他のECM分子をヒドロゲル中に封入することができる。この結果，組織中で見られるECMに非常によく似た基質の上で細胞を培養することができるようになる。さらにECM分子を合成高分子でモデル化することに成功すれば，大量生産と品質管理の容易な人工的素材とのハイブリッド化により，例えば高機能レベルの肝臓モデルと治療システム（人工肝臓）を作成し，生命工学のさまざまな分野に応用することが可能である。

ECM分子のある特徴を単離した機能性基，つまりECM分子の生物的活性をもつ基として，オリゴペプチド[18]・糖類[19]・糖脂質[20] が挙げられる。例えば，フィブロネクチンの細胞結合ドメインはトリペプチドRGD（アルギニン-グアニン-アスパラギン酸）を含んでいるように，ある短いアミノ酸配列は細胞表面のレセプターに結合して細胞接着を介在するので，細胞はRGD配列を含むオリゴペプチドを吸着させた表面に接着する。そして，多くのECMタンパク質（フィブロネクチン，コラーゲン，ビトロネクチン，トロンボスポンジン，テネイシン，ラミニン，エンタクチン）はRGD配列を含んでいる。ラミニン中にあるYIGSRやIKVAVの配列も細胞接着活性をもっており，特定の細胞接着を誘導可能である（表6.3）。

RGD配列を含む合成ペプチドが種々の合成高分子基材［：ポリテトラフルオロエチレン（PTFE），ポリエチレンテレフタレート，ポリアクリルアミド，ポリウレタン（PEU），ポリカーボネートウレタン，ポリエチレングリコール（PEG），ポリビニルアルコール（PVA），ポリ乳酸（PLA），ポリ（N-イソプロピルアクリルアミド-N-n-ブチルアクリルアミド）共重合体］に固定化され，細胞の接着・伸展・増殖が制御されるようになった。さらに，細胞はある特定のECMだけを認識する細胞接着レセプターをもっているので，目的の細胞接着性の配列を用いることによって，細胞選択的な表面をも作成可能である。

一般に，細胞とECM間の相互作用は細胞表面の糖タンパク質とプロテオグリカンのレセプターによって調節されている。これらはECM中に結合しているタンパク質と特異的に相互作用する。そして，細胞表面に提示されている糖タンパク質の接着レセプターは四つに分類することができる。そのうちの三つはおもに細胞間の接着に関与しており，あとの一つは異種の細胞間および細胞とECMとの接着に関係するものである。前者はカドヘリン，セレ

表6.3 代表的な細胞外マトリックスタンパク質の細胞結合ドメインのシーケンス

タンパク質	シーケンス*	役割
フィブロネクチン	RGDS	$\alpha_5\beta_1$ を介してほとんどの細胞の接着
	LDV	接着
	REDV	接着
ビトロネクチン	RGDV	$\alpha v\beta_3$ を介してほとんどの細胞の接着
ラミニンA	LRGDN	接着
	SIKVAV	神経突起の伸長
ラミニンB1	YIGSR	67 kDa のラミニンレセプターを介して多くの細胞の接着
	PDSGR	接着
ラミニンB2	RNIAEIIKDI	神経突起の伸長
I型コラーゲン	RGDT	ほとんどの細胞の接着
	DGEA	血小板および他の細胞の接着
トロンボスポンジン	RGD	ほとんどの細胞の接着
	VTXG	血小板の接着

*アミノ酸の1文字表記：Aアラニン，Cシステイン，Dアスパラギン酸，Eグルタミン酸，Fフェニルアラニン，Gグリシン，Hヒスチジン，Iイソロイシン，Kリジン，Mメチオニン，Nアスパラギン，Pプロリン，Qグルタミン，Rアルギニン，Sセリン，Tスレオニン，Vバリン，Wトリプトファン，Yチロシン

〔Hubbell (1995), after Yamada and Kleinman (1992) より〕

クチンファミリー，免疫グロブリンファミリーであり，後者はインテグリンファミリーである。インテグリンは二量体タンパク質であり，αとβのサブユニットが非共有結合で会合して活性のある二量体を形成している。αとβのサブユニットにも多くの種類があり，少なくとも15種類のαサブユニットと8種類のβサブユニットが会合して21種類の$\alpha\beta$サブユニットが存在する。インテグリンを一覧表にまとめると表6.4のようになる。β_1，β_2，およびβ_3のサブクラスは最も一般的なインテグリンであり，最も重要なものである。β_2インテグリンはおもに細胞間の認識に関係している。例えば$\alpha_L\beta_2$は二つの細胞間接着分子(ICAM-1，ICAM-2)に結合し，これらはともに接着レセプターである免疫グロブリンのメンバーに属している。対照的にβ_1とβ_3インテグリンはおもに細胞とECMとの相互作用に関係している。細胞側に立ってみると，通常，単一の細胞が複数のインテグリンを発現しており，β_1とβ_3インテグリンは表6.4に示したようなECMに存在する数多くのタンパク質と結合する。これらのタンパク質にはコラーゲン，フィブロネクチン，ビトロネクチン，フォンウィレブランド因子，およびラミニンがある。

一方，血清タンパク質の表面吸着がペプチドを固定した高分子表面の細胞接着特異性を弱めることがわかっている[21]。そこで，血清タンパク質の吸着を抑制する表面を作成するため，ポリエチレングリコールに富んだ表面がよく利用される。筆者らは，合成高分子による特異的な人工シグナルの送信によって細胞を刺激するという概念に立脚し，組織構築を促進させる手法について生分解性のポリラクチド(PLA)表面をモデルに系統的検討を進めた。

表6.4 インテグリンの一覧表

ヘテロ二量体構成	他名称	結合リガンド	リガンド中の認識部位（アミノ酸1文字表記）	存在する組織・細胞
$\alpha_1\beta_1$	VLA-1	Coll, Lm	?	広範囲
$\alpha_2\beta_1$	VLA-2, GPIaIIa	Coll, Lm	DGEA	広範囲
$\alpha_3\beta_1$	VLA-3	Coll, Lm, FN, エピリグリン	RGD?	広範囲
$\alpha_4\beta_1$	VLA-4	FN, VCAM-1	EILDV	白血球，がん細胞など
$\alpha_5\beta_1$	VLA-5, GPIcIIa, FNR	FN	RGD	広範囲
$\alpha_6\beta_1$	VLA-6, GPIcIIa	Lm	?	広範囲
$\alpha_7\beta_1$		Lm	?	筋肉，メラノーマ
$\alpha_8\beta_1$		?	?	脳，上皮，内皮
$\alpha_9\beta_1$		?		
$\alpha_V\beta_1$		VN, FN（?）	RGD	線維芽細胞，がん細胞
$\alpha_L\beta_2$	LFA-1	ICAM-1, ICAM-2	?	白血球
$\alpha_M\beta_2$	Mac-1, Mo-1, CR-3	ICAM-1, iC3b, Fbg, FX	?	顆粒球，単球，リンパ球
$\alpha_X\beta_2$	p150/95	Fbg, iC3b	GPRP	顆粒球，単球
$\alpha_V\beta_3$	VNR	VN, Fbg, vWF, FN, TSPなど	RGD	広範囲
$\alpha_{IIb}\beta_3$	GPIIb/IIIa	Fbg, FN, vWF	RGD, KQAGDV	血小板
$\alpha_6\beta_4$		Lm（?）	?	上皮，神経など
$\alpha_V\beta_5$		VN	RGD	広範囲
$\alpha_V\beta_6$		FN	RGD	上皮，がん細胞
$\alpha_4\beta_7$	LPAM-1	FN, VCAM-1	EILDV	活性型白血球
$\alpha_{HML}\beta_7$		?	?	上皮内リンパ球
$\alpha_V\beta_8$		?	?	胎盤，腎，脳，卵巣，子宮

Coll：コラーゲン，Lm：ラミニン，FN：フィブロネクチン，VN：ビトロネクチン，iC3b：不活性型C3b，Fbg：フィブリノーゲン，FX：血液中X因子，vWF：フォンブルブラント因子，TSP：トロンボスポンジン

そのために，生体分子のバックグラウンドノイズ（非特異的相互作用）を極力排除した表面上に，糖鎖・アミノ酸シーケンスなどを固定化することによって精度の高い特異的シグナルを細胞に送信することを考えた。一般に，親水性でかつ柔軟な骨格を有するポリエチレングリコール（PEG）を用いる表面修飾は，タンパク質・細胞などの生体成分と材料表面の接触する界面に生じる現象，つまり非特異的作用による効率低下に対する解決策として非常に有力である。PEGは生体に対して不活性であるため，PEG化薬剤や抗血栓性表面などさまざまな生体用材料として用いられる。親水性のPEGを一セグメントに，生分解性かつ疎水性のPLAをもう一方のセグメントに有するA-B型ブロック共重合体は，自己会合能に基づく界面ブラシ層の形成など，特徴的な分子配列構造を与える（**図6.2**）。このとき，溶液側に配置される鎖の自由末端に官能基を導入することによって，タンパク・ペプチド・糖鎖・細胞接着因子などのリガンドの固定化や表面荷電の制御を容易に行うことが可能である。外殻構成鎖としてPEGのような中性で親水性と柔軟性に富む構造を選択すると，この

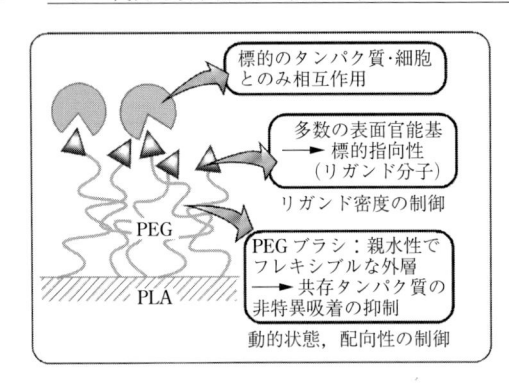

図6.2 機能性PEGブラシ表面を利用した細胞特異性材料

ようなブラシ層に対する生体成分の非特異吸着は効果的に抑制され，かつ，末端官能基を利用して特異的相互作用の発現を効率良く導くなど興味深い物性が引き出される[22)~24)]。

筆者らは，機能性PEGブラシ表面に細胞と特異的に相互作用する生体分子をその量と分布をナノレベルで制御固定化し，この表面によって，肝細胞・内皮細胞などの自己組織構築化が可能であることを示した。例えば，モデルリガンド分子としてラクトースを用い，PEGブラシ表層への官能基導入法の検討を進め，レクチンおよびラット肝細胞による特異認識を効率的に誘導することが可能であった。特に，PEGブラシ層の分子量を変化させ，細胞認識部位としてのラクトース運動性を系統的に制御した結果（図6.3），動的自由度の大きなラクトースリガンドに対しては，ラクトース特異的レクチンであるRCAの結合が著しく高くなることが明らかとなった（図6.4）。なお，マンノース認識レクチンであるConAではこのような傾向は認められないことから，この結合認識がレクチン特異的であることがわかる。ちなみに，ラクトースの代わりにPEG末端にマンノース（Man）を結合させた場合には，PEG鎖長増加に伴う結合量の増大が観測されないことも，このプロセスが

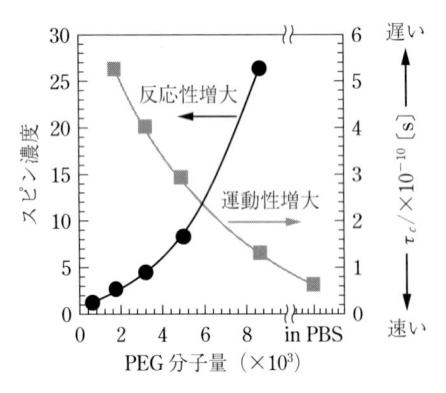

図6.3 PEG分子量の増加に比例してブラシ末端運動性は増加。τ_cはESR測定で得られる回転相関時間を示し，PEG高分子末端の運動性を意味する。したがって，τ_cが小さいほど運動性は大きい。

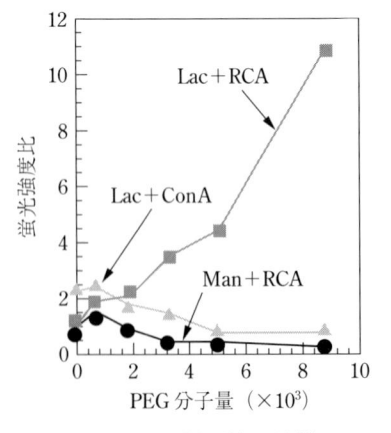

図6.4 PEG運動性増加に比例してレクチン認識力は増大

特異認識であることを支持している。以上のように，生体特異的反応には細胞外環境の動的・時間的因子が重要であることを示した。このように，高分子末端への糖鎖の固定化は細胞の接着と機能に影響を与える。ラットの肝細胞はアシアロ糖タンパク質レセプターを介してPEG鎖末端に固定したラクトースに接着し，培養条件・ラクトース密度に応じて分化状態の高低に呼応する接着形態を示した。

6.7 3次元培養

微小な高分子キャリヤーは接着性細胞の懸濁状態での培養基材となる。懸濁状態で接着性細胞を培養するための粒状キャリヤーとして高分子微粒子を使うことはvan Wezelによって考えられた[25]。ジエチルアミノエチル（DEAE）デキストランの微小なキャリヤーは正電荷を帯びており，初代培養細胞と株化細胞の両方において接着し増殖するための支持体となり得る。また，PSt，ゼラチン，合成あるいは天然由来の高分子から作製された粒子も微小キャリヤーとして利用され，タンパク質・ペプチド・糖質類の固定化による表面改質は細胞の接着と増殖を促す。

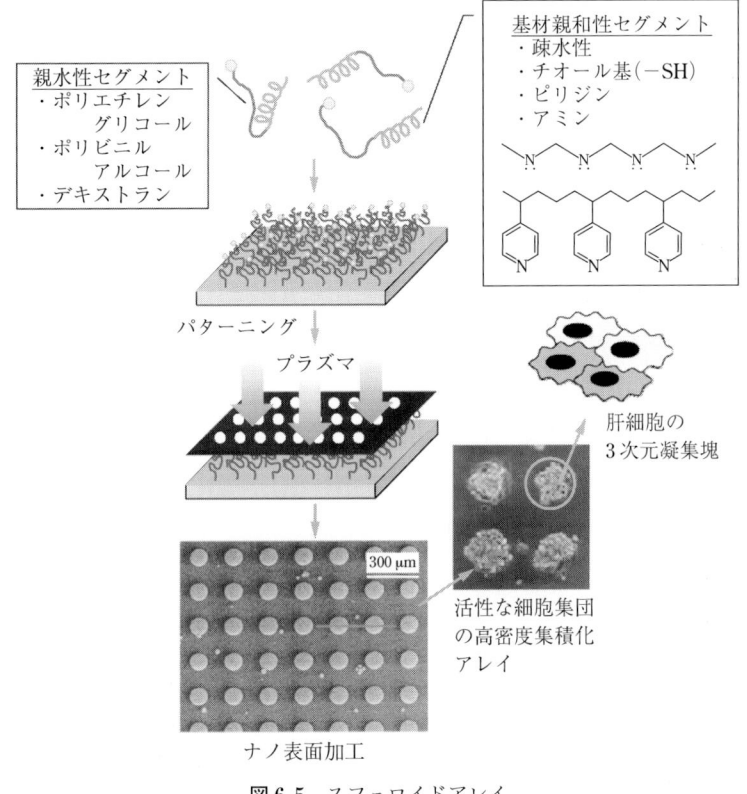

図6.5 スフェロイドアレイ

124   6. 高分子界面設計と細胞・組織（スフェロイド）エンジニアリング

一方，3次元細胞凝集塊は組織の発達に関する研究において重要な手段であり，細胞分化，生存度および遊走，それに続く組織の形成と細胞間の相互作用とを関連づけるものである。細胞の機能や生存性は凝集培養によって増強されるため，細胞凝集塊の作製は組織工学において有用技術であり，細胞からなるハイブリッド人工臓器あるいは再生された組織の移植において機能を増強させるようにはたらく。作成法としては，通常，細胞を穏やかに回転撹拌しながらインキュベーションして凝集を形成させる[26]。細胞凝集を促進させるために，血清あるいは血清タンパク質を培養環境に添加する場合も多い。そのほか，特殊な技術として，固体基質上に形成させた細胞シートを脱離させることによって自然凝集させる方法もある[27]。さらに，PEGブラシ表面にマイクロアレイ加工を施し，スライドガラス上に直径100 μmの人工ミニ肝臓を大きさと位置を制御した形でアレイ状に育成することも可能である（図6.5）[28]。ここで，人工ミニ肝臓とは血管内皮細胞をフィーダー細胞とする二層培養技術を用いることによって，位置制御された形で形成された肝細胞の細胞凝集塊（スフェロイド）である。このミニ肝臓は単層培養系と比較して，肝特異的機能としてのアルブミン産

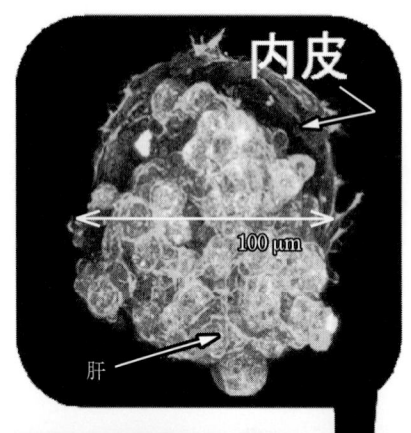

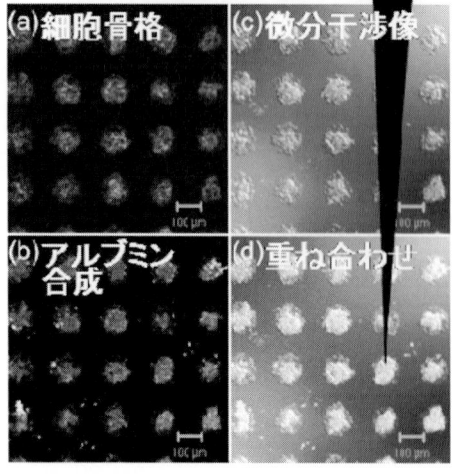

（a） 細胞骨格（F-actin）
（b） アルブミン合成
（c） 微分干渉像
（d） は（a），（b），（c）の重ね合わせ
（a）～（d）の右下のバーは100 μm

図6.6 肝組織（肝スフェロイド）アレイの共焦点レーザー顕微鏡観察

生能（1 か月以上にわたり維持）・P 450 酵素活性のいずれも長期維持できるなど，組織機能的に優れているため，スフェロイド培養系は動物実験代替法としての毒性評価用肝臓モデルに適しているといえる（**図 6.6**）。また，スフェロイド移植療法としての発展も期待され，スフェロイドエンジニアリングという新規分野をも開拓可能となる。

6.8 細胞のパターン化培養を可能とする材料基板

前出スフェロイドアレイのように細胞接着性と非接着性の領域からなる化学的にパターン化された表面は細胞のパターン状接着を可能とする。細胞を培養する環境を制御することは細胞の接着挙動の理解，増殖および機能に対しての基本的な決定因子を探るための有用な技術となる。通常，フォトリソグラフィー・レーザーリソグラフィー・プラズマエッチング・3D プリンティング・イオンインプランテーションなどの手法でパターン化（アレイ化）す

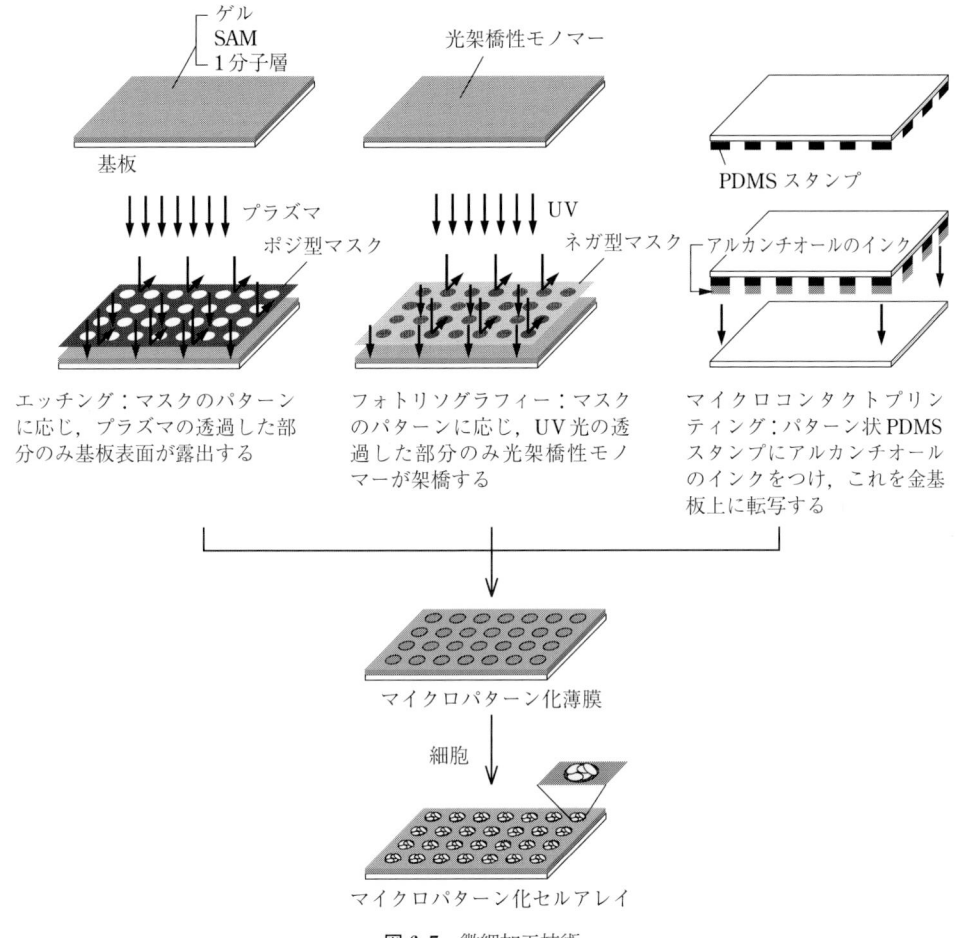

図 6.7 微細加工技術

ると DNA/プロテイン/セルアレイの基板として有用な界面が作製される。半導体業界では，リソグラフィーやエッチングによってシリコン基板に電子回路を書き込んでいるが，アレイの基板製作でもこの半導体加工技術が援用されている。PDMS (polydimethylsiloxane) スタンプを利用したパターニングはその研究応用が数多く見られる（図6.7）。そのアレイの応用は病態発現メカニズム解明と合理的な創薬・腫瘍マーカー・治療法・予防法の開発，環境・食品検査など幅広い分野で用いられることが期待されている（図6.8）。特に，今後の進展に期待が大きいセルアレイについて述べる。細胞接着性と非接着性の領域からなる化学的にパターン化された表面は細胞のパターン状接着を可能とする。細胞を培養する環境を制御することは，細胞の挙動の理解や細胞機能を工学的に応用する際にきわめて重要である。

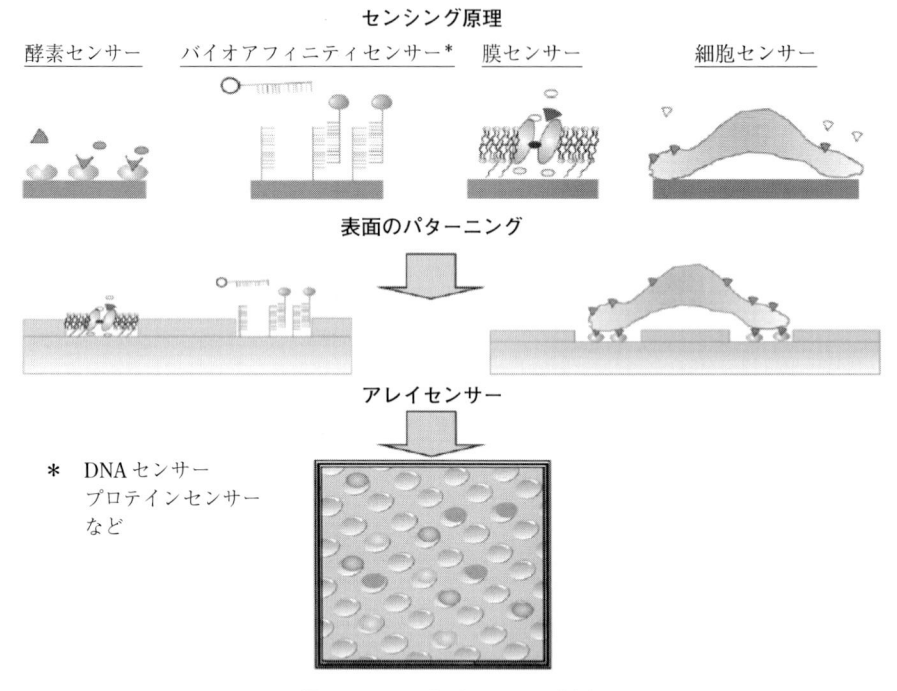

図6.8 さまざまなアレイの概略

タンパク質や細胞のパターニングを行った研究の多くは，金表面へのアルカンチオール化合物の自己集合化単分子膜（SAMs）に関するものである[29),30)]。SAMs は金や銀のフィルム表面に吸着するアルカンチオールの誘導体をうまくデザインして用いている。SAMs は作製が簡便であり，かつ水溶液との界面に一連の化学的機能を提示することができるため，細胞接着に関する研究のモデル表面として特に有用なものとなっている（図6.9）。

さらに，マイクロコンタクトプリンティング（μCP）のような簡単な方法によって，

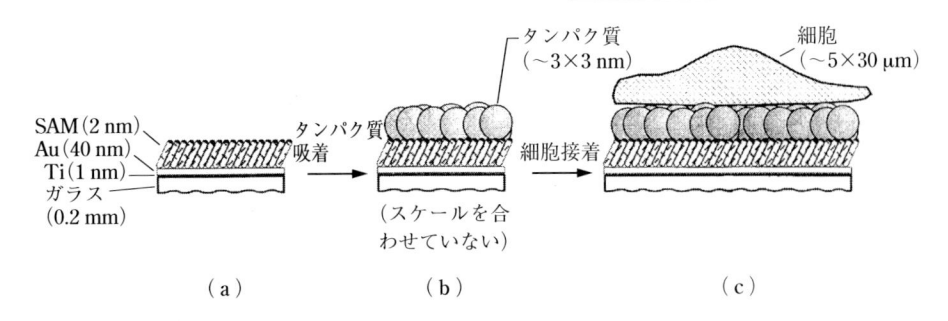

```
                    ┌─ タンパク質      細胞
                    │  (~3×3 nm)     (~5×30 μm)
SAM(2 nm)   タンパク質
Au(40 nm)    吸着            細胞接着
Ti(1 nm)
ガラス
(0.2 mm)
   (a)              (b)              (c)
```

SAMとタンパク質の構成成分はおよそのスケールで表されている。
また，細胞はサイズが縮小されて示されている。

図 6.9 自己集合化単分子膜（SAM）へのタンパク質吸着と細胞接着のモデル図

SAMsは500 nm以下のサイズまでのパターンを作り出すことが可能である。このパターン化された表面のアミンに富むパターン上では神経芽細胞腫細胞が接着し，その領域に拘束されたままであった。同様に，肝細胞がこれらの細胞接着性の島表面に接着した際に，より大きな島（10 000 μm^2）は増殖を促進し，また1 600 μm^2の島ではアルブミンの分泌が促進され分化が促進されることが示されている。あるいは，TCPS上への親水性高分子の固定化やPVA上への疎水性高分子の固定化というようにパターンを描画したフォトマスクを用いて，さまざまな基質上に微小な形態および細胞接着のパターンが作られた。ウシ内皮細胞は前者ではTCPS表面に，後者では疎水性の表面に選択的に接着して増殖した[31]。

ここで取り上げたパターニング技術は細胞とその接着環境のパターニングを行うための道具である。このような能力は基礎的な細胞生物学を理解することを助け，細胞や組織を工学的に利用できるように発展させるものである。さらに，生物と非生物の成分を組み合わせたバイオセンサや他のハイブリッドシステムで使用するといった細胞や組織の工学的利用の道を切り開くものと期待されている。

引用・参考文献

1) Bissell, M. J., Hall, H. G. and Parry, G.：J. Theor. Biol. **99**, pp.31-68（1982）
2) Ingber, D.：J. Cell. Biochem., **47**, pp.236-241（1991）
3) Boudreau, N., Myers, C. and Bissell, M. J.：Trends Cell Biol., **5**, pp.1-4（1995）
4) Tamada, Y. and Ikada, Y.：Polymers in Medicine II, Plenum Press, p.101（1986）
5) Smetanna, K.：Biomaterials, **14**, 14, pp.1046-1050（1993）
6) Smetana, K. and Vacik, J. et al.：J. Biomed. Mater. Res., **24**, pp.463-470（1990）
7) Lee, J. H. and Jung, H. W. et al.：Biomaterials, **15**, 9, pp.705-711（1994）
8) Curtis, A. and Forrester, J. et al.：J. Cell Biol., **97**, pp.1500-1506（1983）
9) Kowalczynska, H. M. and Kaminski, J.：J. Cell Sci., **99**, pp.587-593（1991）

10) van der Valk, P. and Pelt, A. et al. : J. Biomed. Mater. Res., **17**, pp.807-817 (1983)
11) Chinn, J. and Horbett, T. : J. Colloid Interface Sci., **127**, pp.67-87 (1989)
12) Lydon, M. and Minett, T. : Biomaterials, **6**, pp.396-402 (1985)
13) Vacanti, J. P. and Morse, M. et al. : J. Pediatr. Surg., **23**, pp.3-9 (1988)
14) Freed, L. E. and Vunjak-Novakovic, G. : J. Cell Biochem., **51**, pp.257-264 (1993)
15) Ikada, Y. : Biomaterials, **15**, 10, pp.725-736 (1994)
16) Tamada, Y. and Ikada, Y. : J. Biomed. Mater. Res., **28**, pp.783-789 (1994)
17) Woerly, S. and Maghami, G. et al. : Brain Res. Bull., **30**, pp.423-432 (1993)
18) Massia, S. P. and Hubbell, J. A. : Anal. Biochem., **187**, pp.292-301 (1989)
19) Schnaar, R. L. and Weigel, P. H. et al. : J. Biol. Chem., **253**, pp.7940-7951 (1978)
20) Blackburn, C. C. and Schnaar, R. L. : J. Biol. Chem., **258**, 2, pp.1180-1188 (1983)
21) Lin, H. and Sun, W. et al. : J. Biomed. Mater. Res., **28**, pp.329-342 (1994)
22) Otsuka, H., Nagasaki, Y. and Kataoka, K. : Adv. Drug. Deliv. Rev., **55**, pp.403-419 (2003)
23) Otsuka, H., Nagasaki, Y. and Kataoka, K. : Current Opinion in Colloid & Interface Science, **6**, pp.3-10 (2001)
24) Otsuka, H., Nagasaki, Y. and Kataoka, K. : Biomacromolecules, **1**, pp.39-48 (2000)
25) van Wezel, A. L. : Anim. Cell Biotechnol., **1**, pp.265-282 (1985)
26) Moscona, A. A. : Exp. Cell Res., **22**, pp.455-475 (1961)
27) Takezawa, T. and Mori, Y. et al. : Exp. Cell Res., **208**, pp.430-441 (1993)
28) Otsuka, H., Nagasaki, Y. and Kataoka, K. et al. : J Photopolym Sci Technol., **14**(1), pp.101-104 (2001)
29) Ostuni, E., Yan, L. and Whitesides, G. M. : Colloids Surf. B : Biointerface, **15**, pp.3-30 (1999)
30) Prime, K. and Whitesides, G. M. : J. Am. Chem. Soc., **115**, pp.10714-10721 (1993)
31) Matsuda, T. and Sugawara, T. : ASAIO J., **38**, pp.M 243-M 247 (1992)

7 細胞マトリックス工学の　　セルプロセッシング工学への応用

7.1　は　じ　め　に

　再生医療は種々の幹細胞やES細胞を培養・増殖させたうえで特定の機能性細胞，さらには一気に臓器・組織までつくりたいという願望に支えられている。生体外（in vitro）に取り出した細胞の増殖や分化の機能を制御する技術の発展は，近年特に急速な勢いで進んできた。現在まで進められてきたin vitro環境培養法は複雑な生体内（in vivo）にある細胞の環境に比べて非常にシンプルであり，細胞培養液中に含まれるサイトカインやホルモンなどの液性因子を厳密にコントロールすることが可能であることから細胞の機能の自在な制御につながると期待される。しかし，培養細胞の周辺環境が生体内環境とかけ離れてしまっているために見落としていたことも多く存在することも同時に明らかになっている。とりわけ近年，個体発生，臓器（組織）形成の分子シナリオが少しずつ解読されていくのに伴い，細胞の足場として，細胞外マトリックス（extracellular matrix：ECM）の果たす役割の重要性が指摘されつつある。受精卵からスタートして必要な時刻に，本来あるべき空間位置に，しかも必要な大きさで臓器・組織を形成させるうえでECMの果たす役割はきわめて大きいと考えられる。しかし，ECMの種類の豊富さや，巨大分子としてのECMの特性を生かしきって臓器・組織固有の形状，物性の精密な制御を目指そうとすると，その培養系はますます複雑化してしまいそうである。in vitro環境において細胞を制御したり解析するためにはできるだけシンプルな培養方法が望ましい。理工学の得意なアプローチとして複雑な現象をモデル化したり，本質を模倣（ミメティック）することがある。すなわち一度生体外へ取り出した細胞を足場から制御していく技術には，理工学的手法に基づくセルプロセッシングが有効であると考えられる。

　技術の体系化には，まず細胞に認識されることによって細胞の機能へ影響を及ぼすことができる足場設計論として，どのような生理活性分子を足場にするのかということと，組織を模倣する足場の物性や形状などの設計に関する問題が考えられる。近年，足場の物理的性質，すなわち足場の構造や固さなどの性質も細胞の機能を制御しうる要素になることが示さ

れつつある．本章では新しいセルプロセッシングの可能性としてそれら物理的な要素．(パラメータ）を足場へ導入する技術について紹介する．

7.2　細胞外マトリックスの存在意義とその *in vitro* と *in vivo* での相違

生体中にある細胞は硬いシャーレのような基板に接着して存在しているわけではなく，細胞外マトリックス（ECM）と呼ばれる巨大高分子で構成されたゲル，または膜に接着した状態にある（図7.1）．

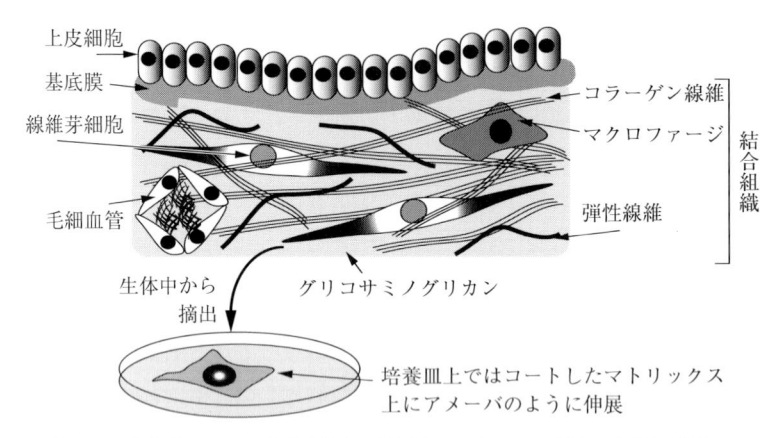

図7.1　生体中における細胞周辺の細胞外マトリックス環境と生体外環境の違い．生体外培養では，マトリックスはシャーレにコートした状態で細胞へ提供するが，果たしてそれで十分な環境になるであろうか．

細胞は周辺にある各種ECMを識別し，それに応答して機能を制御していることが明らかになっている．細胞がECMに接着するメカニズムが明らかになってくると同時に，多くのECM成分とそれを認識する細胞側のレセプター（例えば各種インテグリン）の同定が活発に行われるようになったが，ここで一つの"疑問"が生じる．それは，「細胞がECMを認識しているのだから，組織に固有のECM培養皿にコートし，張り付けるだけで細胞の機能を十分に引き出すことが可能であろうか」というものである．このことは大きく二つの点で不十分であることが想像できる．一つはシャーレ上での培養はいつも2次元平面状であるということである．特に結合組織と呼ばれている組織では，ECMは組織中の体積の大部分を占め，細胞は疎でありECMに包まれた状態で存在している．もう一つ生体環境と培養シャーレ上で異なる点はECMの物理的な状態である．ほとんどのECMは同じ分子どうしや複数のECM分子と会合して複雑な構造体をつくっている．その結果，ECMが形成する細胞の足場は多くの水を含むゲル状の状態であり，シャーレのように硬い足場となっているところは骨を除きほとんどない．上皮組織と呼ばれる組織では2次元状に細胞が敷き詰められて

いる形で存在する場合があり，これらの細胞は基底膜と呼ばれる薄い膜状のECMに接着しているが，それらも硬いシート状構造になっているわけではなく，その直下にあるECMの豊富な結合組織によってその弾性を維持していると考えられる．また，ECMを構成している分子群の種類やその組成が異なってくれば，当然ECMの物理的性質も変化すると考えられ，むしろそのことを細胞は有効利用しているという考え方も否定できないであろう．じつは，近年になってECMが硬いシャーレ上に固定化されている状態で培養していたことで，生体中にはなかった細胞の性質が誘起されていたり，逆に生体中で発揮していた能力の低下が生じていたことが明らかにされつつある．その理由は，つぎのように考えられている．

分子論的にみたとき，ECMを認識するインテグリンによって結合したあとに続くシグナル伝達機構は，サイトカインなどの液性因子とのレセプター・リガンドの結合によって生じるものとは大きく異なる点がある．インテグリンがECMと結合した部位にはさまざまな分子群の会合が生じ，そこへさらにアクチンなどの細胞骨格も集結するようになり，その接着部位には骨格形成により生じた力が印加されるようになる．さらに，その点に力が印加されない限り接着部位からの"接着した"というシグナルは誘起されない．このことはECMを液性因子として加えても接着時に見られるシグナル伝達は生じないことから確認されている．これらのことから，現在では細胞はECMとの結合点に力を印加し，ECMとの弾性率との釣合いによって生じる力（レインフォース：reinforce）の大小によって機能が調整されていると考えられている（**図7.2**）[1),2)]．

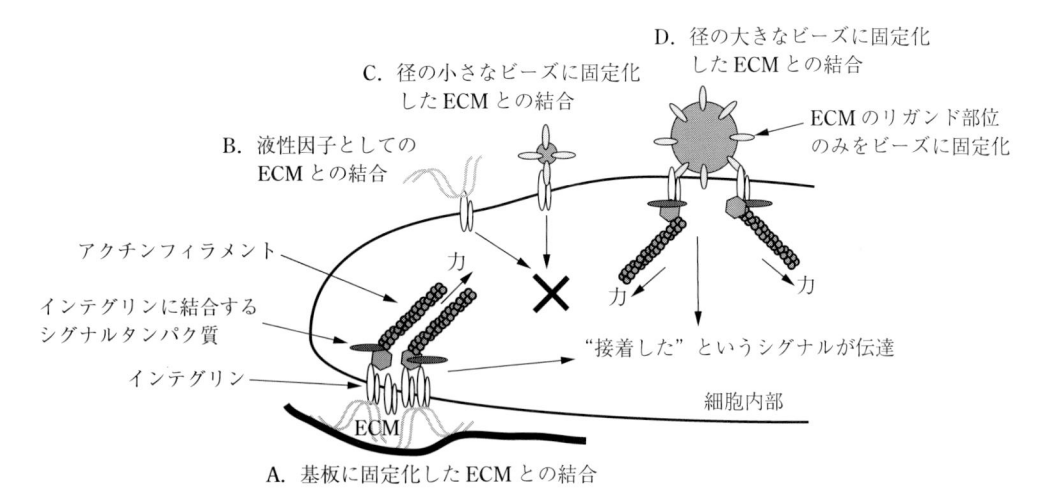

図7.2 ECMにインテグリンが結合した場合，レインフォースがあってはじめて接着したというシグナルが伝達される（A）．液性因子として加えたECMや径の小さなビーズにECMを固定化したものは，細胞のレインフォースが発達しないため接着したというシグナルが伝達されない（B，C）．また，径の大きなビーズにECMを固定化した場合，異なる結合点がたがいにビーズを引き合うことがあり，レインフォースが生じて接着シグナルが伝達されることがある（D）．

生体外環境，すなわち培養環境で足場から細胞の機能を制御するために必要なことはECMの"種類"，"量"さらにこれに加えて"質"が要求される。この，"質"に相当するものはECMの巨視的な構造であったり，硬さであったりする。例えば細胞との接触面に同じ量のコラーゲンが用意してある培養基板でも，コラーゲンが線維化していれば均一にコートされている基板に比べ，細胞が接着できるところとできないところの粗密が生じる。しかし，接着できる線維状の部分を分子スケールでみると，線維化しているコラーゲンのほうが接着分子が集中しやすく，接着部位に集結するタンパク質のクラスターは大きいものになることが予想される。さらに線維が細胞の力で変形するほどの柔らかさであれば，細胞が力を加えたとき接着点にかかる力の大きさが変化する。これらいずれの違いも細胞へは異なるシグナルとして伝達されることがわかっている。

さらに，このような小さな足場の違いが，ときには細胞の機能を大きく変動させることがある。工学的手法によって精密制御した足場を細胞へ提供する方法は新しいセルプロセッシングの方法論をさらに豊かにする。

7.3 メカニカルストレスによる新しいセルプロセッシング

ECMに対する結合は他のタイプのリガンド・レセプター結合とは異なり，そこへ力が印加されなくてはならないことを知ったが，ここでは具体的にこれらを制御する方法論についてみていきたい。細胞とECMとの結合点（接着点）にかかる力を制御する方法がいくつか考案されている。一つは細胞に"外力"を加えることによって細胞とECMの接着点にかかる負荷を調整する，いわば"アクティブ"な方法である。細胞が接着している基板を引っ張り，変形させることで接着点に加えられる力を増大させる方法であり，律動的な伸縮刺激を細胞に与えるために考案された方法がこれにあたる（図7.3）[3)~5)]。この方法はストレッチ実験などと呼ばれ，血管内皮細胞，心筋細胞，靱帯な由来線維芽細胞など生体内において律動的な力学負荷がかかる組織の細胞に対して in vitro でも同等の環境に近づける目的で行われている。

一般的な方法としては，シリコンゴムやウレタンなど弾性体で作製した培養容器に細胞を培養し，容器そのものを引っ張るという方法である。しかし，一軸方向に律動的な機械刺激を模倣した培養系としてはこの方法で十分であるが，細胞とECMとの結合点に加わる力を調整するセルプロセッシングを目指すためには，ストレッチ実験を改良していく必要がある。まず，一軸方向のみに足場を伸張させるため，引き延ばし方向に垂直な方向に対しては基板は縮む。そのため，細胞とECMの接着点に加わる力は基板を引っ張る方向へは増大するが，その垂直方向は減少する。したがって，接着点に加わる力の大小がシグナルとして細

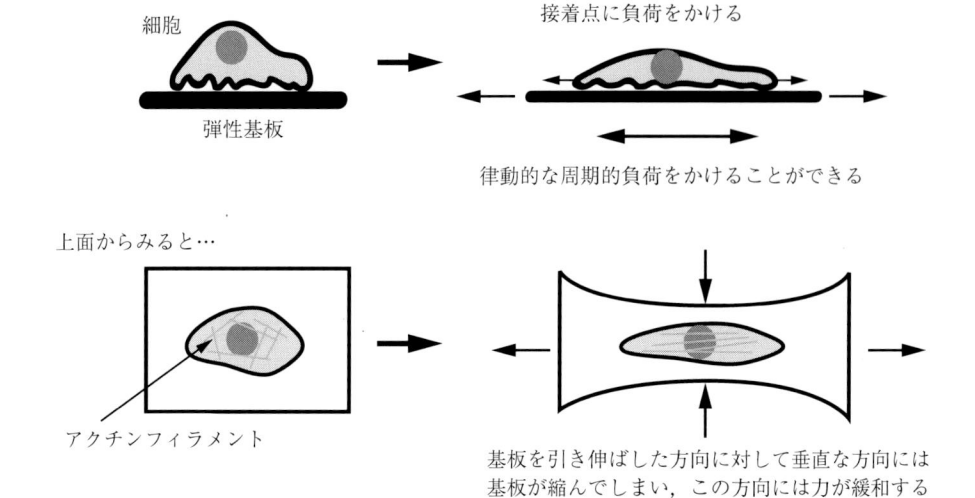

図7.3 律動的周期張力を細胞に加える実験方法を用いて細胞とECMの接着点に力を加えようとすると，基板の伸張方向に垂直な方向へは基板が縮み，細胞内に存在する接着点に一律に力を加えることができない。

胞へ伝達するのであれば，それら両方の情報が相殺してしまう可能性がある。このことを考慮して，基板の裏側全体を押し上げるような方法も確立されてきている。しかし，この場合は細胞の観察が難しくなるなどのデメリットも生じてしまう。

現在，筆者らは温度応答性ゲルを用いて細胞とECMに加わる力を調整するセルプロセッシングについて検討している。N-isopropylacrylamide（NIPAm）ゲルは周辺温度を変化させるとともに大きく体積を変化させる。この効果を用いてわずかの温度変化で大きく体積が変化する際に細胞とECM結合点に力を加えることを試みている。また，細胞への力学的な負荷を加えることが目的であるため，ゲルにECMを単純にコートするだけでは不十分であることから，カルボン酸を有するモノマーを共重合させて，そこへECMを共有結合した培養基板の開発を進めてきた。透明な親水性ゲル上での培養方法であるため，細胞の観察は容易であり，ゲルの膨潤にともない細胞が等方的に伸張される様子が確認された（**図7.4**）。すなわち，細胞とECMの結合点に一律に力を加えたときの細胞の形態変化が観察可能になった。また，シリコンゴムの伸張実験において伸張時にマップキナーゼ（ERK）が活性化することが見いだされているが，この培養基板においても同様のシグナル活性が確認されている。ただし，細胞骨格の変動は温度変化に対して敏感であることも知られているため，大きな温度変化を利用した場合は十分に注意をはらう必要があるが，メカニカルストレスをアクティブに加えた新しいセルプロセッシングの可能性について興味深い知見が得られるものと期待される。

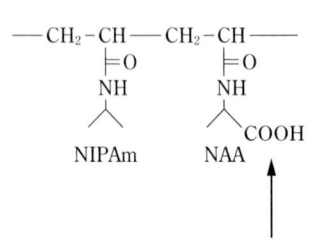

134   7. 細胞マトリックス工学のセルプロセッシング工学への応用

(a) カルボン酸を有する N-acryloylalanie (NAA) を共重合させたゲルにフィブロネクチンを共有結合させた培養基板を作製。

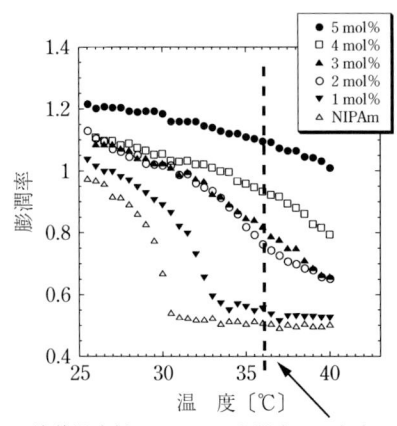

(b) NAA の仕込み量によって温度に対する培養基板の収縮挙動が変化するが，培養温度付近においてゲルの体積変化が生じるため，この変化を利用して接着点に力を加えることができる。

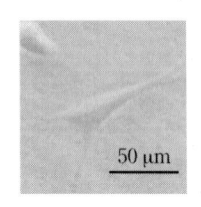

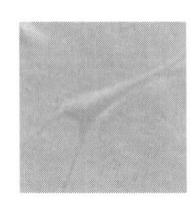

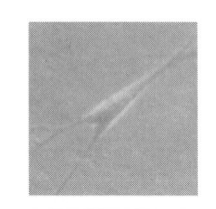

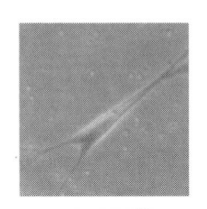

培養温度以下でゲルが膨潤することを利用して細胞に力を加えることが可能

(c) 本培養基板に線維芽細胞（NIH 3 T 3）を培養して細胞に力を加えた結果。温度が下がるとともにゲルが膨潤し，その膨潤挙動に対応した細胞の変形が確認された。

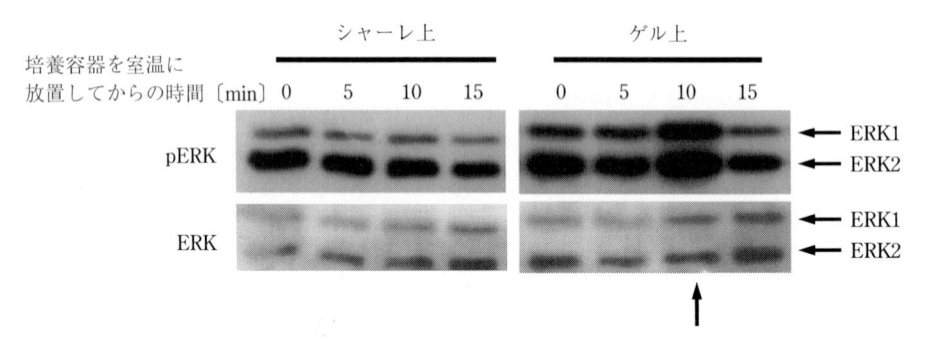

温度を下げたときの細胞の形態変化

(d) 温度を降下させてゲルを膨潤させるとともに ERK の強いリン酸化が認められた（矢印）。比較としてシャーレ上に培養した細胞の温度を下げてもそのようなリン酸化は生じない。

図 7.4　温度応答性ゲル（NIPA）培養基板を用いて細胞と ECM 接着点に力を印加する培養系

7.4 ナノ/マイクロスケールで制御した細胞外マトリックス培養基板

もう一つ，細胞と ECM との結合点にかかる力を調整する方法は，細胞が足場へ及ぼす力のほうを調整するやりかたで，細胞へ外力を加えるストレッチ実験に対して細胞内に発達する"内力を調整する"いわば"パッシブ"なものになる。すなわち，ECM との接着点には従来細胞が発揮できないような大きな負荷は加えず，細胞の力の大きさを弱める方法になる。これは具体的に二つの方法論で行われている。一つは単純に柔らかいゲルのような弾性基板上へ細胞を培養する方法である。細胞が足場に力を及ぼすとき基板が変形することで細胞の力を緩和させることができる。もう一つの方法は細胞の伸展面積を制御する方法である。これはさまざまな実験結果から得られている事実に基づく方法論である。すなわち，細胞は大きく広く伸展しているときは細胞骨格を発達させ，足場へ大きな力を加えるようになるが，伸展が小さい状態であると骨格の発達は貧弱であり，そのとき足場へ及ぼす力も小さくなるという事実である。細胞の伸展面積を制御する方法は近年発展してきたマイクロプリンティングによる方法で可能になる。足場の弾性率を可変する方法より，このプリンティング技術のほうが細胞を"正確に制御"するという点で優れていると考えられる。

近年，集積回路などに用いられるリソグラフィーなどの技術を用いて ECM を基板にプリンティングし，そこへ細胞を接着・固定化する技術が目立って報告されるようになってきた。きちんと配列させ，固定化された細胞群は細胞チップなどとしての応用性も高く注目を集めている。また，まったくランダムに接着している細胞の動きを捕らえるよりは，再現性良く整列した細胞の挙動を観察するほうがはるかに解析が容易であることから基礎的な研究に用いた報告も増えてきている。ここでは，まったく新しいセルプロセッシング技術となり得るプリンティング技術について紹介する。

現在，最も多く利用されている ECM プリンティングパターンは，リソグラフィーによって作製した基板に ECM を吸着させて，それを化学修飾したガラス基板上にスタンプする方法である。比較的柔らかく，加工の容易さなどからポリジメチルシロキサン（PDMS）がよく用いられ，これを凸状のパターンに加工してスタンプとする方法が多い。ところが，一般的に培養している細胞は ECM を積極的に分泌するため，その新しく分泌された ECM が非コート部分を新たに被ってしまう。そのため，単純に ECM をスタンプする方法では培養開始から数時間もたたない間に非スタンプ部分も分泌 ECM でコートされてしまい，プリンティング効果を観察することができなくなる。このことを防ぐため，現在では ECM をプリンティングしていない表面に培養開始から他のタンパクや ECM の吸着を抑える方法がとられている[6]。代表的なものとしては，ECM を転写する側の基板として，ガラス表面を金蒸

着させ，初めに PDMS スタンプを用いてメチル基を含むアルカンチオールをスタンプし，スタンプされていない残りの部分を活性を持たないオリゴエチレングリコールで修飾する。このように基板側に処理を施しておき，基板表面を ECM 水溶液にさらすことによって，スタンプしたメチル基に ECM タンパクを化学結合させる（図 7.5）。この方法によって，培養した細胞から分泌された ECM の非スタンプ部分に対する非特異的吸着を回避でき，プリントパターンを保持したまま培養することができる。このように幾何学的な ECM のプリントパターン基板上に培養した細胞は，接着できるところがプリントされたパターンに支配されるため，細胞形態を制御する培養方法が実現可能になっている。

(a) ECM 非コート面への配慮をした
　　パターニング培養基板作製例

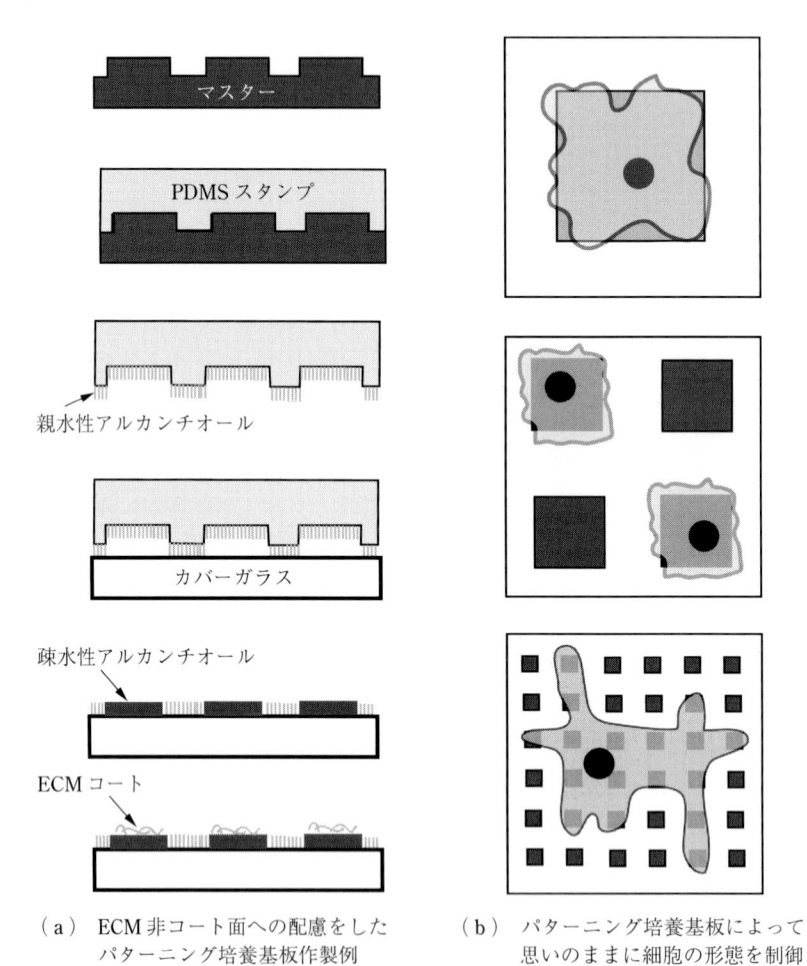

(b) パターニング培養基板によって
　　思いのままに細胞の形態を制御
　　できる

図 7.5　一般的な ECM プリント基板作製例。現在の ECM パターニング技術では非コート面への細胞分泌性 ECM の吸着に配慮した設計論が多い。パターニング培養基板を用いれば細胞の伸展面積制御，さらに細かいドット状のプリント基板を用いれば細胞の形態制御が可能になる。

7.5 微細加工技術によって可能になる細胞機能の計測と制御

　プリント技術を用いることで前節で述べた"パッシブ"な方法で細胞とECMとの物理的な相互作用を制御することが可能である。D. Ingberは，このような培養技術を用いて細胞がECMへ及ぼす力の大きさの違いが細胞の機能発現にかかわっていることを示した（図7.6)[7]。彼らは，プリント培養基板を用いて細胞周期が調整されることを見いだしている。ここで注目したいのは細胞内に発達する細胞骨格系を非常に簡単な基板を作製することで制御することが可能であり，さらにそのプリンティングされたECMのパターン制御は細胞の機能の制御へとつながるということである。

　では，細胞の足場となる基質はどの程度のサイズの構造が重要なのだろうか。細胞が基質と接着している部分には通常レセプターが会合した接着斑と呼ばれるクラスターが形成され，そのサイズは数百 nm～数 μm のスケールである。さらに，その構造化した接着斑にアクチンフィラメントが集結してくる。細胞内にある骨格系は漠然と細胞内を張りつめているわけではなく，細胞はその一点一点にかかる微妙な力の差を検知して骨格構造形成を制御していると考えられる。したがって，細胞内部の骨格系のリモデリングを正確に計測し，さらにそれらを精密に制御するためにはリガンド固定のパターンニングのスケールを最低でも接着斑のスケールで行うことが重要であろう。そのような技術こそ，精密機械の集合体である細胞をそれと同等のレベルで制御可能になるセルプロセッシング技術になりえる。このサイズは，実際の最新集積回路設計で行われている加工に比べると大きなスケールであり，新たな技術開発は必要ないが，ポイントは作成した基質に用いる化学物質の対細胞毒性の有無や，合成高分子にECMの固定化を共有結合によって行う場合にECM中の細胞が認識するリガンドのアミノ酸残基を反応基には用いることができないことなど，生体試料への応用独特の問題が生じることである。このような問題点を回避しつつ，ECMプリンティング技術を用いて細胞の機能計測や制御に成功した例をいくつか紹介したい。

　さて，実際の生体中の細胞が置かれている環境を再度見直してみると，細胞の周辺にあるECMはガラス基盤上にECMをコートしたように一様に存在するわけではなく，コラーゲン線維など複雑な線維状のものもあれば大きな構造体を形成しているものもある。したがって，そもそも細胞が接着部位として認識するリガンドは生体内では飛び飛びの不連続なドメインを形成していると考えられる。すなわち，ガラス基板上に飛び石状にECMをプリンティングしていること自体は，それほど細胞にとって不自然な環境ではなさそうである。では，細胞はどの程度の空間スケールのリガンドドメインを"飛び石状"として認識するのであろうか。すなわち，細胞1個に着目したときにプリンティングパターンの効果が現れてく

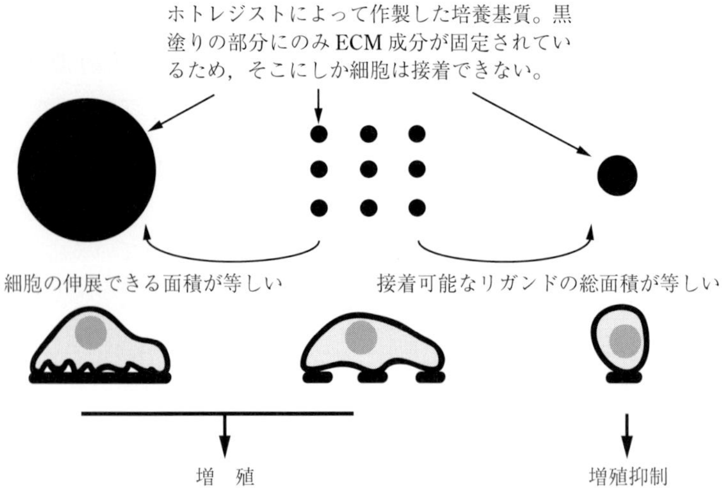

ホトレジストによって作製した培養基質。黒塗りの部分にのみECM成分が固定されているため，そこにしか細胞は接着できない。

細胞の伸展できる面積が等しい　　接着可能なリガンドの総面積が等しい

増　殖　　　　　　　　　　　　増殖抑制

（a） Ingberが実際に行ったパターンニング培養による細胞の機能調節方法。リガンドの総面積が等しくても，伸展できる面積が異なることによって細胞の機能が調整される。Ingberは，この実験によって，足場の精密な設計論は細胞の機能を詳細にコントロールできることを初めて示した。

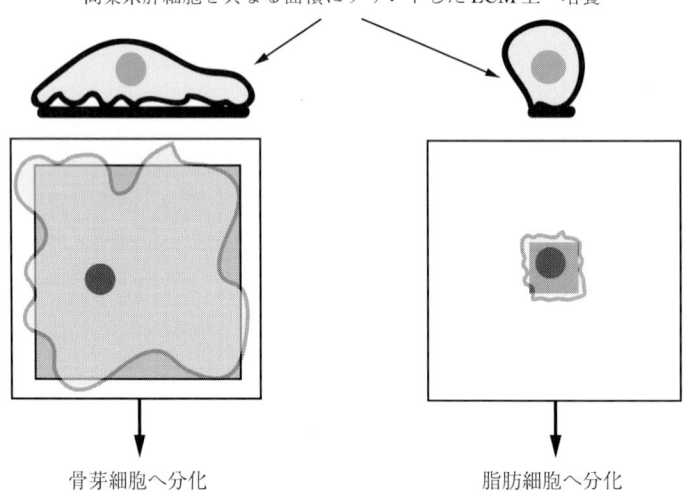

間葉系肝細胞を異なる面積にプリントしたECM上へ培養

骨芽細胞へ分化　　　　　　　　脂肪細胞へ分化

（b） McBeathらが行ったパターンニング培養による細胞の分化誘導実験。伸展面積を広く設定するとRhoAの活性化に伴い細胞は骨芽細胞へ，伸展面積を抑制すると脂肪細胞へ分化することが示された。

図7.6　パターンニング培養基質によって細胞の力を調整し機能をコントロール

るパターニングはどのようなサイズや配置なのであろうか。単純な格子状にECMをパターニングする場合であっても，制御できるパラメータは印刷される一つのECMドットの面積と，それらドットの間隔がある。細胞はECMと結合するだけで各種シグナル分子が接着部位に集積するため，面積は接着に起因するシグナルの"量"に関連したパラメータになるだ

ろう．また，ドット間隔は細胞の伸展や運動性を制御するパラメータになることを考えるとシグナルの"質"に相当するかもしれない．Lehnert らは ECM のプリンティング間隔と面積の変化に対する B 16 細胞の形態変化を詳細に調べている[6]．細胞はプリントされている ECM ドット間の間隔が 2 μm 以下であると，細胞の形態，骨格形成は一面に ECM コートされた基板にある状態と変わらない．ところが，それ以上の間隔になると，細胞の形態形成はドットパターンに支配されるようになり，さらにドット間の距離が 25 μm になると細胞の伸展は完全に抑制されるようになる．また，一つの ECM ドットの面積については 0.25 μm^2 以上では細胞はよく伸展するが面積が 0.1 μm^2 以下になると細胞の伸展は抑制されるようになる．一見単純にも見える接着機構であるが，形成される接着斑の量やそこから伝わるシグナルの質の違いを含めると非常にバラエティーに富んだ細胞制御の可能性が見いだせそうである．

このようなプリンティング技術で細胞の分化誘導の制御が可能であることも示されている．ECM を基盤にプリンティングする培養技術の利点は，その培養基板に培養するのみで，細胞が基板の違いを認識し，おのずと機能を調整していくということであろう．McBeath らは，ECM プリンティング技術を用いて間葉系幹細胞の分化誘導を制御できることを示している[8]．彼らは ECM を 1 000 μm^2 から 10 000 μm^2 までの大きさにプリントし，細胞の伸展する面積を制限することによって伸展が狭い面積に抑制される場合，間葉系幹細胞は脂肪細胞へ，伸展面積を広くすると間葉系幹細胞は骨芽細胞に分化誘導されることを示した（図 7.6）．もちろん，培養液に添加する液性因子の補助も必要であるが，本質的には細胞の形態，すなわち細胞の伸展面積制御によって骨格系の発達が分化誘導の駆動力になっていることが明らかにされている．細胞の形態変化に伴い RhoA の活性化，さらにそれによって誘導されるアクチンフィラメントの発達が細胞の機能調整に深くかかわっていることは近年明らかにされつつある．彼らの実験結果はそのことを顕著に示しただけではなく，新しい培養技術によって細胞の機能を制御する手本となった．

ECM プリンティング技術によるセルプロセッシングの最大の利点は基板作製が正確にできるため，播種する細胞の密度分布のばらつきなど培養実験の都合上どうしても発生してしまうずれなどが生じにくく，正確に細胞間接着の有無なども制御できることであり，それゆえに今後いっそう注目されていく技術となるであろう．

7.6 ECM の力学特性を利用した新しい培養基板によるセルプロセッシング

ECM の幾何学パターンを細胞に認識させ，インテグリンを介して細胞骨格系を制御することで細胞の機能を調整することが見いだされてきたが，そのキーとなっている考え方は細

胞骨格が基質に対して発達させる牽引力の制御である。生体外に培養された細胞は培養を開始するとともにアメーバのように伸展するが、このとき細胞骨格を発達させてテントのように接着している部位に力をかけて張りつめた状態になっている。この張りつめている骨格系の緊張状態を制御することが細胞の増殖や分化などといった生理的な機能を制御することへとつながっていく。繰り返しになるが、生体内においてはECMは多く水を含んだゲル状である。このようなECMは単に柔らかいだけではなく、組織内において細胞によって再構築されたり力学的な力を受ければ張りつめて硬くなったりもする。歴史的にみれば、単なる支持体として存在していると考えられていたECMが細胞によって生理的に認識されるものであるということが明らかにされ、いままた新たに支持体としての生理的な意味が見いだされつつあるということである。

近年、生体中における細胞の足場が柔らかいことを念頭におき、ゲル上に細胞を培養した報告が増えてきている。Semlerらはマトリゲルと呼ばれる基底膜成分のECMをゲル基質として肝細胞を培養した場合、ゲルの弾性率が低いと細胞は凝集塊を形成し分化機能を維持するのに対し、弾性率の高いゲルでは細胞は分散し分化機能は低下するが増殖能が増大することを報告している[9]。このような細胞が従来もっていたはずでありながら、硬いきわめて人工的なシャーレ上では隠されていたような機能を新しいECMモデルゲルの利用により引き出すこと、あるいはそれを積極的に、例えば微細加工などの工学的技術によってさらに精密に制御することが可能になれば、それらはまさに再生医療を目指した新しいセルプロセッシング技術といえよう。また、人工的な高分子ゲルとしてアクリルアミドゲルを弾性体培養基板として用いた研究が多く報告されるようになっている。その方法はWangらが開発した方法であり、sulfo-SANPAH（sulfosuccinimidyl-6-[4'-azido-2'-nitrophenylamino]hexanoate）を用いてアクリルアミドゲル表面にECMを固定化し培養基板とするものである。この培養基板はECMの力学特性のみを再現するうえで非常にすぐれた培養基板である[10]。まず、アクリルアミドゲルは電気泳動で知られているように、ほとんどタンパクを吸着しない。したがって、細胞が接着する培養基質としてアクリルアミドゲルを用いる場合、目的ECMを固定化する必要があるが、ゲルを作製したあとからECMを固定化するため、その固定化量を調整できるだけでなく、あとに細胞が分泌するECMなどの非特異的吸着の心配がない。さらに、化学合成ゲルであるため、架橋剤の濃度を調整することによってゲルの力学特性を自在に変えることができる。近年、この培養系を用いて細胞の機能が基質の固さによって変化することが多く報告されるようになっている[11]~[13]。

さらに、アジド基を有するsulfo-SANPAHは紫外線照射によってアクリルアミドに固定化するため、ホトマスクを利用することによってゲル上にECMのパターニングが行える（図7.7）。すなわち、先に述べたプリントパターン技術と足場の物理的性質の変換技術をう

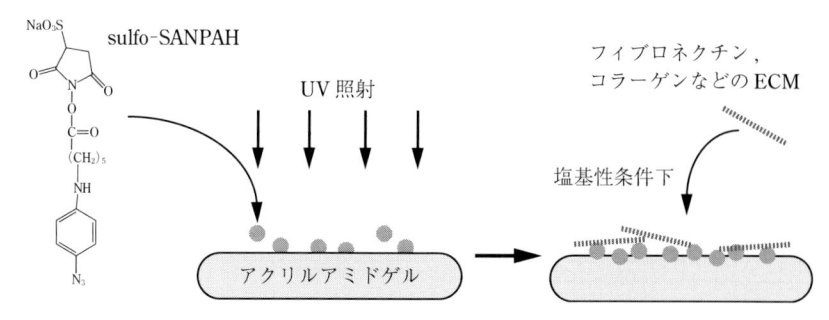

7.6 ECMの力学特性を利用した新しい培養基板によるセルプロセッシング

(a) アクリルアミドゲルを弾性培養基板として用いる方法。アクリルアミドゲルはタンパク質をまったく吸着しないため，UV照射によって反応するsulfo-SANPAHをECMとゲルのクロスリンカーとして用いる場合が多い。

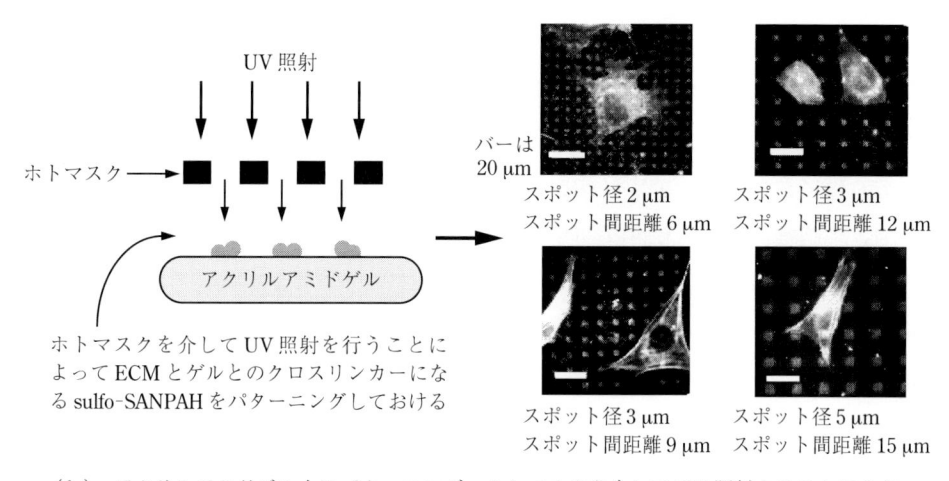

ホトマスクを介してUV照射を行うことによってECMとゲルとのクロスリンカーになるsulfo-SANPAHをパターニングしておける

バーは20 μm
スポット径2 μm スポット間距離6 μm
スポット径3 μm スポット間距離12 μm
スポット径3 μm スポット間距離9 μm
スポット径5 μm スポット間距離15 μm

(b) アクリルアミドゲル上にパターニング。ホトマスクを介してUV照射することによりsulfo-SANPAHをパターニングすることが可能である。写真は実際にさまざまなパターンにフィブロネクチンを固定化し線維芽細胞を培養した結果，細胞形態がパターンに支配されるようになる。本基板によって，パターンの変位がゲルのひずみとして観察でき，細胞が基板に及ぼす力の定量が可能である。

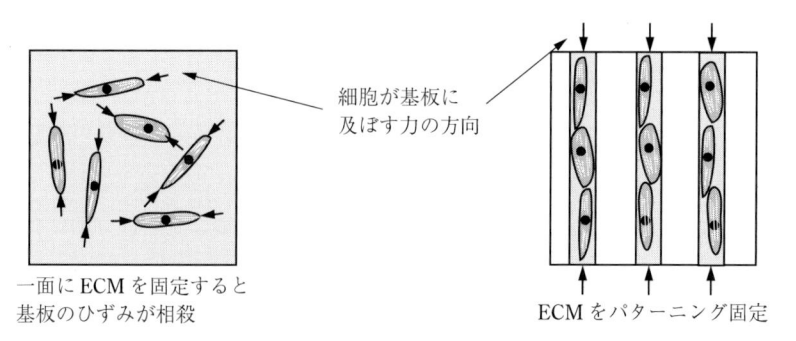

一面にECMを固定すると基板のひずみが相殺

細胞が基板に及ぼす力の方向

ECMをパターニング固定

(c) 弾性基板へのパターニングの利点。本培養方法によってセルプロセッシングを行う。細胞がさまざまな方向に力を及ぼすと，その力が相殺し合い基板の弾性特性が十分に生かしきれない（左）。パターニング培養基板を用いると細胞どうしの力が相乗効果となって現れ，足場の弾性特性によってセルプロセッシングが可能になる（右）。

図7.7 アクリルアミドゲルを弾性培養基板とした例

まく利用することによって，より高度なセルプロセッシングが行えるというわけである。筆者らは現在，アクリルアミドゲルに1〜5 μm四方程度のECMプリンティングを行うことで，細胞が移動する際に発生させる足場への牽引力の計測を行っている（図7.7）。本方法では，基板がアクリルアミドであることから細胞が分泌したECMの非特異的吸着を防ぐことができ，細胞が伸展したり，移動，分裂する際にどの部分にどのように力を加えているか計測が可能になりつつある。このように得られた実験結果は，さらに今後足場の特徴を生かしたセルプロセッシング開発に重要な知見となると考えている。

　Englerらは，この技術を巧みに利用した報告をしている[14]。通常，筋芽細胞を培養すると培養とともにランダムな方向へ分岐した筋管を形成する。したがって，接着している足場に他の細胞が牽引力を及ぼせば，柔らかい足場を介してその収縮力が伝搬してしまうため，接着基質の本来の固さによって細胞の収縮力をうまく制御できない可能性がある。つまり，収縮力の方向がたがいにそろった状態であることが望ましい。このような培養系を実現するため，彼らはアクリルアミドゲル上にECMを帯状に固定化して細胞の伸展方向，細胞-細胞間接着，細胞融合を一軸方向に抑制する培養系を確立した（図7.7）。その結果，ゲルのヤング率が十数kPaにおいて，筋芽細胞は筋特異的にみられる横紋状のアクチン-ミオシンの線維が観察され，その弾性率以上でも以下でもそのようなアクチン-ミオシン線維の発達は抑制されたことを報告している。足場の力学特性を最大に引き出すためにECMプリンティングを施した彼らの方法論は見事なセルプロセッシングといえるであろう。

7.7　より高度な細胞機能計測・制御を目指した3次元微細加工技術によるセルプロセッシング

　不足する移植臓器に代わる高性能のバイオハイブリッド人工臓器や再生医療デバイス，化学物質の薬物代謝や毒性評価の精度を高める臓器チップなど，臓器組織をあたかも in vivo で発生・再生するかのように in vitro（生体外）で再構成するためには「分子生物学的シナリオの解明」と「学際的工学技術の確立」がいまこそ期待されるときはない。わが国をはじめとして近年の材料工学，オプトエレクトロニクス，メカトロニクス，ホトニクスなどの学際的工学分野の進展は驚異的であるがバイオマテリアルが対象とする各分野に有効かつ適切に応用されているケースはまだ多くはない。in vivo にせまり，これを超える生体組織システムの in vitro 構築にはこれら学際的工学技術からのチャレンジが不可欠となる。そのような目的も含めここでは，いままでのECMプリンティング技術とは一風変わった新しい培養基板によるセルプロセッシング技術について紹介したい。

　一つ目のチャレンジでの例として，前で述べたように細胞を足場から制御するためには少なくとも数十nm〜数μmで構造制御できることが再生医療を目指したセルプロセッシング

7.7 より高度な細胞機能計測・制御を目指した3次元微細加工技術によるセルプロセッシング

エンジニアリングと呼べる第一歩であろう。つぎに，細胞が置かれている生体内環境を考えると，リガンドの3次元的な空間配置のレイアウトはセルプロセッシングにとって不可欠な技術になると思われる。生体内にある細胞によっては極性を有し上下左右の区別があり，通常行っている2次元的な細胞のイメージから遠くはないものがあるにしても，生体内では足場が完全に真っ平らなECM面ではなく，その表面の凹凸構造が重要である場合が多いであろう。微細加工によって細胞を足場から制御するシステムを構築してくには将来3次元加工されたものを目指すことは単なる思いつきではなく本質的である。ここでは，3次元加工技術によってどこまでセルプロセッシングの向上を図ることができるか考察してみたい。

3次元加工によってどのようなことが可能であり，その可能な技術によってどのようなセルプロセッシングができるであろうか。近年，従来電子回路設計などに用いられてきた技術を培養基質の作製に使用する研究者が増えてきている。Geigerらは，ホトレジストやリソグラフィーによってエラストマーPDMS（polydimethylsiloxane）中に規則正しく，蛍光ラベルや，マーカーとなる突起，くぼみのある基質を作成し，この上に細胞を培養し，細胞の接着斑の個々の力を計測することを試みている[15]。このような3次元加工は細胞からみれば一平面に加工を施してあるにすぎないようにも思えるが，通常のプリント技術に比べて多くの情報を取得できるという意味において優れている。

同じエラストマーをポスト状に林立させた基板を細胞の牽引力と機能の計測基板として用いた例もある。Chenらは硬いPDMSを鋳型にして，それより柔らかいPDMSを3次元加工したマイクロニードルの細胞ベッドを作製した[16]。この基板上に培養した細胞が伸展，移動などにともなって基盤に力を加えるとマイクロニードルがたわむ。このたわみから，細胞がどのようなときに，どの部分に力を加えているか，細胞骨格の構築メカニズムなどにせまることができる。筆者らもほぼ同様のねらいにおいて細胞の力の計測とそれを利用したセルプロセッシング技術の開発に取り組んでいる。2光子励起による重合法によって作製したゲルを絨毯のように加工した培養基質の作製を行っている（図7.8）。

さらに，本方法はスタンプ法などに比べ非常に高い分解能で微細加工を施すことが可能である。もちろん，加工の小ささを競い合うようなことではまったく意味のないことであり，目標としているセルプロセッシングの向上をねらうのに適したサイズが存在するであろう。例えば，インテグリンを介した足場からの制御に適したECM加工は数μmぐらいが理想的であるろう。したがって，マイクロニードル林立基板を作製するにあたって，その一つ一つのポストの直径の適当なサイズとして，細胞がシャーレにコートした場合と伸展挙動が極端に異ならないようにするためには1～2μmぐらいであると考えられる。2光子励起法ではこの程度のスケールを構造物を重合することは難しい技術ではない。図に示した実験例はエチレングリコールジアクリレートを架橋剤に2-ヒドロキシエチルアクリレートを重合し

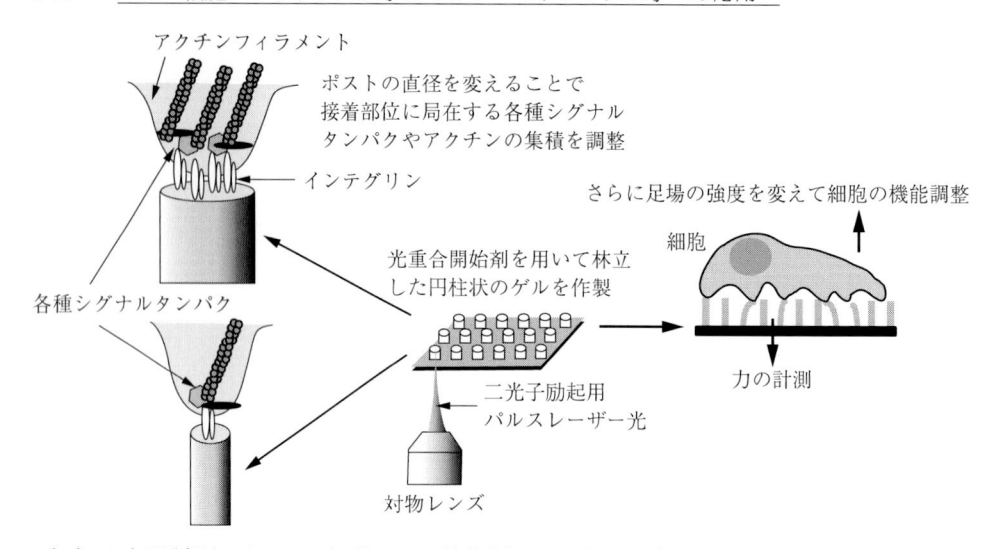

144   7. 細胞マトリックス工学のセルプロセッシング工学への応用

(a) 2光子励起法によって3次元加工した培養基板による細胞の機能制御と計測。ポストの太さは細胞側のシグナル分子などの集積制御になり、ポストの固さ調整は細胞の張力制御から機能制御、および計測システムとしての利用が考えられる。

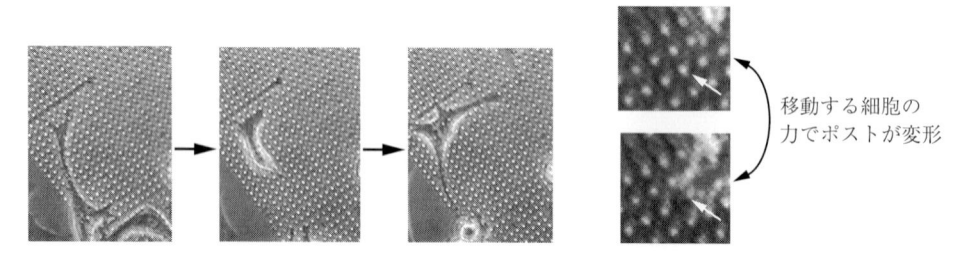

(b) 線維芽細胞の培養例。アクリレートを用いて作製した培養基板に線維芽細胞を培養した例。細胞はポストゲルが林立したアレイ状基板を、個々にポストを認識しつつ移動する（左図）。また、細胞の移動中には、ポストが細胞のけん引力によってひずんでいる様子が確認できた（右図、白矢印）。

図 7.8　2光子励起法を用いて作製している絨毯型ポストアレイゲル培養基板

たゲルである。現在、直径1μm程度のポスト状のゲルを重合し、それらを林立させた上に細胞を培養することに成功している。さらに、細胞の移動に伴うポストの変形から、細胞の力の方向と大きさも可視化できている。このような培養基板を用いて、細胞内に発達する骨格系の構築とそれに伴う細胞の生理機能変化を解析・制御することが可能になると考えている。例えば、ポストの太さを変えることは細胞と細胞外マトリックスを結合するタンパク質の集結量の制御につながり、またそのタンパク質の集結量の違いは、そこへリンクしてくるアクチンフィラメントの集結量を制御することになる。結果として細胞が基質へ及ぼす力、細胞内に発達する骨格系の構築の調整へつながる。さらにポストはゲルで作製するため、架橋剤の仕込み量を調整することで容易に力学的強度が制御できる。これらのことは、細胞がECMへ発生させる張力と、そのフィードバックとしてのECMの変形による細胞骨格張力

の制御をECM側から細胞へ，インプット，アウトプットとして独立に制御できることを意味する。また，二光子励起重合法では，スタンプ技術による方法とは異なり，レーザーによって一つひとつのポストを重合するため，手間はかかるものの一つの培養基板上に異なる形状，物性を有するアレイを作製することが可能であり，その形状物性の差違を認識させたセルプロセッシングができると考えている。また，足場にゲルを用いることは培養系に用いる高分子のモノマーの有害性について配慮すべき弱点が緩和される。作製する基質はゲルであるため，重合に参加できなかったモノマーは完全に洗い出すことが可能である。さらに，細胞が認識するリガンドはほとんど数個からなるペプチドやオリゴ糖であるため，カルボン酸やアミンなどの官能基を有するモノマーを共重合することによって容易にゲルに細胞認識性・細胞接着性を付与することが可能である。むしろ，マテリアルの物性・制御系を担う部分は細胞と相互作用しないものを選択し，あとから自分の欲するリガンドを高分子ゲルに固定化することによって制御系・レセプター認識リガンドすべて独立に制御できる。

　以上のように細胞の足場設計において，その材料物性を制御することは，細胞機能の制御を可能とする新しいセルプロセッシング技術になることを述べた。冒頭で述べたように，ECMにはさまざまな細胞が認識するリガンドが存在し，その一つひとつが細胞によって認識されるとき，細胞の機能に微妙な，時には大きな変化を与える。細胞に認識されるだけの接着基質ではなく，さらに積極的に細胞と相互作用する基質開発こそ再生医療を目指したセルプロセッシングとして有望である。近年のナノテクノロジー技術の向上は目覚しく，そのような技術と細胞分子生物学からの情報の融合によって，細胞を再生医療マテリアルの主体として利用することが期待できる。

7.8　お わ り に

　以上，本章で述べてきたように，一見無関係な流れで進んできた細胞分子生物学，発生学，バイオマテリアルの発展とオプトエレクトロニクスやIT技術などのハイテク技術が融合・シンクロナイゼーションすることにより細胞プロセッシング技術は大きなイノベーションを迎えつつある。細胞の構造・機能のハイレベルで精妙な計測と制御技術によって，21世紀医療の最大の課題ともいうべき再生医療は大きな果実を獲得するものと期待される。

引用・参考文献

1) Felsenfeld, D. P., Choquet, D. and Sheetz, M. P.：Ligandbinding regulates the direct movement of beta 1 integrins on fibroblasts, Nature, **383**, pp.438-440

2) Galbraith, C. G., Yamada, K. M. and Sheetz, M. P.：The relationship between force and focal complex development, J. Cell. Biol., **159**, 4, pp.695-705（2002）

3) 曾我部正博，成瀬恵治：培養細胞への各種伸展刺激法——その利点と欠点——，組織培養，**22**, pp.413-417（1996）

4) Gilbert, J. A., Weinhold, P. S., Banes, A. J., Link, G. W. and Jones, G. L.：Strain profiles for circular cell culture plates containing flexible surfaces employed to mechanically deform cells in vitro, J. Biomech., **27**, pp.1169-1177（1994）

5) Kim, SG., Akaike, T., Sasagawa, T., Atomi, Y. and Kurosawa, H.：Gene expression of type I and type III collagen by mechanical stretch in anterior cruciate ligament cells, Cell. Struct. Funct., **27**, pp.139-144（2002）

6) Lehnert, D., Wehrle-Haller, B., David, C., Weiland, U., Ballestrem, C., Imhof, B. A. and Bastmeyer, M.：Cell behaviour on micropatterned substrata；limits of extracellular matrix geometry for spreading and adhesion, J. Cell. Sci., **117**, pp.41-52（2003）

7) Huang, S. and Ingber, D. E.：The structural and mechanical complexity of cell-growth control, Nat. Cell. Biol., **1**, pp.E131-E138（1999）

8) McBeath, R., Pirone, D. M., Nelson, C. M., Bhadriraju, K. and Chen, C. S.：Cell shape, cytoskeletal tension, and RhoA regulate stem cell lineage commitment, Dev. Cell., **6**, pp.483-495（2004）

9) Semler, E. J. and Moghe, P. V.：Engineering hepatocyte functional fate through growth factor dynamics；the role of cell morphologic priming. Biotechnol Bioeng, **75**, 5, pp.510-520（2001）

10) Pelham, R. J. Jr. and Wang, Y.：Cell locomotion and focal adhesions are regulated by substrate flexibility, Proc. Natl. Acad. Sci. U S A., **94**, pp.13661-13665（1997）

11) Lo, C. M., Wang, H. B., Dembo, M. and Wang, Y. L.：Cell movement is guided by the rigidity of the substrate, Biophys J., **79**, pp.144-152（2000）

12) Paszek, M. J., Zahir, N., Johnson, K. R., Lakins, J. N., Rozenberg, G. I., Gefen, A., Reinhart-King, C. A., Margulies, S. S., Dembo, M., Boettiger, D., Hammer, D. A. and Weaver, V. M.：Tensional homeostasis and the malignant phenotype, Cancer Cell., **8**, pp.241-254（2005）

13) Peyton, S. R. and Putnam, A. J.：Extracellular matrix rigidity governs smooth muscle cell motility in a biphasic fashion, J. Cell. Physiol., **204**, pp.198-209（2005）

14) Engler, A. J., Griffin, M. A., Sen, S., Bonnemann, C. G., Sweeney, H. L. and Discher, D. E.：Myotubes differentiate optimally on substrates with tissue-like stiffness；pathological implications for soft or stiff microenvironments, J. Cell. Biol., **116**, pp.877-887（2004）

15) Balaban, N. Q., Schwarz, U. S., Riveline, D., Goichberg, P., Tzur, G., Sabanay, I., Mahalu, D., Safran, S., Bershadsky, A., Addadi, L. and Geiger, B.：Force and focal adhesion assembly；a close relationship studied using elastic micropatterned substrates, Nat. Cell. Biol., **3**, pp.466-472（2001）

16) Tan, J. L., Tien, J., Pirone, D. M., Gray, D. S., Bhadriraju, K. and Chen, C. S.：Cells lying on a bed of microneedles；an approach to isolate mechanical force, Proc. Natl. Acad. Sci. U S A, **100**, pp.1484-1489（2003）

8 再生医療の基盤技術としての計測・画像工学

8.1 はじめに

　近年，組織工学的手法を駆使して消失，または機能不全に陥った生体組織や臓器を修復，再建する再生医療への期待が高まっている。再生医療を実現させるためには，未分化細胞の採取とその効率的増殖，組織・臓器への分化誘導などの基盤である発生生物学と細胞生物学のほかに，安定かつ自在に組織形成を制御できる技術を確立する種々の工学技術が必要になる。それらの多くは，遺伝子，細胞，組織に関連した生物工学の範囲にあるが，そのほかに見落としてならない重要な工学要素として，再生した細胞・組織の形態・機能情報を非侵襲・経時的かつ定量的に計測できる工学技術がある。さらには，再生した組織の異常な分化，増殖や感染などの情報も計測して，その結果を臨床医に直感的にわかりやすい画像情報として描出することが望まれる。そのような計測・画像技術が確立されてこそ，初めて再生医療の質の担保（バリデーション）が確立することになり，同時に安全性が確保される。再生医療の基盤技術としての計測・画像工学は従来あまり注目されてこなかったが，じつは再生医療を実現させるためにはきわめて重要な役割を担っている。

　再生医療が関心を集める以前から，生体組織や臓器を計測，あるいは画像診断する技術は多く開発されており，超音波，X線CT，MRI等の画像診断技術，さらにPET，SPECTなどの核医学診断装置が開発されてきた。また，最近では生体内部の分子レベルの挙動を実時間で描出する分子イメージングにまで進化しつつある。ただし，それらの多くは再生組織の計測，監視を目的にして開発された計測技術ではないので，再生医療のバリデーションに適切に応えられるものは意外に少ない。本章では，再生医療に求められる計測・画像工学とは何か，それを実現するための主要な技術について取り上げることにする。

8.2 再生医療におけるバリデーションの必要性と意義

　計測・画像技術は再生医療を具現化するための基盤技術として，機能評価やバリデーショ

ンのために活用される。現在の評価法は，おもに侵襲的方法による再生組織の組織形態的評価，生化学的分析，ならびに分子生物学的分析が行われている。しかしながら，再生医療が臨床技術として真価を発揮するには，非（または，低）侵襲的に同一個体の経時変化観察が可能な計測・画像技術が必要である。これらの技術により再生医療のバリデーション，すなわち $in\ vitro$，$in\ vivo$，$in\ situ$ における一貫した手法によって繰り返し品質・機能評価を実現させることが望まれる。具体的には，$in\ vitro$ で培養・増殖した移植用再生組織そのものの品質管理，治療前の $in\ vivo$，$in\ situ$ 診断，再生組織を移植したあとの最終的な医療評価が，一連に行える計測・評価システム（図8.1）が求められる[1]。図に示した評価システムでは，従来から発展してきた形態画像技術だけでなく，機能計測技術を新たに確立させることが重要になる。図（a）の治療前診断では，障害や不全を起こしている組織・臓器の障害度（変性度）や周囲組織の機能状態を診断する。図（d）の細胞・組織の品質管理（quality control）では，生物学的構成の三要素である細胞，人工細胞外マトリックスとしての担体（scaffold），およびシグナル伝達系（調整因子）を組み合わせて組織工学的に構築された移植用再生組織とその構築工程，ならびに生物学的構成の三要素そのものの機能を検定し管理する。図（e）の経過観察および医療評価では，移植後の細胞・組織を $in\ vivo$，$in\ situ$ で観察することや，移植後の周囲組織との生着状態を評価する。再生医療の評価とは，再生された組織・臓器の機能が生来のものと比べてどの程度機能が修復されたかを経時的に評価することであり，これを実現することで初めて再生医療の臨床医療における効果を評価したことになる[2],[3]。

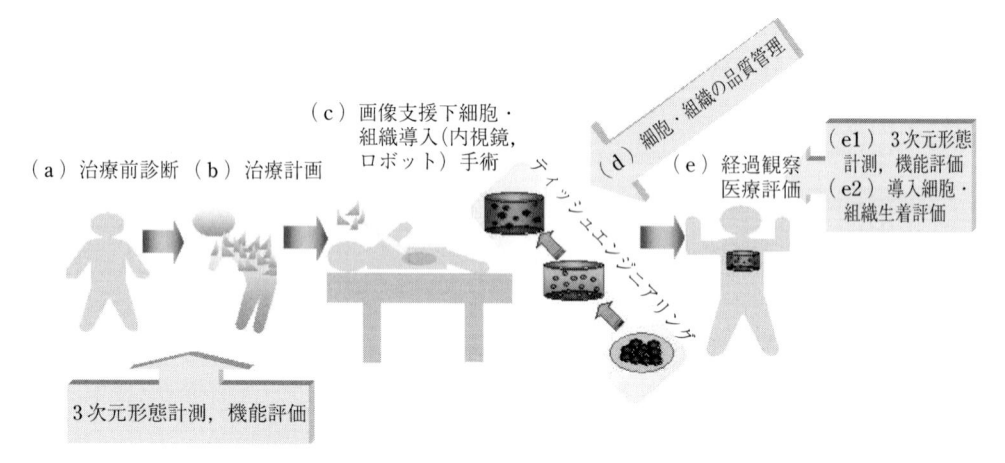

図8.1 再生医療における計測・画像技術が果たす役割と機能

8.3 基盤計測・画像技術

8.3.1 サイトメトリーによる *in vitro* 細胞活性評価法

　細胞活性評価は，細胞種により細胞活性形態が異なるため，適切な細胞活性を表す指標を用いる必要がある。例えば，幹細胞のように培養し増幅が必要な細胞では細胞増殖活性が重要となり，膵ランゲルハンス島 β 細胞の場合にはインシュリン産生能が重要となる。治療効果が長期間維持されるためには，移植に用いた細胞が生体内で長期間生存できることも重要となる。細胞活性評価に最適な細胞活性関連物質（遺伝子，抗体，タンパク，シグナル分子など）を選定することは難しい課題であるが重要である。

　蛍光物質は，特定の波長の光（励起光）を照射すると照射した光より波長の長い蛍光を放出し，励起光および蛍光の波長は蛍光物質の種類により異なる。

　酵素免疫学的な手法などを用いて，細胞活性関連物質に蛍光物質を特異的に結合させ標識することができるので，蛍光標識した細胞活性関連物質の蛍光強度を計測することで，細胞活性関連物質の存在量などを解析することができる。蛍光波長の異なる蛍光物質を使用することにより，同時に複数の細胞活性関連物質の解析を行うこともできる。蛍光標識した細胞活性関連物質の分布（濃度）を細胞毎に数値化し解析できる測定法として，フローサイトメトリーとイメージサイトメトリーがある。

〔1〕 **フローサイトメトリー**　図 8.2 に示すように，フローセルと呼ばれる管の中で，

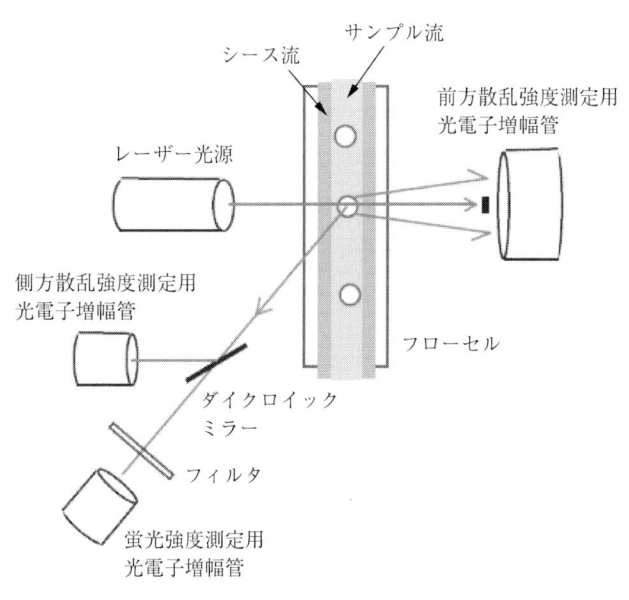

図 8.2　フローサイトメトリーの原理

細胞を浮遊させたサンプル液流がシース液流中で細胞が1個ずつ流れる状態になっている。上記サンプル液流に照射されたレーザー光は，細胞表面および細胞内部の構造物において一部は散乱され，光路上にある蛍光物質からは蛍光が放射される。前方散乱強度は，照射方向前方に設置した光電子増幅管により直接光電子増幅管に入射するレーザー光をマスクして測定され，側方散乱強度と蛍光強度は側方に設置した複数の光電子増幅管とダイクロイックミラー（ある波長より短い波長の光は反射し，長い波長の光は透過させるミラー）により構成された検出器で一度に多色の蛍光強度を測定する。ちなみに図8.2は1色の蛍光強度を測定する構成を示している。

レーザー光を横切るようにして細胞が1個ずつ流れるたびに，前方散乱強度，側方散乱強度，蛍光強度が測定され，各細胞の特性値となる。前方散乱強度は細胞の大きさを表す指標として，側方散乱強度は細胞内部の構造の複雑さを表す指標として解析に用いられる。各細胞の特性値をもとに，細胞の大きさや細胞表面抗原，細胞表面タンパク質などを解析し，個々の細胞および細胞集団の細胞状態を評価する。

〔2〕**イメージサイトメトリー**　蛍光顕微鏡をベースとした画像解析による細胞解析法である。イメージサイトメトリーでは，培養容器から細胞を単離し浮遊させる必要がないため細胞形態も観察できる。蛍光画像は，レーザー光照射位置（測定ポイント）を測定平面内で走査し，細胞内の蛍光標識プローブから放射される蛍光を，測定ポイントごとに光電子増幅管もしくはCCDカメラで捕捉することにより描画される。レーザー光照射位置を走査する方式には，測定試料を固定しガルバノミラーでレーザー光を走査するもの，レーザー光の焦点を固定しステージを走査するもの，レーザー光の1次元走査とステージの1次元走査を組み合わせたものがある。

透過画像や蛍光画像を高度な画像処理を施すことにより，画像上にある複数の細胞の中から個々の細胞の輪郭を求め，細胞ごとの細胞形態パラメータ（面積，周長など）および蛍光積分強度などを求める。これら細胞ごとのデータを解析して，細胞の生化学的・細胞学的な状態を数値化し，個々の細胞および細胞集団の細胞状態を評価する。

蛍光標識を利用した上記の細胞評価方法は，細胞の微細な状態変化を定量的に評価できることから，再生医療の基礎研究において非常に有用なツールである。

一方，再生医療の製造プロセスにおいては，移植組織（細胞）の生体内での安全性が重要視される。蛍光標識することにより細胞評価を行う場合は，使用する蛍光標識物質の生体内での安全性を保障する必要がある。また，評価のために細胞の一部をサンプリングし希少な細胞を消費することも好まれない。このため，再生医療の製造プロセスに適した安価で高検出力をもった非破壊かつ無侵襲な評価方法の技術開発が現状でも強く望まれている。

8.3.2 ルシフェラーゼおよび GFP を用いた *in vivo* 細胞機能評価バイオイメージング法

体の中で起こっているさまざまな現象を観察するのに，いままでは目的の細胞を体外に取り出して観察・実験する *ex vivo* の方法が用いられてきた。しかし，このような人為的な状態は *in vivo* の複雑な状態を反映しておらず，生体内での動態を直接観察できる技術の開発が求められてきた。

生体内の細胞の動きを直接実時間で可視化する技術が，*in vivo* バイオイメージングである。LacZ をマーカー遺伝子とする場合は組織学的観察に適するものの，多数の動物を観察のたびに犠牲にしなければならないという欠点があったが，現在登場したフルオレセンスやルミネセンスを用いたバイオイメージング技術は，生体内の変化を実験動物を屠殺することなく観察することが可能である。

バイオイメージング技術の基となるこの"光"の種類については，現在多く開発・改良が進められている。これらの光は，動物の皮膚を透過して高感度の CCD カメラによりとらえられ，リアルタイムの画像データとして処理される。映し出された画像は，実際の動物の体と重なり合うため，生体内の動態がダイレクトに可視化されたイメージとして描出される。

〔1〕 **ルシフェラーゼを用いたバイオイメージング**　ホタル (firefly) 由来の発光酵素，ルシフェラーゼは，遺伝子のレポーターアッセイに広く利用されている。ルシフェラーゼがルシフェリンと ATP から，酸化ルシフェリンと AMP をつくる反応を触媒する際に発光する光（最大波長 560 nm）をルミノメーターによって検出する。原法では発光時間が短く感度が低かったが，近年改良され，CoenzymeA を発光基質に加えることにより安定した発光が得られるようになった。ただし，従来は *in vivo*，実時間の観察に利用することはできなかった。米国 Xenogen 社で開発された IVIS® Imaging System は，ルシフェラーゼ遺伝子を目的とする遺伝子のプロモーターの下流域に組み込んだ細胞や生体から発する微弱な光を超高感度 CCD カメラによりとらえ，デジタル処理をすることで，生体内の動態をリアルタイムに観察できるようにした装置である。ルシフェラーゼを用いることによる長所は，高感度，迅速性，定量性に優れていることに加え，皮膚を透過する 600 nm 以上の光を同定することで体外からの観察が可能であること，ATP 依存性のため生きた細胞でのみ発光が同定できることである。ただし，基質（ルシフェリン）の投与が必要なこと，発光半減期が短い，黒色の毛の動物ではやや光が透過しにくいなどの短所もある。

図 8.3 は，ラット下肢モデルにおいて，グラフトへの遺伝子導入を行い，遺伝子の発現をルシフェラーゼ活性により同定した例を示す[4]。ルシフェラーゼ遺伝子を導入した臓器をそれぞれ別の個体へ同所性に移植して，移植後 30 日目の下肢グラフトの遺伝子発現の様子が見れる。このイメージから得られた単位面積当りの光の強さ（光子数）をソフトウェア (Living Image®) により定量化することで，経時的な遺伝子発現量の推移も評価すること

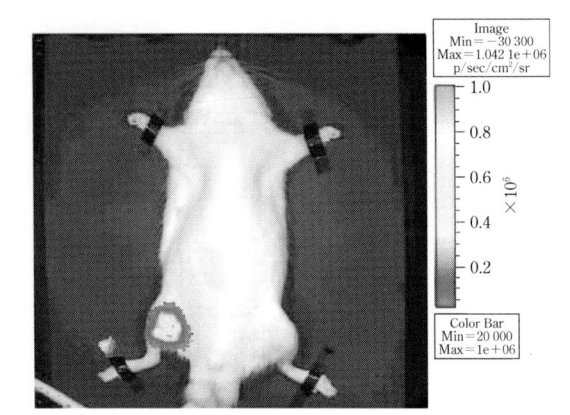

図8.3 移植30日後のラット下肢グラフト
〔Sato：Transplantation, **76**, 9, pp.1294-1298（2003）〕（口絵3参照）

ができる。このようにルシフェラーゼをレポーターとして用いることで，ラットを犠牲死させることなく時間を追って観察することができる。現在，このルシフェラーゼを用いた技術は，その他のがんの転移の研究や抗がん剤の効果判定[5]，アポトーシスの研究などのイメージングにも幅広く用いられている。

〔2〕 **GFPを用いたバイオイメージング**　GFP（green fluorescent protein）は，1962年下村らによって，オワンクラゲ（Aequorea Victoria）の発光器官から発見された。この発光器は普段は発光せず，強い刺激を受けたときだけ緑の光を放つ。その仕組みは，オワンクラゲの化学発光タンパク質（Aequorin：エクオリン）の短波長光（emission，極大470 nm）を放射する代わりに，その励起エネルギーを蛍光タンパク質（GFP）にシフトさせ，より長波長の光（excitation，極大508 nm）を放射する[6]。その後，1992年にPracherらは，GFPの遺伝子組換えに成功した[7]。さらに，1994年，井上らが大腸菌のGFP遺伝子の発現を，また，Chalfieらが線虫における発現をそれぞれ報告した[8],[9]。これによりAequorea GFPの機能的異所性発現が明らかになった。つまり，Aequorea特有の酵素は必要なく，ただGFPの遺伝子を導入すれば，どのような種族においても蛍光を発光できるようになった。GFPは，238個のアミノ酸からなるタンパク質である。この結晶構造は，1996年に，Ormoら，Yangらによりそれぞれ大腸菌につくらせたリコンビナントGFPを材料にして解明された[10],[11]。彼らの発見により，GFP変異種の研究が容易にできるようになり，GFP遺伝子はリポーター，またマーカーとして，現在はその研究がますます普及している。このGFPの利用例としては，遺伝子解析，細胞内オルガネラやタンパク質の可視化，細胞種特異的ラベルなどが挙げられるが，以下にGFPをレポーターとして用いた細胞マーキングシステムについて示す。すなわち，細胞種特異的プロモーターの制御下にGFPを発現するような形質転換個体を作製すれば，ある細胞のみをラベルすることができるというものであり，またFACS（fluorescent activated cell sorting）を用いて，GFP陽性細胞を個体から

分離することもできる。

対象となるラットは，CAGプロモーター制御下にGFP遺伝子を受精卵にマイクロインジェクションさせ誕生させたGFPトランスジェニックラットである。皮膚，骨格筋，骨髄，心臓，肺，肝，膵，脾，末梢血（顆粒球およびリンパ球）にGFPの発現をもつ[12]。この成体では，肺および肝でGFPコントラストが増すという特性を生かして，同一個体内で肺や肝における好中球のイメージングを行うことが可能となる[13]。LPS（lipopolysaccaride）による肝細胞障害をモデルとし好中球の観察を行ったところ，LPS投与直後より輝度の高いGFP陽性細胞（好中球）が，肝類洞を中心にトラッピングされる様子をリアルタイムに観察することができる（図8.4）。

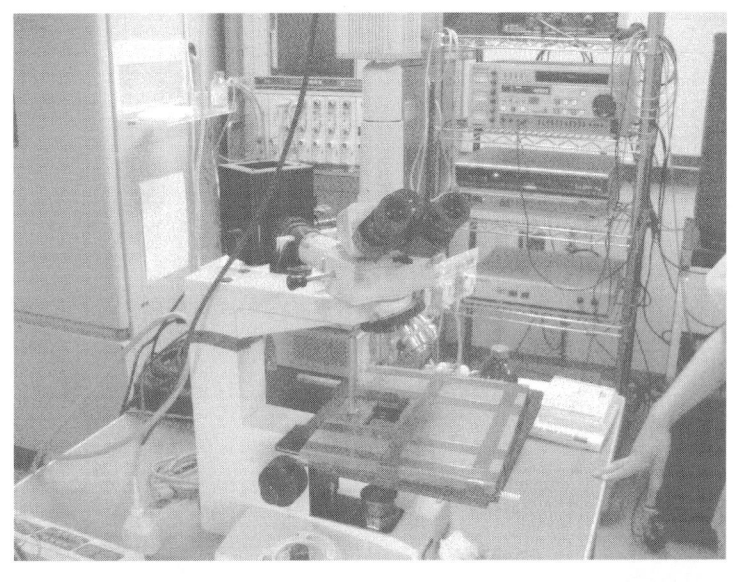

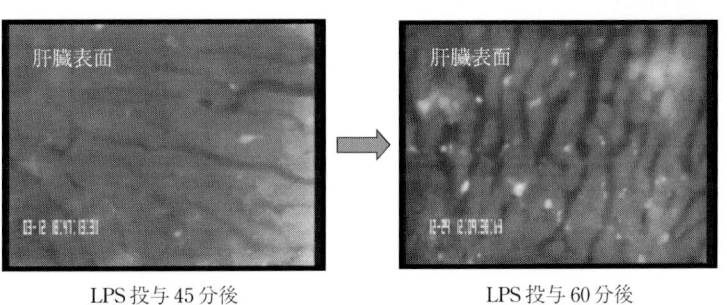

図8.4 CCDカメラ付き蛍光顕微鏡（上），GFP Tg Wistarラットにより検出された好中球（下）

GFPを用いることの長所は，基質の投与が不要であること，また，赤色蛍光色素であるDsRedなどと組み合わせることで複数の蛍光色素での多重解析が可能であることが挙げられる。一方，バックグラウンドが高い，自家蛍光の可能性を否定できない，励起光の届く範

囲でしか観察できないという短所もある。またGFP自体は通常の哺乳類が保持しているタンパク質でないため，生体では"異種"として扱われるという注意が必要である。実際，皮膚移植で確認すると，GFPを持つ皮膚はその遺伝子背景を同じくするラット，マウス上でも拒絶される。しかし，GFPはその迅速性や定量性から需要は高まっており，GFPを用いた in vivo イメージングもより広がりを見せると考えられる。

8.3.3　バイオフォトニクスによる in vivo 組織機能評価法

再生医療の評価のための計測・画像技術に対しては経ファイバー的でかつ非（低）侵襲的・選択的な診断を可能にする光・レーザー計測技術が有効に活用される。これらの計測技術を用いた診断は光・レーザー光と対象である生体の相互作用を利用するものであり，ほぼすべての生体組織が対象となる。そのスケールはマクロな臓器・組織レベルの診断からマイクロ，ナノメートルオーダーの空間分解能を必要とする細胞・分子レベルの診断まで広い。

〔1〕　**光音響法を用いた機能計測法**　　光音響（photoacoustic）法は再生医療における図8.1の治療前診断，組織培養の品質管理，経過観察と医療評価の条件をすべて満たす有用な方法と考えられる。本法の基本原理は，一定条件のパルス光を照射すると，吸収体において熱弾性過程により組織内で応力波が発生し，この経時変化を検出するものである。局所で発生した応力波が組織内を伝搬する過程で組織固有の粘弾性により減衰する現象を利用して組織の力学特性を評価することができる。光音響法による力学特性評価は石原美弥，佐藤正人らにより独自の着想に基づいた新たな計測法[14]であるので，力学特性を変化させたゼラチンから成る生体モデルファントムを用いた原理実証実験が必要であるが，**図8.5**に示すように光音響法で測定した粘弾性パラメータである組織の粘性と弾性の比と，レオメーター（侵襲的粘弾性分析法）で測定した試料固有の粘弾性特性はほぼ一致する。

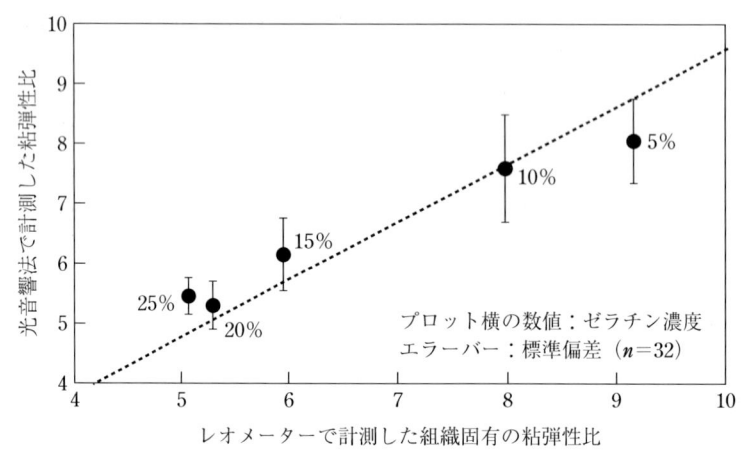

図8.5　光音響法およびレオメーターで測定した粘弾性特性の相関

光音響波発生の励起光源としてはパルスレーザー光が用いられ，その出力光は光ファイバで導光し，生体損傷閾値よりも十分に小さい光エネルギーで計測は可能である[15]。検出には高分子フィルムから構成される圧電センサを用いる。*in vivo* で使用可能なプローブに改良するため光ファイバと圧電センサを同軸に配置した構造の反射型プローブを作製した[15),16)]。プローブの出力信号をFET増幅器で増幅して，マルチチャネルデジタルオシロスコープで観測する。計測システムの全体図を図8.6（a）に示す。なお，臨床用装置として使用するためには可搬式のシステム構成にする必要があり，そのためには最適な波長を設定し，可搬式レーザー装置を光音響波発生の励起源に使用しなければならない。図（b）は，Nd：YAG レーザーの第三高調波（355 nm）を励起源とした可搬式光音響計測システムと反射型

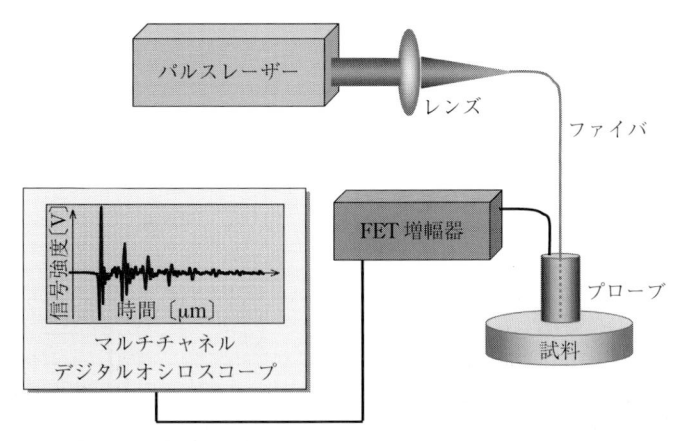

（a） 光音響法による組織粘弾性低侵襲計測システム

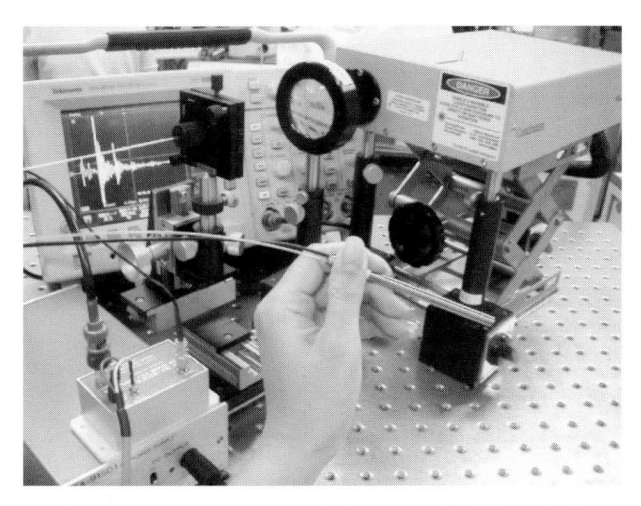

（b） Nd：YAG レーザー光源を用いた可搬式光音響計測システムと反射型プローブの外観

図8.6 計測システム

プローブを示す。

軟骨の再生医療のバリデーションに本法を適用することの有用性を検討するため，膜付きアテロコラーゲンハニカムスポンジ（ACHMS-scaffold）を担体として，高密度かつ3次元で組織工学的手法を用いて佐藤正人（東海大学医学部整形外科学）らにより作製された再生軟骨組織[17~19]を対象に，まず初めに *in vitro* で生体力学特性機能評価を行った（**図8.7**）。

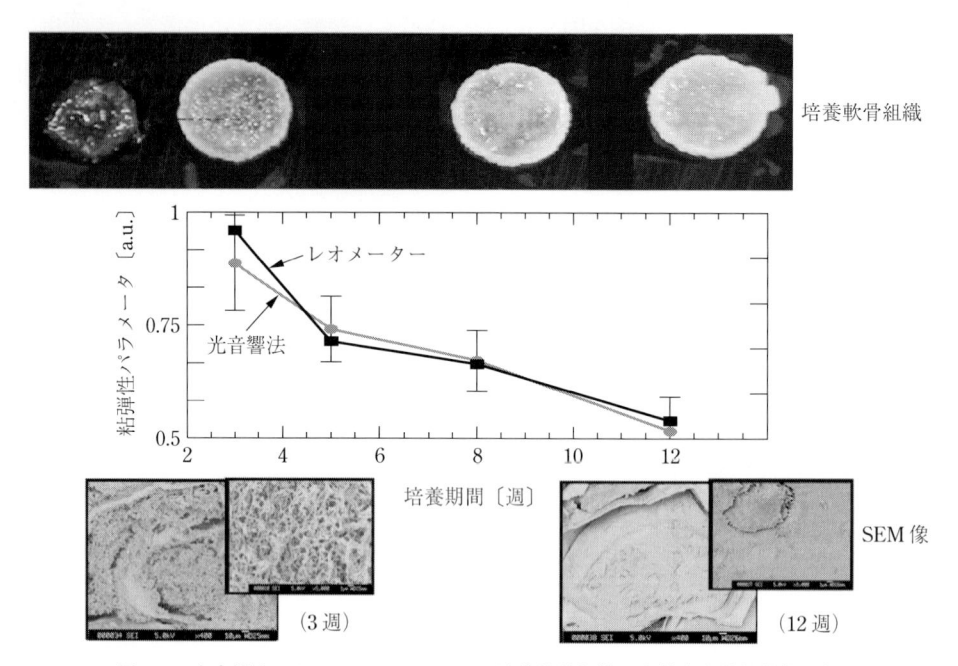

図8.7 光音響法による *in vitro* における培養軟骨組織の生体力学特性機能評価

軟骨の細胞外マトリックスの主要な構成成分であるコラーゲンとプロテオグリカン量を生化学的に分析したところ，培養期間が長くなるにつれてコラーゲンとプロテオグリカンおのおのがほぼ単調増加しており，細胞外マトリックスが構築されていることを確認した。さらに，軟骨の成熟度を示す細胞外マトリックスの指標も培養期間に伴って増加していることがわかった。この試料に対して光音響法を培養期間中に繰り返して計測したところ，培養期間に伴って粘弾性パラメータは単調変化を示した[20]。この培養期間に伴う粘弾性パラメータの変化より，粘弾性を担う軟骨の構成成分の増加を示し，生化学的分析結果とともに軟骨細胞が培養過程において産生されたコラーゲンやプロテオグリカンなどを主要構成成分とする細胞外マトリックスを構築し，その結果，軟骨組織の粘弾性を獲得していることがわかる。すなわち，光音響法により組織性状の経時変化を反映する粘弾性パラメータを測定することが可能になる。さらに組織工学的軟骨組織を対象にした場合でも，レオメーターで測定した試料固有の粘弾性パラメータと光音響法で計測した粘弾性パラメータは一致する[21]。以上の結果から，本計測技術は，移植用再生組織そのものの品質管理に有用である。

さらに再生医療における計測・画像技術が果たす役割と機能（図8.1）における光音響法による治療前診断の可能性を検討するため，軟骨変性モデルを作製して光音響計測を施行した。軟骨変性モデルは酵素処理により細胞外マトリックスを修飾させた。酵素の処理時間が長いほど変性が進行し，これに伴って粘弾性が変化する様子が評価可能であった[15),16)]。また，軟骨の細胞外マトリックスであるプロテオグリカンを生化学的に分析した結果と，測定した粘弾性パラメータの相関があることも判明した。酵素処理により軟骨の主要な機能を担う細胞外マトリックスが変性し，それに伴う粘弾性の変化を光音響法で評価できることから，光音響法は同時に治療前診断（変形性関節症の早期診断など）の可能性をもつことも示された。

さらに移植後の導入組織の粘弾性や周囲組織との生着を経時的に計測できるかを検討するために，家兎関節軟骨全層欠損モデルに対し組織工学的手法を用いた再生医療を施行した。家兎では自然治癒しない大きさとされている直径4 mmの関節軟骨全層欠損を作製し，その欠損部に組織工学的軟骨組織を移植する。光音響計測の有用性を検証するために，この過程において *in vitro* 計測と *in vivo* 計測の両者を施行した[22)]。その結果は図8.8に示すように，培養3週間の組織工学的手法を用いて作製された軟骨の粘弾性パラメータは，*in vitro* でも *in vivo* でも計測値が一致する。すなわち，本光音響法が *in vitro* でも *in vivo* でも有効に測定できる方法であることがわかる。比較のために細胞培養開始時と全層欠損モデル作製前の家兎の正常関節軟骨を対象に測定した粘弾性パラメータも同図中に示すが，日本白色家兎の正常膝関節軟骨の粘弾性と比較すると，培養期間が長くなるほど生来の家兎膝関節軟骨の粘弾性に近づいている。軟骨組織の主要な機能である粘弾性に関して，組織工学的に作

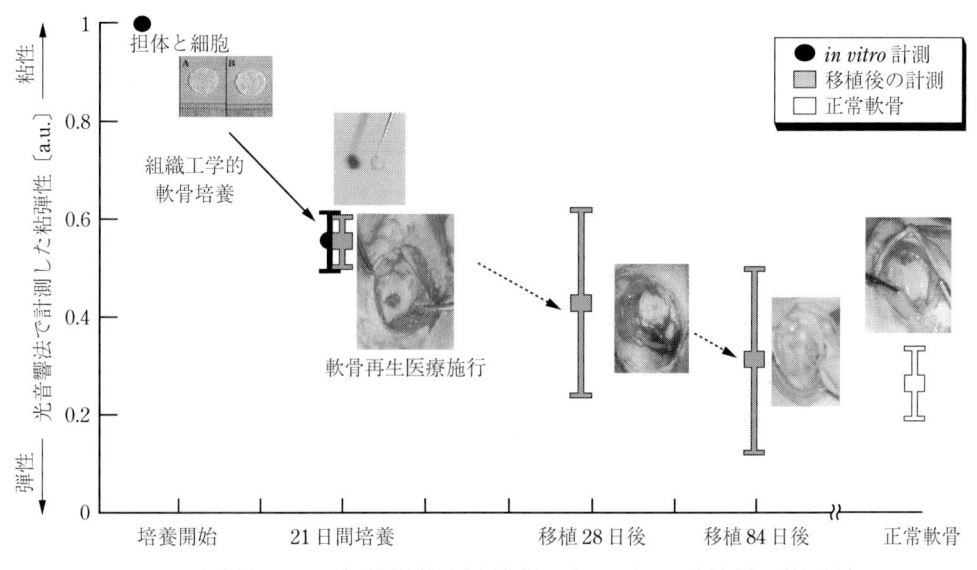

図8.8 光音響法による家兎関節軟骨全層欠損モデルに対する再生医療の効果判定

製した軟骨組織と生来の軟骨組織を比較することで，再生軟骨組織の機能をどの程度まで獲得しているかを評価することができる．すなわち，光音響法により粘弾性機能の修復過程も評価することができ，組織学的検討結果とも合致した．非移植群では，関節軟骨の再生は組織学的検討からも光音響計測からも認められなかった．このように組織学的検討から裏付けられた関節軟骨再生過程を，非侵襲的な光音響法により，繰り返し同一対象試料の機能を評価することが可能である．

なお，本法は光計測の最大の欠点である散乱の影響を受けず，また後述する超音波計測法よりも高い空間分解能が得られる特色を持つ．一般的に光音響法はここで述べた力学特性計測よりは，むしろ光の吸収体の分布イメージング法として利用されている．したがって，例えば光の波長を血液の吸収波長に設定すれば，血管の深さ方向分布イメージングも可能となり，新生血管画像化技術などへの適用も考えられる．

〔2〕 **光コヒーレンストモグラフィーを用いた形態計測法** 光コヒーレンストモグラフィー（optical coherence tomography：OCT）は光の干渉現象を用いた断層イメージング技術である[23]〜[24]．OCT は光エコー法とも呼ばれており，イメージング深さは生体表皮下数 mm の範囲内であるが，従来の画像診断よりも格段に高い解像度（空間分解能）を持つ．OCT の深さ方向の空間分解能は光源のコヒーレンス長によって決まる．すなわち，光源の波長スペクトルが広いほど分解能が高くなる．よく用いられるスーパールミネセントダイオード（SLD）の空間分解能は 10〜20 μm である．OCT は光を生体に照射するだけの簡単な検査で生体断面の微細構造を観察できるため，眼科領域における網膜剥離などの眼底検査にいち早く実用化されている[25]．

OCT の光源には，時間的な一様性（コヒーレンス）がきわめて低い光が用いられ，このような低コヒーレンス光源は正弦波振動はごく短時間にしか発生していない．具体的には，正弦波振動の持続時間 Δt はわずか 30 fs である．ここで，光速を c として $\Delta l_c = c \times \Delta t$（〜10 μm）を SLD のコヒーレンス長と呼び，光源の時間的な一様性の目安となる．ちなみに，レーザー光では Δl_c は数 10 cm から数 m にもなる．

図 8.9 は眼球計測を対象にした OCT の仕組みを示す．基本は SLD を光源としたマイケルソン干渉計であり，光源から出た光は半透明鏡（ビームスプリッター）によって，透過光と反射光とに二分される．透過した光は測定光と呼ばれ，これは測定対象物に向かって直進し，組織内の深さの異なる点で反射したのち，反射測定光となってビームスプリッターに戻ってくる．この反射測定光は，生体組織の境界（角膜の表面，水晶体の表面と裏面，網膜面など）からの多くの光エコーから構成される．一方，ビームスプリッターで反射された光は参照光ミラーで反射して，反射参照光となってビームスプリッターに戻ってくる．ここで，ビームスプリッターを基準にして角膜の表面と参照光ミラー位置が光学的に等距離であれ

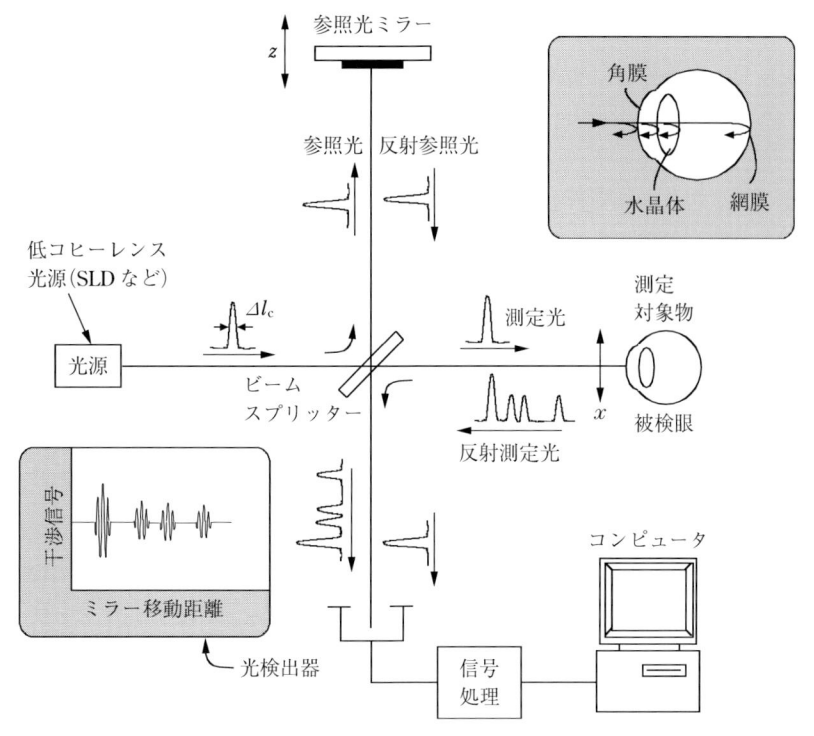

図 8.9 OCT による測定の原理（大阪大学・近江雅人氏より提供）

ば，光検出器の手前で反射測定光と反射参照光が時間的に一致し，両者は干渉して大きな信号を得る．水晶体や網膜からの干渉信号を得るには，参照光ミラーをうしろに移動して光エコーを時間的にずらしてやればよい．このように干渉現象を利用して，生体内からの反射点を参照光ミラーの走査位置によって特定できる．その精度は光エコーの幅，コヒーレンス長 Δl_c である．断層イメージをつくるには，測定光を紙面の横方向（x 方向）にステップ状に移動し，各ステップごとにミラーを z 方向に走査し，紙面内（x-z 面内）のデータを得る．

この OCT の干渉光学系は光ファイバで構成することができ，内視鏡に組み入れることも容易である．したがって，*in vitro* での非侵襲的断層イメージングだけでなく，*in vivo* でのイメージングも可能となり，再生医療への利用が大いに期待されている．

8.3.4 超音波による *in vivo* 組織機能評価法

超音波によって物体が加振されるときの抵抗の大きさは音圧を振動の速度で割った値で表現され音響インピーダンス（acoustic impedance）と呼ばれる．等方性材料における縦波（圧縮波）の伝達を考えると，物質の密度を ρ，その内部での音速を C とすれば，音響インピーダンス Z は，$Z=\rho C$ で与えられる．音速 C は物質の密度 ρ と圧縮弾性率（bulk modulus）K によって，$C=\sqrt{K/\rho}$ と表現され，両式から C を消去すると，$Z=\sqrt{\rho K}$ とな

る。媒質1と媒質2の界面に平面波が垂直に入射する場合には反射率 r，すなわち反射波の強さ（音圧）を入射波の強さで割った値は，各媒質の音響インピーダンス Z_1 と Z_2 によって

$$r = \frac{Z_2 - Z_1}{Z_2 + Z_1} \tag{8.1}$$

で表される。すなわち，超音波の反射は音響インピーダンスの異なる物質の界面で生じ，それらの大きさの違いが大きいほど反射率が高い。

超音波は物体の振動現象であり，電磁波と異なってほとんど非侵襲であるので，簡便な診断法として医療に広く用いられる。医用分野における超音波波形の表示法は，つぎのモード法に分類される。

① A モード法：超音波パルスの反射波形を時間軸上に表示する。
② B モード法：トランスデューサを走査させて超音波パルスの反射波強度を明暗に変えて走査ごとに逐次画面にしてと2次元画像を表示する。
③ M モード法：トランスデューサを静止状態に保ち，超音波パルスの反射波強度を明暗に変えて逐次画面にして直線上における生体の動きを表示する。

軟組織では音速はほとんど変化しないので，超音波パルスが発生してから反射波が検出されるまでの時間はトランスデューサから反射位置までの距離を示すとみなせる。したがってBモード法の2次元画像は生体内部の断面における組織像を示す。また断面内における反射率の分布から音響インピーダンス，組織の密度，硬さ（圧縮弾性率）のわずかな変化を検知して病変を発見することも可能である。

図8.10 は京都大学再生医科学研究所ナノバイオメカニズムの池内健らにより超音波パルス計測における反射波の測定例をAモードで示したものである。試料はブタ膝関節から採取した軟骨であり，超音波の中心周波数は 10 MHz である。図中において左側の波は軟骨表面から反射した超音波を示し，右側の波は軟骨と軟骨下骨の境界から反射したものであ

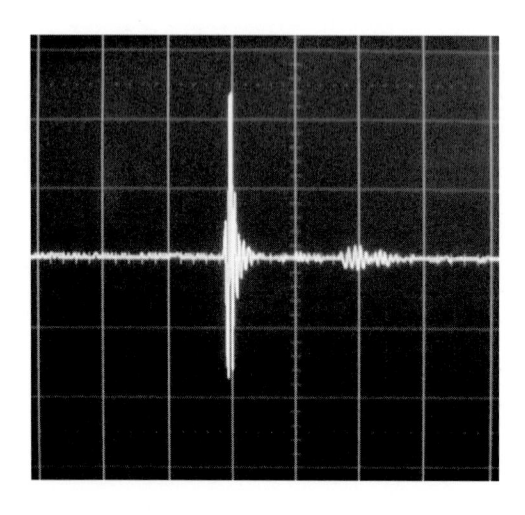

図8.10 Aモードで表示された波形。左の強い波は軟骨表面からの反射波で，右の弱い波は軟骨と軟骨下骨の境界からの反射波である。（京都大学再生医科学研究所・池内健氏より提供）

る。超音波の媒体は生理食塩水なので Z_1 は既知である。そこで軟骨表面からの反射波の振幅すなわち強度から r を確定すれば，Z_2 の値が決まる。別の方法で ρ_2 を測定すれば C_2 の値が決まるので，2個の波の間隔から軟骨の厚さがわかる。逆に軟骨の厚さが既知であれば軟骨内部での音速 C_2 を決定できる。また軟骨の表面粗さと不均質性のために乱反射と内部反射が生じるので，反射波の持続時間から組織の性質を推定できる。図の左側に表示された軟骨表面からの反射波は超音波とパルス波が重なった波であるので，図における振幅の最大値が必ずしも最大強度を示すわけではない。また反射波の持続時間を正確に決めるのは意外に困難である。なお，急激に変化する波形を分析して定量化するために超音波パルスを多くの波（ウェーブレット）の集合で表現するウェーブレット変換が考案されている。この方法を用いれば変化する波における周波数分布を求めることができ，反射波の最大強度と持続時間を計算することが可能である。

　一般に，再生した組織が成熟するほど密度と圧縮弾性率が高くなるので音響インピーダンスと反射率が高くなる。すなわち反射波の強度が高いほど良好な組織が再生したとみなせる。超音波による再生組織の評価は京都大学再生医科学研究所の池内健，堤定美らにより進められている。例えば関節軟骨では，線維性軟骨から硝子性軟骨に近づくにつれて内部の膨潤圧力が高くなり，体積弾性率が高くなる結果，音響インピーダンスと反射率が高くなる[26]。上述したように，ウェーブレット変換を利用して，軟骨の欠損に対する再生医療や骨軟骨移植術の成績を評価することができる[27]。超音波計測により自然に再生する軟骨はすべて線維性であるが，骨髄液や培養軟骨細胞を用いれば良好な軟骨が形成され，実用的な再生技術が実現しつつあることが確認されている。臨床治療においても超音波計測は再生軟骨の診断と評価に適用される[28]。ただし，軟骨表面とトランスデューサが傾くと測定される反射波の強度が低下するので，関節鏡下でプローブを高い精度で操作する必要がある。

8.3.5　MRIによる細胞追跡法

　再生医学の発展により，ES細胞から分化させた細胞やさまざまな種類の幹細胞を投与して治療するという細胞治療が現実味を帯びてきた。こうした細胞治療には，移植した細胞を非侵襲的に可視化してとらえる技術が有効である[29]。その一つの手段として期待されているのが，核磁気共鳴画像（magnetic resonance imaging：MRI）を用いて細胞を非侵襲的に体内追跡する技術であり，MRトラッキング（MR tracking）法と呼ばれている[30]。

〔1〕**MRトラッキング用の標識試薬**　　MR画像は生体内の水分子の水素原子核に由来するMR信号を検出して画像化したものであるが，通常のMR画像法では，移植細胞と非移植細胞を見分けることは難しい。そこでMRトラッキング法では，MR信号の緩和時間を変化させる造影剤を用いて，移植細胞を磁気標識する手段が用いられている。MR信号

の信号強度が減少すれば，MR画像では黒く見え，逆に，信号強度が相対的に増強するとMR画像では白く見える画像が得られる[31]。

MRトラッキング法のための細胞標識試薬として，現在最も使われているのは，MRIの陰性造影剤として普及している超常磁性酸化鉄（super paramagnetic iron oxide：SPIO），超常磁性を示す酸化鉄粒子で径が小さいUSPIO（ultra-small super paramagnetic iron oxide），酸化鉄の単結晶であるMION（monocrystalline iron oxide）などである[31]~[33]。

〔2〕 **細胞の磁気標識法** MRIを用いて細胞をトラッキングするためには，超常磁性酸化鉄を細胞内に効率よく取り込ませることが必要である。そのため，いくつかの非ウイルス系の遺伝子導入試薬が使用されている[32],[34]。遺伝子や細胞膜が負の電荷を持っているため，ほとんどの遺伝子導入試薬は，正の電荷を持つポリマーやタンパク質，あるいは脂質などから構成されている。超常磁性酸化鉄と複合体を形成させて，導入試薬の持つ正の電荷を利用して細胞膜に結合したあと，貪食作用によって取り込まれる。これまでに使用されてきた導入試薬としては，carboxy-terminated dendrimer, FuGENE, SuperFect, PolyFect, Plus/Lipofectamine, Effectene, poly-L-lysine[32]~[34]などがある。しかし，超常磁性酸化鉄はこれらの試薬と同じ正の電荷を持っているため，導入効率が減少する可能性が示唆されている[33]。

最近，新たな非ウイルス系の遺伝子導入試薬である，センダイウイルスのベクター・エンベロープ（hemagglutinating virus of Japan-envelope：HVJ-E）を利用し，超常磁性酸化鉄を効率よく細胞の中に取り込ませることに成功している[35]。HVJ-Eは，細胞膜融合活性を残したままウイルス増殖活性を完全に不活化した低細胞毒性の導入試薬で，プラスミドDNA，低分子核酸，タンパク質だけではなく，超常磁性酸化鉄もHVJ-Eに封入できる[35],[36]。電荷を利用せず，ウイルスエンベロープのもつ膜融合能を介して目的の物質を細胞内に移送するため，効率よく超常磁性酸化鉄を細胞質内に導入できる。

図8.11にマウスの神経幹細胞をSPIOで標識しラットの線条体に移植したあとに，2T

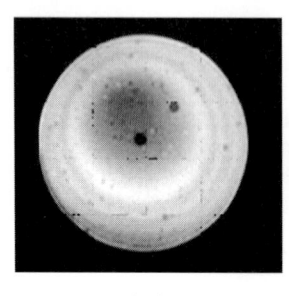

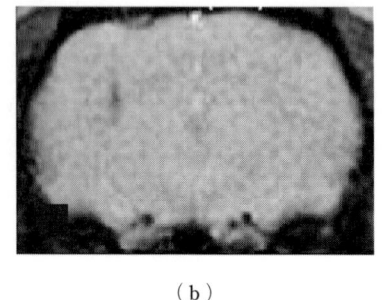

（a）　　　　　　　　　（b）

図8.11 磁気標識したマウス神経幹細胞を模擬組織（a）およびラット線条体（b）に移植後，2TのMRI装置で画像化したもの。模擬組織には700個，ラット線条体には1250個移植した。

(テスラ)のMRI装置で観察した結果を示す。MR造影剤と細胞標識法の進歩により,臨床で多く使われているMRI装置とほぼ同じ2TのMRI装置で,数百個から1000個の移植細胞を明りょうに観察できる。また,強い造影効果が得られるようになり,従来のT2強調画像のみならず,T1強調画像での追跡も可能になっている。その結果,解剖学的構造もよく把握できるようになり,マウスのような小動物でもMRIによる細胞追跡が可能になった(**図8.12**)。

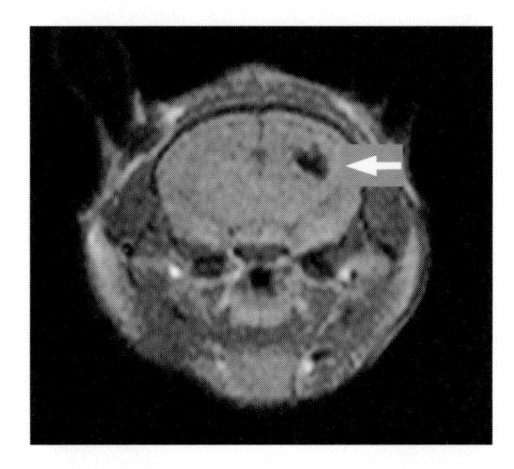

図8.12 磁気標識したマウス神経幹細胞をマウス海馬に移植し,2TのMRI装置で画像化

現在,疾患モデルとして遺伝子改変マウスが多数開発されている。MRトラッキング法がマウスに応用可能になったことにより,遺伝子改変モデルマウスを用いた細胞治療研究に貢献できると期待される。**図8.13**は,マウスの神経幹細胞とアストロサイトをSPIOで標識し,ラットの線条体に移植し,移植1日目と3週間後にMRI装置で観察した結果を示している。移植1日目には,移植した神経幹細胞(図(a)),アストロサイト(図(c))ともに,線条体に局在している。3週間後になると,移植した神経幹細胞の一部が傷ついた脳表に向かって移動している所見が明りょうに観察される(図(b)の矢印)。一方,移植したアストロサイトは移植部位にとどまっている(図(d))。この結果は,神経幹細胞が傷害された脳領域に向かって脳内を移動する性質を強く持つことを示している。このようにMRトラッキング法により,動物を殺傷することなく移植細胞を追跡することができる。

　MR画像による細胞追跡法は,再生医療や細胞治療研究に重要な画像法になると期待される。しかしながら,いくつかの問題点も指摘されている。超常磁性酸化鉄による細胞標識は,標識方法の改善により,培養細胞の段階での毒性をかなり減弱できるようになった。しかしながら,移植後に生体内に多量に存在する酸素を活性化させるなど,毒性を示す可能性は否定できない。移植細胞が死亡したあとに,細胞外に出た鉄粒子が比較的長期間,残存する点も欠点である。さらに陰性造影剤であるため,もともとMR信号が低い骨組織などでの追跡には不向きである。また,本来MRで検出されるはずの代謝産物のMR信号まで減

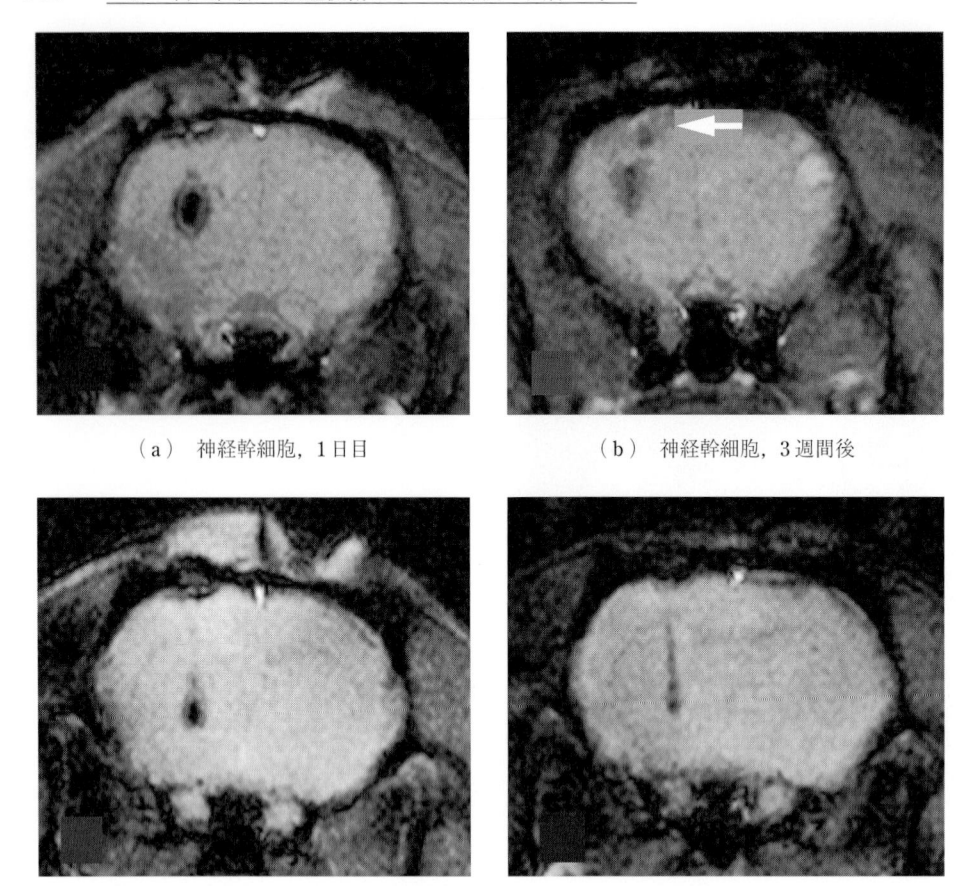

(a) 神経幹細胞，1日目　　　　　(b) 神経幹細胞，3週間後

(c) アストロサイト，1日目　　　　(d) アストロサイト，3週間後

図8.13 磁気標識したマウスの神経幹細胞とアストロサイトを
ラット線条体に移植後，MRIで経時的に追跡

弱させてしまう。これらの問題を解決するために，新たな細胞標識剤の開発が強く望まれており，とりわけ安全で高感度な陽性の標識剤の登場が待たれる。陽性の標識剤としては，従来から使われているガドリニウム製剤に加え，最近では，フッ素（^{19}F）画像を利用した標識剤が報告されている[37),38)]。

再生医療の進展に伴い，再生医療技術や細胞治療法を臨床応用する段階にきている。人体への負担を軽減するためにも，本項で述べたMRトラッキング法を含めた非侵襲的画像診断法は，今後ますます重要になってくると思われる。

8.4　お わ り に

再生医療の基盤技術としての計測・画像工学と題した本章は，再生医療にすでに応用され

ている計測・画像技術,将来再生医療での活用が期待される技術,おのおのを掲載した。これらの技術により再生医療の質の担保(バリデーション)が確立されることになり,同時に安全性が確保されることから,再生医療を実現させるためにはきわめて重要な役割と理解していただきたい。また今後,この分野が益々発展していくことを切望する。

　この場をお借りして,執筆にご協力いただきました先生方に感謝いたします。

引用・参考文献

1) 石原美弥,佐藤正人,菊地　眞:再生医療における機能評価とバリデーションのための計測・画像技術,再生医療,**2**,4,pp.47-54(2003)

2) 石原美弥,佐藤正人,持田譲治,菊地　眞:再生医療を具現化するための基盤技術としての光計測・評価技術,「遺伝子医学」MOOK「再生医療へのブレイクスルー——その革新技術と今後の方向性——」,田畑泰彦編,pp.228-232,(株)メディカルドゥ(2004)

3) 石原美弥,佐藤正人,菊地　眞:臓器の評価技術,図解再生医療工学,立石哲也他 編著,pp.225-232,工業調査会(2004)

4) Sato, Y. and Ajiki, T. et al.:A novel gene therapy to the graft organ by a rapid injection of naked DNA I:Long-lasting gene expression in a rat model of limb transplantation, Transplantation, **76**, pp.1294-1298 (2003)

5) Sweeney, T. J. et al.:Visualizing the kinetics of tumor-cell clearance in living animals, Proc. Natl. Acad. Sci. USA, 12, 96, pp.12044-12049 (1999)

6) Shimomura, O. et al.:Extraction, purification and properties of aequorin, a bioluminescent protein from the luminous hydromedusan, Aequorea, J. Cell Comp. Physiol., **59**, pp.223-239 (1962)

7) Prasher, D. C. et al.:Primary structure of the Aequorea Victoria green-fluorescent protein, Gene., **15**, 111, pp.229-233 (1992)

8) Inoue, S. and Tsuji, F. I.:Evidence for redox forms of the Aequorea green fluorescent protein, FEBS lett., **5**, 351, pp.277-280 (1994)

9) Chalfie, M. et al.:Green fluorescent protein as a marker for gene expression, Science, **11**, 263, pp.802-805 (1994)

10) Ormo, M. et al.:Crystal structure of the Aequorea victoria green fluorescent protein, Science, **6**, 273, pp.1392-1395 (1996)

11) Yang, F. et al.:The molecular structure of green fluorescent protein, Nature Biotech., **14**, pp.1246-1251 (1996)

12) Hakamata, Y. et al.:Green fluorescent protein-transgenic rat:a tool for organ transplantation research, BBRC, **286**, pp.779-785 (2001)

13) Sakuma, Y. and Sato, Y. et al.:Lympho-myeloid chimerism achieved by spleen graft of green fluorescent protein transgenic rat in a combined pancreas transplant model, Transplant Immunol., **12**, pp.115-122 (2004)

14) Ishihara, M. et al.:Viscoelastic characterization of biological tissue by photoacoustic

measurement, Jpn. J. Appl. Phys., **42**, 5 B, pp.556-558 (2003)

15) Ishihara, M. et al.: Development of Diagnostic System for Osteoarthritis Using the Photoacoustic Measurement Method, Lasers in Surgery & Medicine, **38**, pp.249-255 (2006)

16) Ishihara, M. et al.: Applicability of photoacoustic measurement for biomechanical characterization; from in vitro engineered tissue characterization to in vivo diagnosis, Proc. of SPIE, **5319**, pp.11-14 (2004)

17) Sato, M. et al.: An experimental study of the regeneration of the intervertebral disc with an allograft of cultured annulus fibrosus cells using a tissue-engineering method, Spine, **28**, 6, pp.548-553 (2003)

18) Sato, M. et al.: An atelocollagen honeycomb-shaped scaffold with a membrane seal (ACHMS-scaffold) for the culture of annulus fibrosus cells from an intervertebral disc, J. Biomed. Mater. Res., **64**, 2, pp.248-56 (2003)

19) Sato, M. et al.: Tissue engineering of the intervertebral disc with cultured annulus fibrosus cells using atelocollagen honeycomb-shaped scaffold with a membrane seal (ACHMS scaffold), Medical & Biological Engineering & Computing, **41**, 3, pp.365-371 (2003)

20) 石原美弥 ほか：軟骨再生医療のための光音響法を用いた粘弾性評価システムの開発，レーザー研究，**32**, 10, pp.640-644 (2004)

21) Ishihara, M. et al.: Usefulness of photoacoustic measurements for evaluation of the biomechanical properties of tissue-engineered cartilage, Tissue Engineering, **11**, 7-8, pp.1234-1243 (2005)

22) 石原美弥 ほか：軟骨再生医療の評価に用いる光音響法の開発，レーザー医学会誌，**26**, 1, pp.53-59 (2005)

23) Huang, D., Swanson, E. A., Lin, C. P., Schuman, J. S., Stinson, W. G., Chang, W., Hee, M. R., Flotte, T., Gregory, K., Puliafito, C. A. and Fujimoto, J. G.: Optical coherence tomography, Science, **254**, pp.1178-1181 (1991)

24) 春名正光，近江雅人：医療を中心とする光コヒーレンストモグラフィーの技術展開，レーザー研究，**31**, pp.654-662 (2003)

25) Puliafito, C. A., Hee, M. R., Lin, C. P., Reichel, E., Schuman, J. S., Duker, J. S., Izatt, J. A., Swanson, E. A. and Fujimoto, J. G.: Imaging of macular disease with optical coherence tomography (OCT), Ophthalmology, **102**, pp.217-229 (1995)

26) Hattori, K. et al.: Measurement of the mechanical condition of articular cartilage with an ultrasonic probe; quantitative evaluation using wavelet transformation, Clinical Biomechanics, **18**, pp.553-557 (2003)

27) Kuroki, H., Nakagawa, Y., Mori, K., Ikeuchi, K. and Nakamura, T.: Mechanical effects of autogenous osteochondral surgical grafting procedures and instrumentation on grafts of articular cartilage, Am. J. Sports Med., **32**, 3, pp.612-620 (2004)

28) Hattori, K. et al.: Quantitative arthroscopic ultrasound evaluation of living human cartilage, Clinical Biomechanics, **19**, pp.213-216 (2004)

29) 犬伏俊郎：MR（核磁気共鳴）分子・細胞画像――生体内幹細胞の無侵襲追跡技術――，月刊バイオインダストリー，**21**, pp.36-42 (2004)

30) Bulte, J. W. M., Zhang, S.-C., Van Gelderen, P., Herynek, V., Jordan, E. K., Duncan, I. D.

and Frank, J. A.：Neurotransplantation of magnetically labeled oligodendrocyte progenitors ; magnetic resonance tracking of cell migration and myelination, Proc. Natl. Acad. Sci. USA, **96**, 22, pp.15256-15261 (1999)

31) Bulte, J. W. M., Duglas, T., Witwer, B., Zhang, S.-C., Lewis, B. K., van Gelderen, P., Zywicke, H., Duncan, I. D. and Frank, J. A.：Monitoring stem cell therapy in vitro using magnetodendrimers as a new class of celler MR contrast agent, Acad. Radiol., **9**, suppl. 2, pp.S 332-S 335 (2002)

32) Frank, J. A., Zywicke, H., Jordan, E. K., Mitchell, E, J., Lewis, B. K., Miller, B., Bryant, H. and Bulte, J. W. M.：Magnetic intracellular labeling of mammalian cells by combining (FDA-approved) superparamagnetic iron oxide MR contrast agents and commonly used transfection agents, Acad. Radiol., **9**, suppl. 2, pp.484-487 (2002)

33) Hoehn, M., Kustermann, E., Blunk, J., Wiedermann, D., Trapp, T., Wecker, S., Focking, M., Arnold, H., Hescheler, J., Fleischmann, B. K., Schwint, W. and Buhrle, C.：Monitoring of implanted stem cell migration in vivo ; Magnetic resonance imaging investigation of experimental stock in rat, Proc. Natl. Acad. Sci. USA, **99**, 25, pp.16267-16272 (2002)

34) Frank, J. A., Miller, B. R., Arbab, A. S., Zywicke, H. A., Jordan, E. K., Lewis, B. K., Bryant, L. H. and Bulte, J. W. H.：Clinically applicable labeling of mammalian and stem cells by combining superparamagnetic iron oxides and transfection agents, Radiology, **228**, 2, pp. 480-487 (2003)

35) Toyoda, K., Tooyama, I., Kato, M., Sato, H., Morikawa, S., Hisa, Y. and Inubusi, T.：Effective magnetic labeling of transplanted cells with HVJ-E for magnetic resonance Imaging, Neuroreport, **15**, 4, pp.589-592 (2004)

36) 加藤雅也：高機能トランスフェクションキット HVJ-Envelope VECTOR KIT (Genom ONE™)，BIO Clinica，**17**，7，pp.615-619 (2002)

37) Ahrens, E. T., Flores, R., Xu, H. and Morel, P. A.：In vivo imaging platform for tracking immunotherapeutic cells, Nat. Biotechnol, **23**, 8, pp.983-987 (2005)

38) Maki, J., Masuda, C., Morikawa, S., Morita, M., Inubushi, T., Matsusue, Y., Taguchi, H. and Tooyama, I.：A novel reagent, poly-L-lysine-CF_3, for MR tracking of transplanted ATDC5 cells, Biomaterials, **28**, 3, pp.434-440 (2007)

9 細胞表面の1分子追跡
～1分子観察からタンパク質・脂質が感じている膜構造がわかる～

9.1　は　じ　め　に

　細胞膜にある分子を，1分子ずつ追跡したり，1分子を捕まえて引っ張ることによって相互作用を調べたり，というようなことができるようになってきた。多数分子の平均を見ていてはわからない現象，見るだけではわからないが分子をちょっと引っ張ってみたらすぐにわかること，などがたくさんあることがわかってきた。本章は，そのような新しい強力な研究を紹介し，再生医療に関連した細胞の研究をはじめ，多くの研究に取り入れていくことを目的として述べる。

　図9.1（a）は培養細胞の細胞膜上で，膜を構成する最も基本的な分子であるリン脂質の

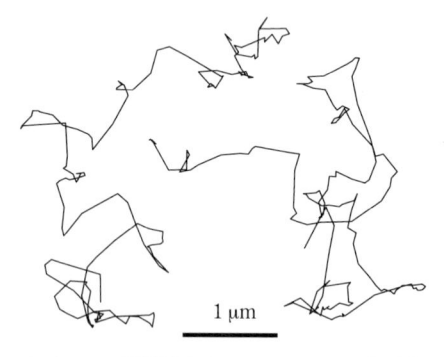

（a）　10 s間追跡したCy 3-DOPEの典型的な軌跡。時間分解能33 ms（ビデオレート）

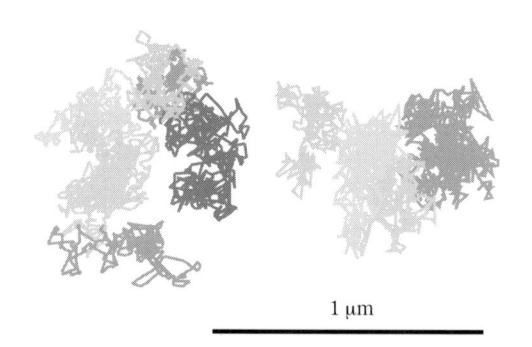

（b）　高速カメラで観察したときのDOPEの典型的な軌跡。時間分解能25 μsで56 ms追跡した。このDOPEの運動は単純ブラウン運動からかけ離れていて，ホップ拡散を行っていることがわかった。定量解析によってコンパートメントとして検出された場所ごとに紫→青→緑→黄→赤→紫の順に色分けして示す。左側の軌跡では2度目の紫のコンパートメントはそれより以前に滞在していた黄のコンパートメントと同じ場所であった。（口絵4参照）

図9.1　リン脂質のホップ拡散

1分子を時間分解能33 ms（ビデオレート）で追跡したときの典型的な軌跡である．本章において，時間分解能は非常に重要な要素であるので簡単に説明する．録画のスピードは，1 s間に何コマ撮像しているのかを示すfps（frames per second）で表す場合と，1コマ当りの時間で表すことが多い．通常のビデオカメラでは，1 s間に30コマ撮るので，30 fpsまたは33 ms/frameである．そこで本章で扱っている33 ms/frameの時間分解能をビデオレート（日米の標準的なビデオのコマ速度）と記述している．また，高速カメラを用いた場合は時間分解能を25 μsまで上げることができている．これはビデオレートの1 300倍以上のコマ速度に相当する．図（b）は，同じ分子をその1 300倍以上のコマ速度で観察したときの運動の軌跡である．これらの軌跡を詳しくみると，リン脂質は速く熱運動をしているが，数百nm（平均260 nm）の大きさのコンパートメントに短時間閉じ込められ，その後隣接するコンパートメントにホップし，そこに短時間（平均55 ms）閉じ込められ，というような運動を繰り返すことによって，膜上の広い範囲を拡散していることがわかる．このような閉じ込めとホップがどのようにして起こるかは9.4節で述べるが，これは，1972年のSinger-Nicolson[1]以来の細胞膜の概念を変えるような大きな発見であった[2]．

　なぜ，この30年間見いだされなかったこのような発見が可能になったのであろうか．理由として，つぎの三つを挙げることができる．

　① 1分子ずつの観察を行ったこと．：2分子以上の動きの平均を見るような方法で調べたら，ホップの瞬間というのは，見ている分子全体の平均をとることによってマスクされ，見えなくなってしまう．

　② 時間分解能を十分に上げたこと．：コンパートメントの滞在時間は，1 msから数十msの間であったので（具体的な値は分子と細胞の両方に依存する），ビデオレートなどではまったく見えず，時間分解能は少なくとも25 μs程度にする必要があった．

　③ 位置決めの空間精度が，技術の進歩と共に時間分解能をあげても，10 nm程度は取れるようになったこと．：そうでないと，30～300 nmの大きさのコンパートメント（具体的な値は細胞によって違う）を見いだすことは不可能であったであろう．

　本章では，このような観察を可能にする1分子追跡法，さらには1分子を捕まえて細胞膜中を自由に動かす方法などについて，それからわかってきた細胞膜の動的構造とともに紹介する．

9.2 細胞膜構造の概念のパラダイムシフト

　Singer-Nicolsonの細胞膜モデル図（図9.2）[1]が1972年に発表されて四半世紀，このモデル図は細胞膜研究者のなかで大前提となりつつあった．

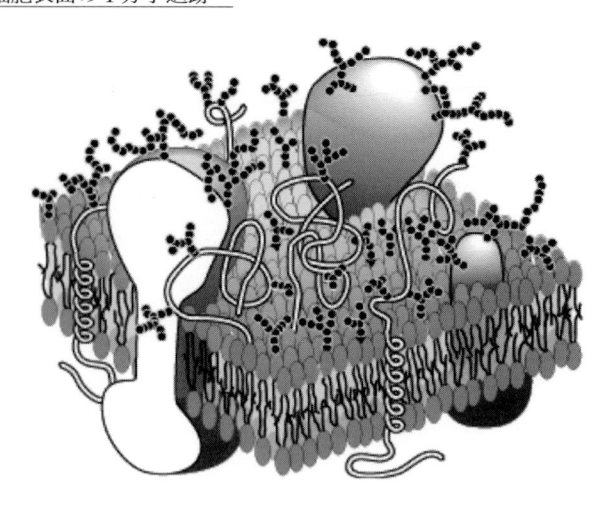

Singer-Nicolsonにより1972年に発表された細胞膜モデルの概略図。脂質二重膜中に膜貫通型タンパク質や糖鎖が浮いているというモデルである。しかし，実際のタンパク質の拡散係数がこのモデルをもとに得られる拡散係数より1/5から1/50ほど遅くなっていることは説明できず，細胞膜の構造が四半世紀以来の謎となっている。

図 9.2 以前の細胞膜モデル

しかしながら，細胞膜中での分子の挙動が，人工膜中でのそれと二つの点でまったく違っており，普通の拡散の理論ではまったく説明できないことが周知の事実となりつつあった。この二点とは

① 細胞膜上での分子の動きは，拡散係数にして人工膜中の1/5～1/50程度ときわめて強く抑制されているが，ここ30年来，その理由がまったくわからないままである[3]。

② 細胞膜中で膜分子が会合すると，並進拡散係数が劇的に減少する[4]。

これらは細胞膜を2次元の液体と仮定すると，拡散の理論とまったく合わない（再構成膜中では理論[5]と実験[6]~[8]は一致する）。1分子追跡を用いた生細胞の細胞膜上での一連の実験により，これらの問題は一気に解決されたのである。

詳細については9.4節で説明するが，1分子追跡によって細胞膜が"フェンス"と呼ばれるアクチン線維のメッシュと"ピケット"と呼ばれるその線維に結合した膜貫通タンパク質によってコンパートメント化されていることがわかった。そしてそのことから，細胞膜中の分子の拡散が人工膜中より1/5～1/50も遅い理由が理解できたのである。さらに，この描像の大きな変化は，細胞膜におけるシグナル変換機構の考え方も大きく変えそうである。例えば，細胞膜上の多くの受容体はリガンド結合によるわずかな構造変化によって会合を起こすことが知られている。これによって，受容体の細胞質側ドメインに細胞質内のシグナル分子が結合して，シグナル複合体を形成し，細胞質部分はしばしば大きいものとなる。しかし，

もし細胞膜が連続体であったとすると，このような複合体形成が起こっても細胞膜中での拡散速度はほとんど変わらないことがわかっている。(例えば，十量体が形成されたとしても拡散係数の低下は 20 %程度)[5]。しかしながら，実際には三～四量体程度の会合でも拡散係数は 2 けた程度減少し[9]，実質上運動は停止状態になる。これは細胞膜近傍の膜骨格がシグナル複合体の運動をフェンス効果によって大きく抑制しているからだと考えられる。また，細胞の走化性因子受容体などは細胞が進む方向を決めるにあたり，シグナルを受け取ったあと 30 s 程度はシグナルを受け取った部位を記憶しておかなければならない。このような場合，シグナル複合体をシグナルを受け取ったコンパートメント内に閉じ込めて運動できなくしてしまうという制御はきわめて有効であると考えられる。このような細胞膜骨格による拡散の制御と細胞膜のコンパートメント化は，シグナル伝達に有利な状況を作り出すためにさまざまな場面で利用されていると筆者らは予想している。

総じて，細胞膜を 2 次元の液体と考えるモデルには，大きなパラダイムシフトが必要であることがわかった。Singer-Nicolson の流動モザイクモデル[1]は，10 nm 程度のきわめて小さい構造に対しては細胞膜中でも正しい。しかし，それを数十 nm 以上の大きな構造に適用するのが間違いだったのである。このような大域的なレベルでの分子の分布や運動については，細胞は違ったレベルでのコントロールを行っている。細胞はアクチン膜骨格を制御することによって，膜のコンパートメントと膜分子の局在や運動を制御しうるのである。

このようなパラダイムシフトを必要とさせたのは，1 分子追跡技術の発達によるものである。生物の世界にはほかにも多くの，このようなわかっていないことがたくさんあって，これから述べる 1 分子追跡の技術により，ほかにも多くのパラダイムシフトの必要性をもたらすかもしれない。

9.3 1分子追跡法

1 分子追跡法を大別すると，蛍光標識した分子に励起光を当てて観察する方法 SFMT (single fluorescent-molecule tracking：1 分子蛍光追跡) と，分子を金コロイドなどで標識しその運動を観察する方法 SPT (single particle tracking，1 分子追跡) の二つに分けられる。

両者のうち長時間観察に適しているのは，金コロイドプローブ 1 分子追跡法 (SPT) である。金コロイドプローブは退色することはなく，好条件下では一つの粒子を 20 min 以上も追跡することが可能である。金コロイドプローブにより高い画像コントラストが得られるので，高空間分解能 (nm レベル)，高時間分解能 (ビデオレートの 1 000 倍以上，25 μs) での観察を可能にする。

しかし，金コロイドプローブを作ることは難しい場合が多い．なぜなら，金コロイドに結合したタンパク質のほとんどは変性するので，結合活性を持つプローブを作ることが難しいからである．特定分子を認識するプローブができたとしても，立体障害やクロスリンクの問題を解決する必要があり，よいプローブを作るのに半年以上かかることも珍しくない．

そこで，ある分子が止まっているのか動いているのか，動きは速いのか遅いのかを知りたいなどという場合は，まずプローブ作りが簡単な1分子蛍光追跡（SFMT）で観察することである．プローブ作りの操作が簡便で，順調にいくと数日で目的分子の運動を追跡することが可能である．しかし，蛍光プローブは非常に短い間に退色してしまうので，総観察時間は0.5～20 sに制限されてしまううえに，SN比（signal-to-noise ratio）が低いため，高い時間分解能での観察が難しいことなど不利な点もある．

SFMTとSPTの二つを比較してまとめたものを**表9.1**に示す．両者に長所・短所があるため，両者の方法で得られた同一分子の観察結果を比較することが多く，したがってSPT法，SFMT法の両者を組み合わせて実験する頻度も高い．両者の欠点と利点を理解したうえで実験の目的に応じた方法を選ばれるとよい．本節ではSFMTとそれを応用した実験法であるFRET，2色同時観察と，SPT，SPTを応用した光ピンセット法を順に説明する．

表9.1 1分子蛍光追跡（SFMT）法と金コロイドプローブ1分子追跡（SPT）法の比較

項　目	1分子蛍光追跡（SFMT）法	金コロイドプローブ1分子追跡（SPT）法
検出する分子数	1分子	1～数分子
時間分解能	数ミリ秒まで	数マイクロ秒まで
軌跡の長さ	10 s以下が多い	～20 min以上
ビデオレートでの位置決定精度	18 nm	4 nm
用いるプローブ	GFP，YFP，Cy 3，Alexaなど	金粒子（20～40 nm）
応用編	FRET，2色同時観察など	光ピンセットなど

9.3.1　SFMT（1分子蛍光追跡）法

SFMT（single fluorescent-molecule tracking）とは，特定分子を蛍光標識し，励起光を照射したときに蛍光標識から生じる光シグナルを1分子ごとに観察する方法である．1分子蛍光追跡は，対物レンズ型全反射顕微鏡（total internal reflection fluorescence microscopy：TIRFM）により行うのが便利である．**図9.3**に示すように，光をガラス表面で全反射させると，全反射とはいっても表面を越えて低屈折率の媒体中にわずかの距離だけ光が浸み出す．電磁気学的にいうと，約50 nmの特性距離で指数関数的に減衰する電場が表面の向こう側に生ずる．この場をエバネセント場（evanescent field），浸み出した光をエバネセント光と呼んでいる．このエバネセント光を用いる対物レンズ型蛍光励起用の付属品は蛍光顕微鏡のオプションとして市販されている．例えば，励起光として，Ar^+レーザー（488

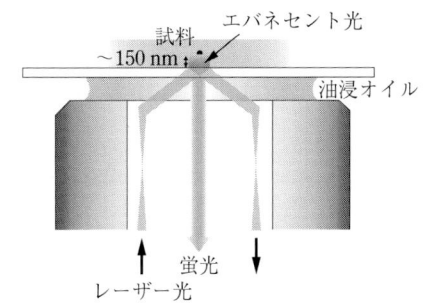

9.3 1分子追跡法   173

図9.3 全反射蛍光顕微鏡法（対物レンズ型全反射照明法）の模式図

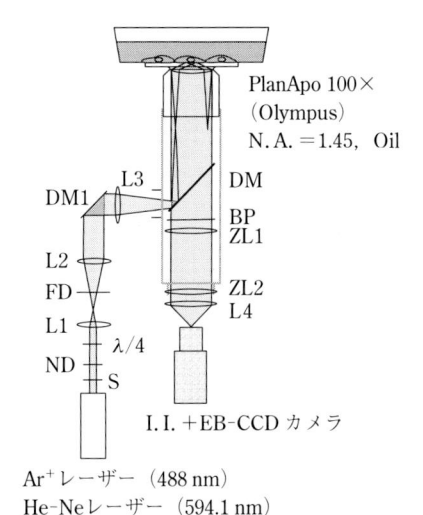

全反射蛍光顕微鏡の代表的な方法である対物レンズ型全反射照明法．対物レンズの辺縁部にレーザー光を入射するとガラス・試料境界面で全反射し，表面近傍に約50〜150 nmの深さに光が浸みだす．この浸み出した光であるエバネセント光を蛍光の照明に用いる．

S：電磁シャッター
ND：減光フィルタ
FD：視野絞り
DM：ダイクロイックミラー
BP：バンドパスフィルタ
L：レンズ
ZL：ズームレンズ

1分子蛍光追跡は倒立顕微鏡を基礎として作製した対物レンズ型全反射顕微鏡を用いて行った．円偏光させた波長488 nmのAr$^+$レーザーもしくは波長594.1 nmのHe-Neレーザーのビームを落射蛍光用ポートを経由して，高開口数（NA＝1.45）をもつ対物レンズの端に導入し，ガラスベース培養皿のガラスの上にエバネセント波を形成させた．

図9.4 全反射顕微鏡の光路図

nm），もしくはHe-Neレーザー（594.1 nm）を使用し，**図9.4**に示すような光路により試料に導入する．

われわれの研究室で蛍光標識として用いているのは，GFP（YFP），Alexa 594，Alexa 488，Cy 3などの分子である．受容体のリガンドや抗体に蛍光色素を標識したり，あるいはGFPを目的とする融合タンパク質を発現させる．また抗体，リガンド，ねらいとする分子そのものを直接に蛍光色素で標識して，細胞に添加したり顕微注入することも多い．

9.3.2　1分子蛍光共鳴エネルギー移動法

二種の蛍光分子があり，片方の蛍光スペクトルと他方の吸収スペクトルに重なりがあるとしよう．これらの分子が通常5 nm以下の距離に接近すると電気双極子間相互作用（基本的にはラジオのアンテナどうしの相互作用と同じ．それで共鳴という用語が使われる）が検出されるようになる．すなわちエネルギーを与える側（蛍光スペクトルが重なりを持つ分子）の分子を励起すると，この分子は蛍光発光せずにエネルギーを受け取る側（吸収スペクトル

174   9. 細胞表面の1分子追跡

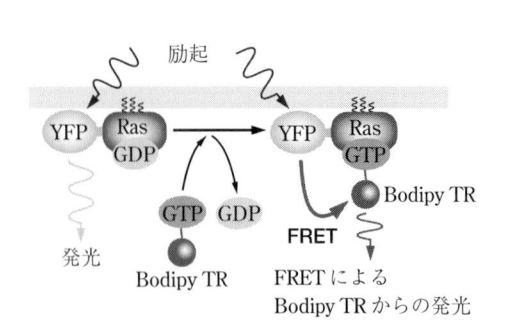

(a) 生細胞内で1分子のGTPが1分子のH-Rasに結合すると，YFP-H-RasからBodipy TR-GTPへのFRETが誘導され，GTPの結合，すなわち，Rasの活性化が検出できる。

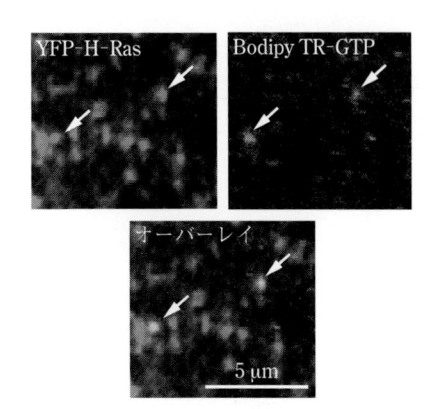

(b) YFP-H-Rasを発現したKB細胞にBodipy TR-GTPを顕微注入し，その後，20 nMのEGFで刺激を行った。YFPのみを励起し，Bodipy TRの輝点は見えない条件で観察しているにもかかわらず，Bodipy TRチャネルで蛍光の輝点が観察できる。

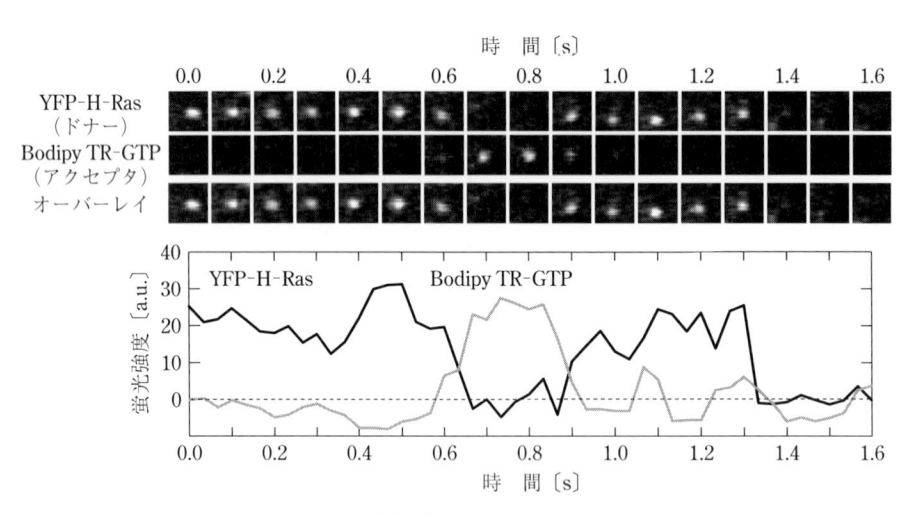

(c) 生細胞内1分子FRETの一例。刺激後0.7秒のとき，1分子のYFP-H-Ras（上の行）に1分子のBodipy TR-GTP（中の行）が結合し，YFPの蛍光は暗くなり，Bodipy TRのシグナルは強くなる。また，0.9秒のときに再度YFPの蛍光が明るくなり，それに反してBodipy TRのシグナルは弱くなる。このようにYFPとBodipy TRの蛍光強度が逆に相関していることは，YFPとBodipy TRへのFRETが起こっていることを示している。

細胞膜上のシグナル分子であるH-Rasが活性化する瞬間を1分子蛍光共鳴エネルギー移動（FRET）を用いて可視化する。

図9.5 1分子蛍光共鳴エネルギー移動（single-molecule fluorescent resonance energy transfer：single-molecule FRET）法の模式図と観察例（口絵5参照）

が重なりを持つ分子）に電磁気的相互作用でエネルギーを渡し，受け取る側は光励起されないにもかかわらず，発光するようになる．これを1分子レベルで観察すると，励起されている分子の蛍光は暗くなり，受け取る分子が光るようになる．したがって，このような現象が起きると，これら二つの分子は 5 nm 以下の距離にあること，すなわちタンパク質の場合には結合している可能性が非常に高いことがわかる．例えば，蛍光色素である YFP と BodipyTR は結合すると蛍光共鳴エネルギーが生起する．そこで生きている細胞内で低分子量 G タンパク質 H-Ras の活性化を1分子単位のレベルで可視化するため，1分子の BodipyTR 標識 GTP が1分子の YFP 標識 H-Ras に結合する瞬間をとらえることにした．低分子量 G タンパク質は GDP が結合しているときは不活性（off）であり，GTP が結合すると活性型（on）となって下流のエフェクター分子に結合する[10]．したがって，Ras への GTP の結合を見ることで Ras の活性化を知ることができる（図 9.5（a））．実際には，YFP を融合させた H-Ras を KB 細胞に発現させ，そこに BodipyTR-GTP を顕微注入したあと，細胞を EGF（epidermal growth factor）により刺激した．BodipyTR を励起せずに YFP が励起できる波長 488 nm の波長のレーザーを用いて YFP を励起し，YFP と BodipyTR の発光を1分子測定の条件で同時にモニターした．EGF 刺激後，約 30 s ぐらいから共鳴エネルギー移動を起こした輝点が観察されるようになった．すなわち，YFP のみを励起し，BodipyTR の輝点は見えない条件で観察しているにもかかわらず，BodipyTR チャネルで蛍光の輝点が見えはじめた（図（b））．図（c）に示すように YFP と BodypyTR の蛍光強度は片方が強くなると他方が弱くなるというように逆に相関していた[11),12)]．

9.3.3　2色蛍光同時1分子追跡像の重ね合わせ法

われわれの研究室では，二種の分子の運動を生細胞中で全反射蛍光顕微鏡を用いて同時に観察し，その二種の分子の結合の様子を調べている．研究の自由度を増すため，これらの観察のための全反射蛍光顕微鏡を自作している．ここでは，短波長色素用に Ar^+ レーザー（488 nm），長波長色素用に He-Ne レーザー（594.1 nm）を平行に並べ，共通のミラー（DM 1）とレンズ（L 3）を使って顕微鏡内に入射し，対物レンズ面で同時に全反射させる例を示している（図 9.6）．試料からの二種の蛍光色素の発光を，ダイクロイックミラー（DM 3）によってサイド側と底面側に振り分け，それぞれイメージインテンシファイアーと EB-CCD（electron-bombardment CCD）カメラによって検出する．

2台のカメラを用いているので，像を重ね合わせてサブピクセルの精度で解析する際，光学系のゆがみ（光路のずれや色収差など）やカメラのひずみによる位置のずれが生じる．このずれを補正するために，1 μm 径の穴を 5 μm 間隔（径，間隔ともに 0.3 μm の精度）の格子状に開けた標準試料（渋谷光学の特注品）を用意した（図 9.7（a））．この標準試料は

9. 細胞表面の1分子追跡

倒立顕微鏡をベースとした対物レンズ型の2色全反射蛍光顕微鏡
L1，L2：ビームエクスパンダー（×10）
L3，L4：焦点レンズ
ZL1：切換え式1倍（レンズなし）または2倍レンズ
ZL2：2倍レンズ

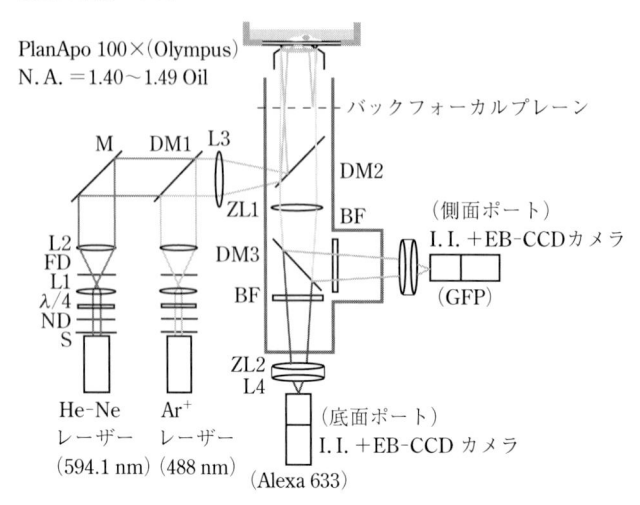

PlanApo 100×(Olympus)
N.A.＝1.40～1.49 Oil

DM：ダイクロイックミラー
M：ミラー
BF：バリアフィルタ
FD：視野絞り
$\lambda/4$：1/4波長板
S：シャッター
ND：NDフィルタ

GFP励起用のAr$^+$レーザーおよびAlexa 633励起用He-Neレーザーを平行に並べ，同じ焦点面すなわち対物レンズで全反射させるように設置する．2種類の蛍光色素の発光は，対物レンズを通り，ダイクロイックミラー（DM3）によって側面側と底面側に振り分けられ，それぞれのイメージインテンシファイアーとSITカメラによって検出される．

図9.6 2色蛍光同時1分子観察系の装置概略図

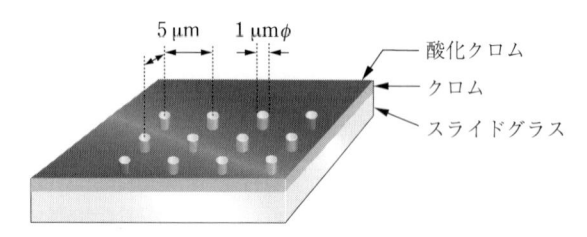

（a）格子状標準試料の模式図．クオーツのスライドガラスの上にクロム蒸着し酸化クロム層（反射防止のため）をのせている．

（b）実物の写真　　（c）格子の明視野画像

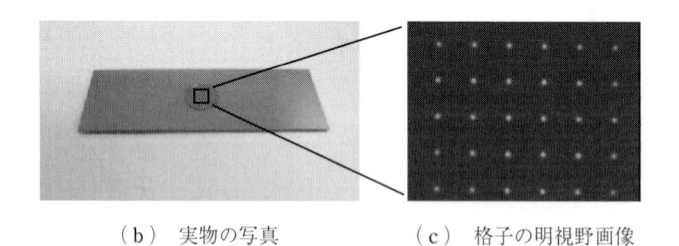

図9.7 ずれの補正に用いる標準試料

石英スライドグラス上にクロムを蒸着し，さらに反射防止のための酸化クロムをのせ，フォトリトグラフ製法で格子状に穴を開けて作製したもので，2台のカメラで同時に明視野像を撮影した．得られた二つの画像（図（c））から各格子点の重心を求め，その重心を縦横それぞれ2階導関数までの連続な関数にフィッティングする．そして5 μm間隔の正しい格子点になるように，各画像の全ピクセルに対する変換テーブルを作製した．変換テーブルをす

べての画像（動画の1コマごと）に適用することで，二つの画像の位置のずれや回転を補正し，重ね合わせ精度として 17 nm が達成された．（**図 9.8**）．これにより，2色同時観察した二つの動画の上の輝点を追跡することで，二種の分子が結合するか，どのぐらいの時間反応しているかなどを観察することが可能になる．

側面と底面の両方のカメラで同時に 100 フレームの格子穴の明視野画像を取得し，100 フレームの明視野画像を平均化する．

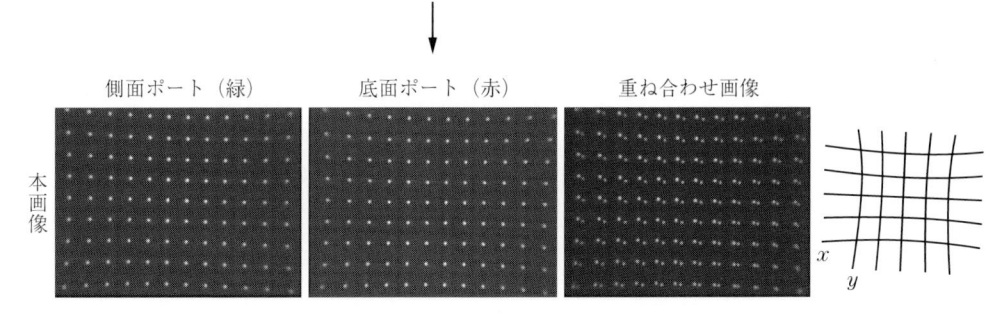

↓

本画像：側面ポート（緑）／底面ポート（赤）／重ね合わせ画像

格子穴の重心を求め，格子穴の重心の x 列についてそれぞれ3次スプライン補間をし，続いて y 列についてもスプライン補間をする．そして正しい 5 μm 間隔の格子になるように，画像全体のピクセルを補正する変換テーブルを作製する．

↓

元のビデオ画像すべてに補正変換テーブルを適用する．

補正画像：側面ポート（緑）／底面ポート（赤）／重ね合わせ画像

重ね合わせ精度 = 17 nm (x, y)

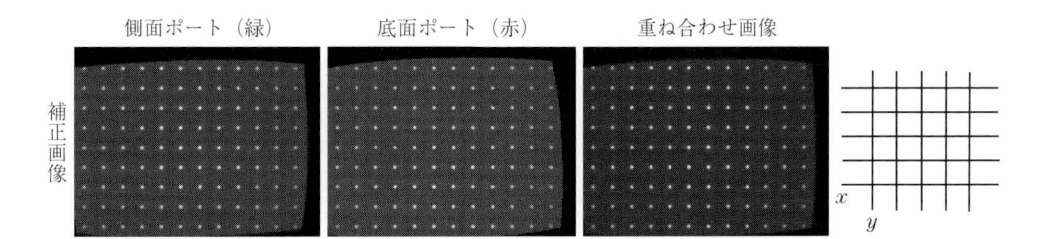

図 9.8 画像ひずみ補正の手順（口絵 6 参照）

9.3.4　SPT（1分子追跡）法

SPT（single-particle tracking）とは，分子を金コロイドで標識し，金コロイドの運動を追跡することで特定分子の運動を解析する方法である．前項で述べた蛍光色素のように退色することがないため長時間の観察に向いている観察法である．装置の構成を**図 9.9** に示す．1分子追跡のプローブには金コロイド（CRL 社）を用いる．金コロイドを目的分子のリガンド，抗体に吸着させ，培養細胞に導入して金コロイドの運動を観察することで目的分子の運動を観察することが可能になる．金コロイドで標識する際に化学結合させる場合もあ

178   9. 細胞表面の1分子追跡

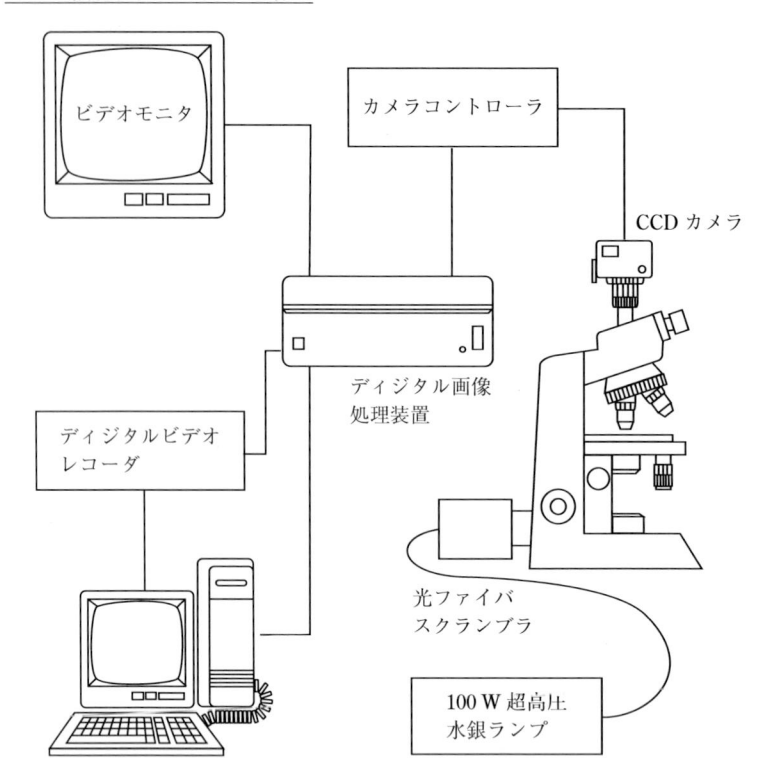

サンプルの観察は，顕微鏡周辺の温度を37±1℃に保った環境で行う。100 Wの超高圧水銀ランプを光源とし，緑色のフィルタと光ファイバスクランブラを通して顕微鏡本体に入射する。サンプルを通り，対物レンズによってできた像はCCDカメラでビデオ電気信号に変換され，カメラコントローラと画像処理装置の前段でまず増幅とオフセット減算によりアナログ増強したあと，ディジタル信号に変換し，背景減算処理や，コントラスト増強処理を行う。このようにして，光学顕微鏡下で目で見るだけでは検出できなかった金コロイド微粒子を検出し，観察することがはじめて可能になる。コントラスト増強した画像をモニタで観察し，ディジタルビデオレコーダに録画する金コロイド微粒子の位置検出は，録画した画像をPCIバスを経由してコンピュータに転送し，各金プローブの重心座標を計算して位置を求める。

図9.9　ビデオエンハンス顕微鏡システム

るが，われわれの研究室では，簡単に非特異的な結合で吸着させることが多い。1分子を特異的に標識するためには，観察の際の条件を変えて標識分子のクロスリンクを防ぐ最善の条件を探査することが重要である。金コロイドの代わりにラテックスビーズを用いると，細胞膜上で目的の分子をクロスリンクするか，まったく結合しないかのどちらかになることが多く，普段はあまり用いない。

　金コロイドでの観察の場合は，そのほとんどを細胞のアピカル面上で行っている。細胞内構造物は追跡の際に障害となるので，なるべくないところで観察を行う。ラメリポディア（葉状仮足）など，細胞がフラットな場所が観察しやすい。金コロイドを用いると高空間分

解能（nm レベル）＋高時間分解能（1 コマ 25 μs）での観察が可能になる。蛍光ラベルを用いると 1 コマ 20 ms が限界なので，1 分子蛍光追跡では見えない運動が見えてくることがよくある。その詳細については 9.4 節で述べる。

9.3.5 光ピンセットの装置と試料

9.3.4 項で紹介した SPT では，金コロイド粒子は分子を追跡するためのマーカーとして使われているが，一方，光ピンセット（optical tweezer：OT）法ではこの金コロイド粒子は，膜分子をとらえてその運動をコントロールするための取っ手として用いる。いわば，オペレータが「光の手」を細胞に入れて，金コロイド粒子の取っ手のついた膜分子をつかみ，細胞膜上を移動させたり力をかけたりするようなものである（図 9.10）。

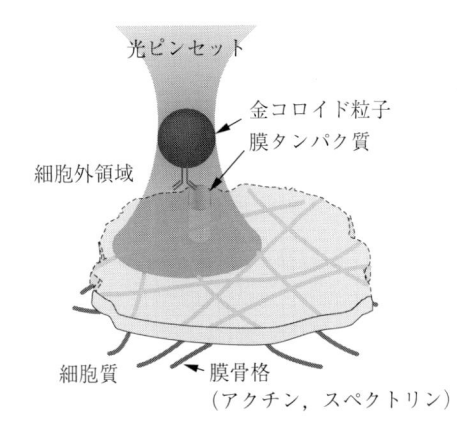

1 粒子追跡法と光ピンセット法を組み合わせることによって，膜分子の運動を制御することが可能になる。膜タンパク質などの膜分子に結合させた金コロイド粒子は，高勾配に集光させたレーザー光の中心付近でとらえることができる。ここではレーザー光は金コロイド粒子につけたばね秤のように振る舞う。とらえた膜分子は，レーザー光が細胞（ステージ）を動かすことによって，細胞膜上を 2 次元的にスキャンすることができる。

図 9.10 光ピンセット法の概略図

光ピンセット法では，通常 1 064 nm の波長のレーザー光を顕微鏡観察の焦点面と同じ場所に急しゅんに集光する[13]。粒子は焦点の少し先でトラップされる（光圧力のため）。光ピンセットは中心付近で金コロイドに対してばねのように振る舞う。ばね定数を k，x を光ピンセットの中心から金コロイドまでの距離とすると，ポテンシャルは $(1/2)kx^2$ で表され，k はレーザーの強度にもよるが 0.1〜2 pN/μm 程度である。このばねを 100 nm 伸ばすのに必要な仕事は $(1/2)k(0.1\,\text{mm})^2 = 0.5$〜10 pN・nm である。熱揺らぎのエネルギーは常温で 2 pN・nm（$(1/2)k_BT$，k_B：ボルツマン定数）である。したがって熱揺らぎのなかで見られるタンパク分子の 1 分子レベルの運動や解離/結合などは，ちょうど光ピンセットで邪魔したり，誘起したり，測定したりできる程度である。ばねとしては通常の AFM のカンチレバーに比べると 1/1 000 程度の弱いばねである。光ピンセットが分子機械の生理的な運動機構を調べるのによく使われる理由の一つは，このように光ピンセットのポテンシャルエネルギーがちょうど熱揺らぎのエネルギーや分子間力のポテンシャルエネルギーと同程度なためである。光ピンセットが物体に及ぼす力は，上のようにして求めた力のポテンシャルを微

分して得られる。中心付近では粒子の位置が捕捉する中心からずれると，ずれた距離に比例して粒子を焦点方向に引き戻す力が増加する。

実際の実験では，光ピンセットは，とらえた粒子にフックの法則に従うばね秤がつけてあるようなものだと考えるとわかりやすい。とらえられた物体はばね秤の先についており，筆者らは光ピンセットを引っ張ることによってばね秤を引っ張っている。細胞からどのくらいの力を受けているかはばね秤の目盛り（光とラップの中心と捕捉物体の距離）を読めばわかる（光ピンセットのばね定数をあらかじめ求めておき，これと前述の距離を掛け算する）。したがって，光ピンセットを移動したときに，粒子がその中心からどれだけ遅れるかをつねに観測することになる。

光ピンセットで粒子をとらえ，ピエゾドライバなどで試料（または光ピンセット）を移動させるとき，移動速度を変えると，物体にかかる力（負荷）の増加速度（force loading rate：力負荷速度）を変えることができる（光ピンセットはばねなので，力はいつも漸増する）。二つのタンパク分子の解離などは外力なしでも生起する速度論的現象であり，光ピンセットなどによって加えられる外力はこれを加速することになる。このとき，解離が起こるときの力（確率過程論的に起こる現象なので1回の実験ごとに統計的に，つまり実験誤差とはまったく別の理由でばらつくが）の平均値は力負荷速度の対数に比例して増加する[14),15)]。この種の実験によって，二つの分子を解離させるのに要する力と時間の関係が求められる。すなわち，力負荷速度は，分子どうしの結合力や，細胞膜中の分子が拡散中に出合う障壁のバリアエネルギーを定量的に解析するために必須である。

光ピンセットは物をとらえて目的の場所に置いたり動かしたりするためだけでなく，細胞上で分子を局所的に動かすことによって，その分子が細胞内のほかの分子や構造から受ける力を測定するために使うことができる。いままで熱力学的な平衡-速度論として扱われてきた結合や解離などの現象を，1分子ごとに力学（＋確率過程論）の言葉で具体的に研究できるのである。多数分子の平均を扱っていると，じつはその系自体が不均一なポピュレーションからなっているということが見えてこないため，細胞内で起こっているような事象については，まったく誤った解釈に陥っていたという例が1分子ごとの研究によっていくつも見つかってきている。1分子ごとの測定では直接に観測量のヒストグラムが得られるため，系がいくつものポピュレーションからなっていることがすぐにわかるからである。また，細胞内での分子相互作用の力は0.1〜1 pN程度のものが多いこともわかってきた。

9.4　タンパク・脂質の運動を1分子法で追う

本節では，これまで述べてきた1分子追跡法の技術によってのみ解明できたタンパク質・

9.4 タンパク・脂質の運動を1分子法で追う　*181*

脂質の細胞膜上での運動から四半世紀来の謎であった細胞膜の構造を明らかにしてきた過程を説明する。

9.4.1　膜骨格「フェンス」による膜貫通型タンパク質の閉じ込めとホップ拡散

1分子追跡の例として，まず膜貫通型タンパク質の例をあげる。トランスフェリン受容体は細胞内への3価鉄イオンの輸送に携わる膜貫通型タンパク質である。トランスフェリンに蛍光色素Cy3を結合させ培養細胞に導入すると，膜上の標識されたトランスフェリンがトランスフェリン受容体（TfR）に結合することによりその運動を観察することができる。その典型的な軌跡を図9.11に示す。ビデオレート（33 ms/frame）において得られたトランスフェリン受容体の運動は完全なブラウン運動である。このときの3s間レベルでの拡散係数はCy3-TfRで0.21 $\mu m^2/s$であり，これらの値は人工膜上の何も制限を受けていない場合の拡散係数の1/10以下でしかない（図9.12）[16),17)]。このことはTfR，DOPEの運動を抑制するなんらかの機構が細胞膜中に存在すること，それが時間分解能が低いために観察できないことを示唆している。しかし，蛍光色素1分子から得られるシグナルでは，時間分解能を数 ms 以上に大幅に上げることは困難である。そこで明視野観察で高いコントラストの像を与える金コロイドを用い，金コロイドを結合させたトランスフェリンをトランスフェリン受容体につけ，照明光量を上げて高速カメラを用いることによって，時間分解能を300倍あ

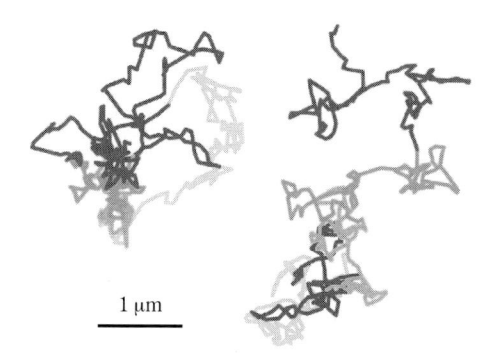

時間分解能：33 ms/frame
観察時間：16.5 s

ビデオレート（33 ms/frame）で16.5 s間観察したときのトランスフェリン受容体の運動の軌跡。細胞膜上でのトランスフェリン受容体の運動は完全なブラウン運動である。

図9.11　トランスフェリン受容体の典型的な軌跡（口絵7参照）

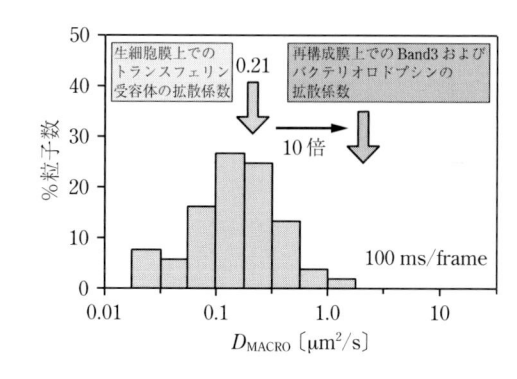

生細胞上のトランスフェリン受容体の拡散係数は0.21 $\mu m^2/s$であり，この値は人工膜（再構成膜）上での何の制限も受けていない場合の拡散係数の1/10以下でしかない。
〔Chang, C. H., Takeuchi, H., Ito, T., Machida, K. and Ohnishi, S.：J. Biochem., **90**, pp. 997-1004（1981）
Peters, R. and Cherry, R. J.：Proc. Natl. Acad. Sci. USA, **79**, pp.4317-4321（1982）〕

図9.12　再構成膜と生細胞膜上でのタンパク質の拡散係数

げた。

図 9.13 は時間分解能 110 μs で得た金コロイド-トランスフェリンの典型的な軌跡を示す。これらの軌跡をみると，トランスフェリン受容体は速く熱運動をしているが，数百 nm の大きさのコンパートメントに短時間閉じ込められ，その後隣接するコンパートメントにホップする。トランスフェリン受容体はこのような閉じ込められた運動とホップを繰り返すことによって膜上の広い範囲を拡散していた。定量的にまた統計的に運動を解析した結果，トランスフェリン受容体は平均約 110 nm の大きさのコンパートメント内に平均約 14 ms 閉じ込められたのち，隣接するコンパートメントにホップし，このようなホップを繰り返すことにより細胞膜上の大きな範囲を拡散していた。さらに，細胞膜内側に縦横に張り巡らされて細胞膜を強化する膜骨格（おもにアクチン線維）を薬品を用いて部分脱重合することによってトランスフェリンレセプターの運動より得られるコンパートメントの大きさは増大し，逆に，アクチン線維の安定化によってコンパートメント内での滞在時間が長くなった。

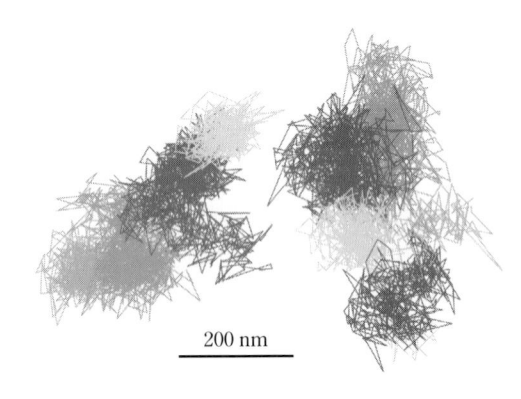

時間分解能：110 μs
観察時間：330 ms

時間分解能 110 μs で観察した金コロイド-トランスフェリンの典型的な軌跡。トランスフェリン受容体は速く熱運動をしているが，数百 nm の大きさのコンパートメントに閉じ込められ，その後隣接するコンパートメントにホップするという，閉じ込めとホップを繰り返すことによって膜上を拡散している。

図 9.13　生細胞上での高時間分解能におけるトランスフェリン受容体の典型的な軌跡（口絵 8 参照）

このような結果に基づき，細胞膜は膜貫通型タンパク質の拡散に対してアクチン膜骨格によってコンパートメント化されていて，受容体の細胞内ドメインが膜骨格と衝突することによって膜骨格の網目の中への閉じ込めが起こる，という膜骨格フェンスモデル（後出の図 9.14（a））が提案された[18]~[20]。膜貫通型タンパク質の細胞質側ドメインを除去するとコンパートメント内での滞在時間が大きく減少したことも[21] このモデルを支持している。隣接コンパートメントへのホップ運動は，膜骨格の揺らぎによって膜骨格と膜との間に隙間が生成すること，膜骨格が暫時的に脱重合すること，膜タンパク質が瞬間的に大きな運動エネルギーをもつこと（熱揺らぎのため確率的に起こる），などによって誘起されると考えられる。このモデルによって，細胞膜中での拡散運動が大きく抑えられる機構の理解が大きく進展した。

9.4.2 膜骨格結合タンパク質「ピケット」による脂質の閉じ込めとホップ拡散

脂質1分子の拡散運動も，SPT あるいは SFMT によって追跡することができる[22]。リン脂質の一つである DOPE（dioleoyl-sn-glycero-3-phosphoethanolamine）の極性頭部を蛍光分子 Cy 3 でラベルしたものを NRK 細胞に導入し，SFMT によって拡散運動を調べた。DOPE 分子はビデオレートの観察では単純拡散運動をしているように見えるが，その拡散係数は人工膜上での運動に比べて 1/10 以下に抑制されていることがわかった[23]。実際，細胞膜上での分子の 1/5～1/50 程度に抑えられていることは以前からよく知られており，これは膜生物学における，ここ四半世紀の大問題だったのである。

そこで，つぎに SPT を用い，時間分解能をあげて DOPE 分子の拡散抑制の機構を検討した。まずはビデオレートで観察すると，100 ms レベルでの平均拡散係数はプローブとして Cy 3-DOPE を用いた SFMT の値とよく一致していた。つまり金コロイドはこの時間スケールでは DOPE の拡散に影響を与えないこと，金コロイドの DOPE への1分子ラベルが成功していることがわかった。

SPT の時間分解能を 25 µs/frame まで上げて DOPE の運動を観察することにより図 9.1（b）のような軌跡が得られ，各 DOPE 分子は平均 230 nm の大きさのコンパートメントに平均 11 ms 滞在し，隣接したコンパートメントをつぎつぎにホップしていくという運動をしていることがわかった。コンパートメント内の拡散係数は人工膜上の運動の値とほぼ一致した。すなわち，細胞膜上の大きな範囲でのリン脂質の拡散が遅いのは，拡散速度自体が遅くなっているのではなく，リン脂質が小さいコンパートメントに閉じ込められているためであることが明らかになった。このようなホップ拡散は1分子ずつ見てはじめて観察できるものである。いままでは多分子の平均的挙動を見ていたので，ホップの瞬間は見えず，単に遅い運動に見えていたのである。また平均 11 ms ごとにホップするので，時間分解能が 200 µs 程度よりよくないとホップは検出されない。

では，細胞膜外層に存在する DOPE のような脂質分子は，どのように細胞膜中のコンパートメントに閉じ込められているのであろうか。その機構として，アンカード膜タンパク質ピケットモデル図 9.14（b）が提案されている。すなわち，アクチン骨格に結合した膜貫通型タンパク質がピケットラインを形成し，リン脂質の拡散に対し障壁になって拡散を制限しているというモデルである。細胞膜中の粘性は水の 100 倍もあるため，アクチン膜骨格に結合した動かない膜貫通型タンパク質のピケットがあると，その周辺の分子も動きにくくなる。このためピケット間に隙間があっても，その部分を通過することが難しくなる。これがピケットモデルの要点である。

他の細胞種でも同様の観察を行った結果，NRK 細胞と同様に，アクチン骨格に結合した膜貫通型タンパク質によってリン脂質の運動が制限されていることがわかった。コンパート

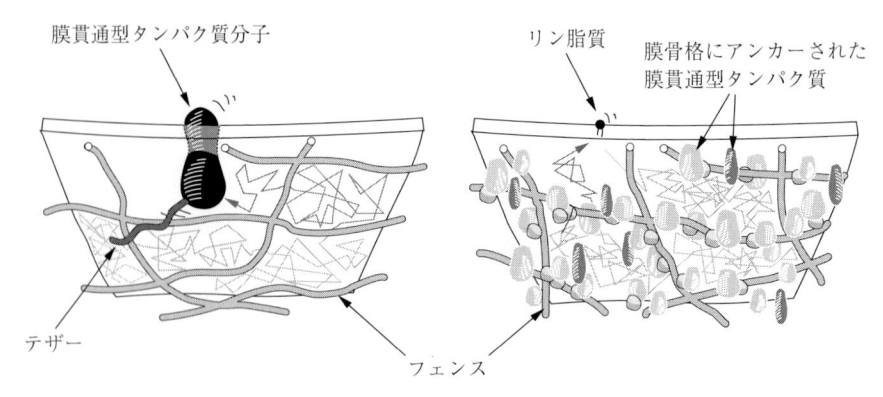

(a) 膜骨格フェンス/テザーモデル

膜タンパク質の運動は，その細胞質部分が細胞膜直下の膜骨格の網目にぶつかることによって，しばらくの間，囲い込みを受ける（フェンスモデル）。長距離の拡散は，フェンスで仕切られたコンパートメント間をつぎつぎと飛び移ることによって行われる。膜タンパク質の種類によっては，膜骨格や細胞骨格をつなぎとめられたような制御を受けるものも多い（テザーモデル）。

(b) アンカード膜タンパク質ピケットモデル

膜骨格によって立ち並んだ膜貫通型タンパク質群が，立体障害の効果と流体力学的な摩擦効果によってリン脂質の拡散障壁となり，その運動をコンパートメント化するというモデル。

図9.14 細胞膜分子の運動制御モデル（口絵9参照）

メントの大きさは平均，40〜230 nm（細胞種によって異なる），そこでの滞在時間は1〜25 ms程度であった[23]。

9.4.3 フェンスモデルとピケットモデル

さまざまな膜貫通型タンパク質の運動について，定量的，統計的な解析を行った結果，われわれは膜貫通型タンパク質の多くがコンパートメント内に制限された運動と隣接するコンパートメントへのホップを繰り返すことによって長距離の拡散を行うことを見いだした[24)〜26)]。われわれはこのタイプの運動を「ホップ拡散」と呼んでいる。図9.15（a）にはコンパートメントの境界と考えられる場所に線が引いてあるが，実際これらの境界はおもにアクチン線維やスペクトリンからなる膜骨格で構成されていることがわかった（図（b））。最近，電子線トモグラフィ（電子顕微鏡を用いて多数の傾斜角で画像を撮り，3次元像を得る方法）を用いて細胞膜の内側表面近くのアクチン骨格の細かいメッシュ構造が3次元観察された[27]。これから細胞膜表面でアクチン膜骨格が作る網目の面積を求めたところ，面積の分布は1分子追跡によって得られるコンパートメントの面積の分布と非常によく一致した。

拡散運動していない膜貫通型タンパク質は周囲のリン脂質の運動を強く抑制するので，膜骨格による境界線の約20〜30％が膜貫通型タンパク質で覆われるだけで，このような暫時

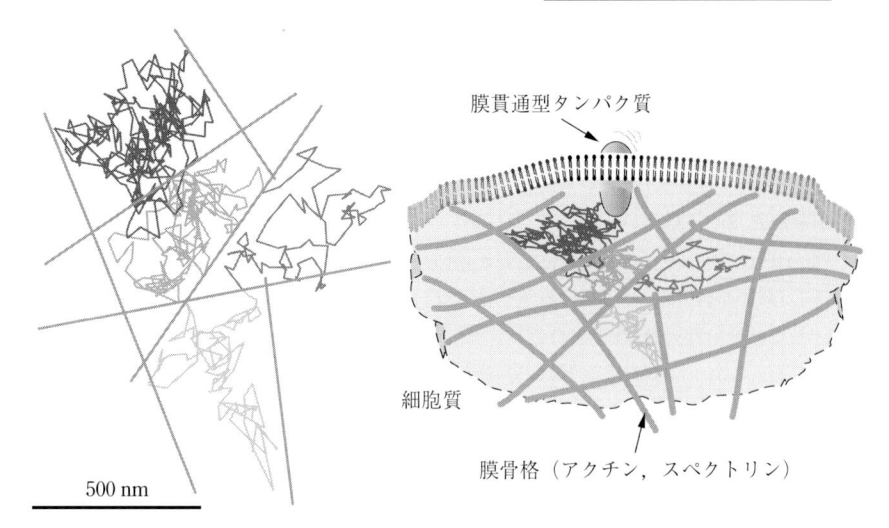

(a) ビデオレート（時間分解能 33 ms）における，膜貫通型タンパク質 CD 44 の典型的な運動の軌跡を示す．直径約 600 nm の領域にしばらくの間（数秒間）運動を囲い込まれたあと，隣り合った領域に飛び移る，という過程を繰り返した（ホップ拡散）．

(b) CD 44 のホップ拡散の原因となっている細胞膜の構造．電子顕微鏡観察により，膜骨格の網目はおもにアクチン線維やスペクトリンで構成されていることがわかった．

図 9.15 細胞膜骨格の網目構造（口絵 10 参照）

的な閉じ込め効果が生じる．

　以上のようにして，細胞膜はアクチンで構成されるメッシュでコンパートメント化され，膜タンパク質や脂質の運動を抑制しており，そのことが細胞膜上でのシグナリング機構に大きく効いている可能性が高いことがわかってきた．これらは，多分子の平均の運動を追跡する方法ではけっしてわかることがなかった．1分子追跡によりこれから新しく解明されていく新事実に期待してやまない．

9.5　お わ り に

　以上述べてきたように，細胞の中には1分子で見て初めてわかる基本メカニズムがたくさんありそうである．1分子追跡をするための環境は，この1年ぐらいの間に急速に改善されつつある．装置自体を自分で組むことに抵抗のある医学系・生物系の研究者でも，基本的な装置は購入し，時間と労力を試料に工夫を加えることに費やし，本来の細胞研究にまい進できるという理想的な環境が出来上がりつつある．したがって，アイデアしだいで，すぐに1分子レベルの研究を開始し，おもしろい発見ができるようになったのである．1分子ナノバ

9. 細胞表面の1分子追跡

イオロジーの考え方や手法が，再生医療分野でも多用され，おもしろい概念がつぎつぎと見いだされ，つぎの研究を触発するという具合にこの分野が進展することが楽しみである。

蛍光相関分光法（FCS）

FCS（fluorescence correlation spectroscopy）では，図（a）のような直径約300 nmの回転だ円体状の微小な体積に入ってくる分子を1分子レベルの高感度で検出する。しかし，このFCSの1分子レベルでの検出能を，本章で紹介している1分子追跡における1分子レベルと混同してはいけない。なぜなら，FCSでは微小体積への分子の出入りを1分子レベル（通常は，体積内に平均10〜100個の分子が存在するような濃度を用いる）で観察するが，有用なパラメータを求めるには，1回の観察において総計10 000〜100 000以上の分子の出入りを検出するので，それらの平均的挙動しか求められないからである。すなわち，ある特定の1分子の運動を検出しているわけではないのである。分子が単なるブラウン運動以外の複雑な動きをしたり，他の構造物や分子との相互作用をしたとき，それらを特定することは難しい。FCSの解析には過度に単純化されたモデルを用いなければならない場合もある。例えば，ある特定の1分子が止まったりブラウン運動したりを繰り返すような場合，FCSの結果として得られた自己相関関数の減衰曲線に広がりが生じたり，また，減衰が右にシフトする（すなわち拡散係数が遅くなる）などの影響を及ぼす。しかし，これは，例えば膜の粘性があがって遅くなったのか，時々運動が止まるから遅くなったのかはわからない。図（b）にFCSにより得られる自己相関関数を単純化して示した。拡散が遅くなるときはAはCのようになったり，Bのように二種の減衰曲線が混ざった形になったりする。この図中では単純に示したが，実際の相関関数は複雑な形状を示す傾向にあるにもかかわらず，たいてい一つの現象論的パラメータを用いて解析する。このような過程において，出力された自己相関関数の全体を見ずに，複雑な結果

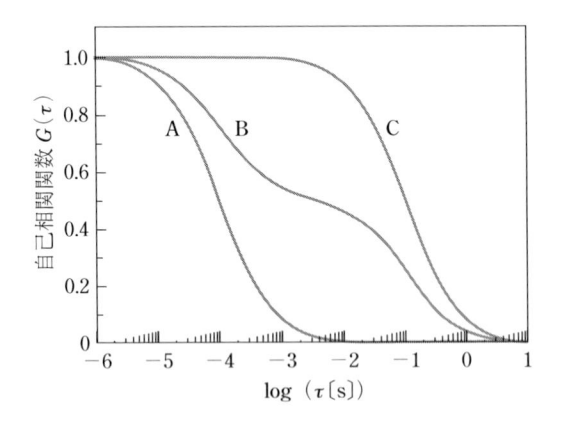

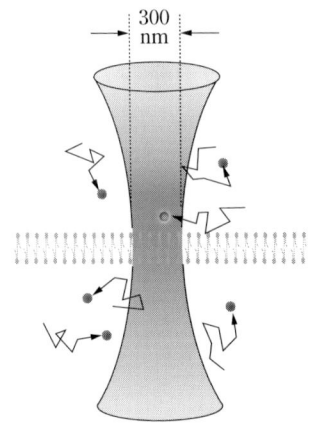

（a）蛍光相関分光法による観察領域の拡大模式図。黒丸●で示した蛍光分子がこの観察部で蛍光を発し，これを検出する。

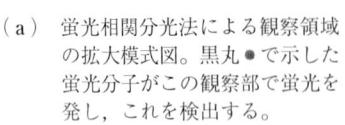

（b）自己相関関数の減衰曲線。拡散が遅くなったときは減衰曲線はA→Cのように変化したり，Bのように二種の減衰曲線が混ざった形になったりする。

図　蛍光相関分光法における観察領域の拡大模式図と自己相関関数と揺らぎの関係

から一つのパラメータを得ることは，一般に科学的観察の結果としては不十分であり，スペクトル全体の形状の変化を考慮すべきである。1970年代から1980年代にかけて，多くのスピン標識EPRや重水素NMRを用いた研究者がこのような点を十分に考慮せず二波長分離にたった一つのパラメータを用い，スペクトル全体にある大きな変化を無視してしまったという経緯もある。

　しかしながら，FCSはいくらか安定な構造の形態やその構造への分子のリクルートなどを観察するにはまさに最適な方法である[28]。その構造体上での蛍光標識した分子のリクルートおよび交換，異なる分子のリクルートのシーケンスや変異体，病理学的な変異体などの効果を容易に測定することができる。もし同様の対象物をSFMTやSPTを用いて行うと，非常なる時間と労力を必要とすることになる。FCSにより特定の1分子の運動を追跡することは不可能であるが，このようなFCSの利用は非常に有意義である。

引用・参考文献

1) Singer, S. J. and Nicolson, G. L.：The fluid mosaic model of the structure of cell membranes, Science, **175**, pp.720-731（1972）
2) Kusumi, A., Nakada, C., Ritchie, K., Murase, K., Suzuki, K., Murakoshi, H., Kasai, R. S., Kondo, J. and Fujiwara, T.：Paradigm shift of the plasma membrane concept from the two-dimensional continuum fluid to the partitioned fluid：high-speed single-molecule tracking of membrane molecules, Annu. Rev. Biophys. Biomol. Struct., **34**, pp.351-378（2005）
3) Fujiwara, T., Ritchie, K., Murakoshi, H., Jacobson, K. and Kusumi, A.：Phospholipids undergo hop diffusion in compartmentalized cell membrane, J. Cell. Biol., **157**, pp.1071-1081（2002）
4) Murase, K., Fujiwara, T., Umemura, Y., Suzuki, K., Iino, R., Yamashita, H., Saito, M., Murakoshi, H., Ritchie, K. and Kusumi, A.：Ultrafine membrane compartments for molecular diffusion as revealed by single molecule techniques, Biophys. J., **86**, pp.4075-4093（2004）
5) Saffman, P. G. and Delbruck, M.：Brownian motion in biological membranes, Proc. Natl. Acad. Sci. USA, **72**, pp.3111-3113（1975）
6) Peters, R. and Cherry, R. J.：Lateral and rotational diffusion of bacteriorhodopsin in lipid bilayers：experimental test of the Saffman-Delbruck equations, Proc. Natl. Acad. Sci. USA, **79**, pp.4317-4321（1982）
7) Vaz, W. L., Kapitza, H. G., Stumpel, J., Sackmann, E. and Jovin, T. M.：Translational mobility of glycophorin in bilayer membranes of dimyristoylphosphatidylcholine, Biochemistry, **20**, pp.1392-1396（1981）
8) Vaz, W. L., Criado, M., Madeira, V. M., Schoellmann, G. and Jovin, T. M.：Size dependence of the translational diffusion of large integral membrane proteins in liquid-crystalline phase lipid bilayers. A study using fluorescence recovery after photobleaching, Bio-

chemistry, **21**, pp.5608-5612 (1982)
9) Iino, R., Koyama, I. and Kusumi, A.：Single molecule imaging of green fluorescent proteins in living cells ; E-cadherin forms oligomers on the free cell surface, Biophys. J., **80**, pp.2667-2677 (2001)
10) Satoh, T., Nakafuku, M. and Kaziro, Y.：Function of Ras as a molecular switch in signal transduction, J. Biol. Chem., **267**, pp.24149-24152 (1992)
11) Ha, T., Ting, A. Y., Liang, J., Caldwell, W. B., Deniz, A. A., Chemla, D. S., Schultz, P. G. and Weiss, S.：Single-molecule fluorescence spectroscopy of enzyme conformational dynamics and cleavage mechanism, Proc. Natl. Acad. Sci. USA, **96**, pp.893-898 (1999)
12) Ishii, Y., Yoshida, T., Funatsu, T., Wazawa, T. and Yanagida, T.：Fluorescence resonance energy transfer between single fluorophores attached to a coiled-coil protein in aqueous solution, Chemical Physics., **247**, pp. 163-173 (1999)
13) Ashkin, A., Dziedzic, J. M., Bjorkholm, J. E. and Chu, S.：Observation of a single-beam gradient force optical trap for dielectric particles, Opt. Lett., **11**, pp.288-290 (1986)
14) Merkel, R., Nassoy, P., Leung, A., Ritchie, K. and Evans, E.：Energy landscapes of receptor-ligand bonds explored with dynamic force spectroscopy., Nature, **397**, 6714, pp.50-53 (1999)
15) Merkel, R., Nassoy, P., Leung, A., Ritchie, K. and Evans, E.：ENERGY landscapes of receptor-ligand bonds explored with dynamic force spectroscopy, Biophys. J., **76**, 5, pp.2439-2447 (1999)
16) Ladha, S., Mackie, A. R., Harvey, L. J., Clark, D. C., Lea, E. J., Brullemans, M. and Duclohier, H.：Lateral diffusion in planar lipid bilayers : a fluorescence recovery after photobleaching investigation of its modulation by lipid composition, cholesterol, or alamethicin content and divalent cations, Biophys. J., **71**, pp.1364-1373 (1996)
17) Sonnleitner, A., Schutz, G. J. and Schmidt, T.：Free brownian motion of individual lipid molecules in biomembranes, Biophys. J., **77**, pp.2638-2642 (1999)
18) Kusumi, A. and Sako, Y.：Cell surface organization by the membrane skeleton, Curr. Opin. Cell. Biol., **8**, pp.566-574 (1996)
19) Sako, Y. and Kusumi, A.：Barriers for lateral diffusion of transferrin receptor in the plasma membrane as characterized by receptor dragging by laser tweezers ; fence versus tether, J. Cell. Biol., **129**, pp.1559-1574 (1995)
20) Sako, Y., Nagafuchi, A., Tsuikita, S., Takeichi, M. and Kusumi, A.：J. Cell. Biol., **140**, pp.1227-1240 (1998)
21) Tomishige, M., Sako, Y. and Kusumi, A.：Regulation mechanism of the lateral diffusion of band 3 in erythrocyte membranes by the membrane skeleton, J. Cell. Biol., **142**, pp.989-1000 (1998)
22) Fujiwara, T., Ritchie, K., Murakoshi, H., Jacobson, K. and Kusumi, A.：Phospholipids undergo hop diffusion in compartmentalized cell membrane, J. Cell. Biol., **157**, pp.1071-1081 (2002)
23) Murase, K., Fujiwara, T., Umemura, Y., Suzuki, K., Iino, R., Yamashita, H., Saito, M., Murakoshi, H., Ritchie, K. and Kusumi, A.：Ultrafine membrane compartments for

molecular diffusion as revealed by single molecule techniques, Biophys. J., **86**, pp.4075-4093 (2004)

24) Sako, Y. and Kusumi, A. : Compartmentalized structure of the plasma membrane for receptor movements as revealed by a nanometer-level motion analysis, J. Cell. Biol., **125**, pp.1251-1264 (1994)

25) Sako, Y. and Kusumi, A. : Barriers for lateral diffusion of transferrin receptor in the plasma membrane as characterized by receptor dragging by laser tweezers ; fence versus tether, J. Cell. Biol., **129**, pp.1559-1574 (1995)

26) Tomishige, M., Sako, Y. and Kusumi, A. : Regulation mechanism of the lateral diffusion of band 3 in erythrocyte membranes by the membrane skeleton, J. Cell. Biol., **142**, pp.989-1000 (1998)

27) Morone, N., Fujiwara, T., Murase, K., Kasai, R. S., Ike, H., Yuasa, S., Usukura, J. and Kusumi, A. : Three-dimensional reconstruction of the membrane skeleton at the plasma membrane interface by electron tomography, J. Cell. Biol., **174**, 6, pp.851-862 (2006)

28) Schwille, P., Haupts, U., Maiti, S. and Webb, W. W. : Molecular dynamics in living cells observed by fluorescence correlation spectroscopy with one- and two-photon excitation, Biophys. J., **77**, 4, pp.2251-2265 (1999)

10 高効率マイクロインジェクション技術の開発とES細胞工学への応用

10.1 は じ め に

　ES細胞はあらゆる組織へ分化する能力を潜在的に持っている。そこで，この特質に着目した再生医療の夢がしばしば語られる。その夢を実現しようと，多くの科学者・技術者がES細胞の培養，分化，遺伝子解析などに取り組んでいる。筆者らも，その一翼を担いたいと考え，目標として，「疾患モデル細胞（disease model cell）」の概念を提唱している。すなわち，①ES細胞，あるいはそれから分化した細胞で，特定の疾患関連遺伝子を1個，または複数個，阻害（ノックアウト（あるいはノックダウン）した細胞であり，②この細胞から組織や個体を作製できること，③作製された細胞，組織，個体と，従来の疾患モデル動物の症状・細胞機能・遺伝子発現，などとの対比ができることである。

　このような疾患モデル細胞を創製するためには多くの要素技術を開発しなければならない。例えば，①複数の遺伝子の機能を阻害するためにsiRNA（short interfering RNA）を定量的にES細胞に導入する技術，②高効率に遺伝子発現を阻害できる最適siRNA配列の設計技術，③細胞，組織，個体での遺伝子発現の解析技術などである。このなかで，筆者らが第一に取り組んできたものが①であり，その具体的目標が高効率マイクロインジェクション技術であった。実際，これまでも複数の遺伝子や薬剤を細胞に直接導入するために実施されてきた方法ではあるが，実験者の経験や勘に頼ることが大きく，また，何よりも処理速度が圧倒的に遅いことが問題となっていた。本章では，ES細胞に照準を定めて取り組んできた，マイクロインジェクションの高効率化の試みと，それに基づく疾患モデル細胞創製の展望について述べる。

10.2　マイクロインジェクションの歴史　——より小さな細胞への挑戦——

　ガラスキャピラリーに電解液を充てんし，さらに金属電極を挿入して作製した「微小電極」は，すでに1920年代に細胞に刺入して細胞内電位測定に使用されている。1950年代に

10.2 マイクロインジェクションの歴史——より小さな細胞への挑戦

は，このようなガラスキャピラリーが，細胞内への物質導入や，あるいは逆に，細胞内の核の除去に利用されるようになった。例えば，発生学，遺伝学の研究のために，カエルの卵細胞を用いた核移植実験に利用された（**図 10.1**（a））。卵細胞の大きさは直径約 1 mm であった。さらに，1970 年代になると，この技術はショウジョウバエの卵細胞へも応用されるようになった（図（b））。細胞直径はカエルの場合より小さいとはいえ，それでも 400 μm×160 μmφ の大きさがあった。

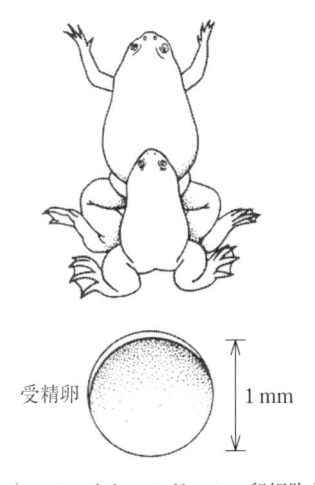

（a）アフリカツメガエルの卵細胞[19)]　　（b）ショウジョウバエの卵細胞[19)]

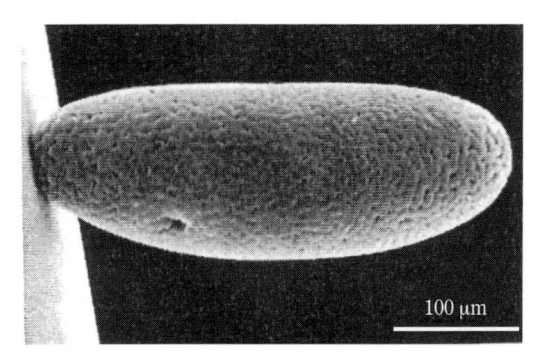

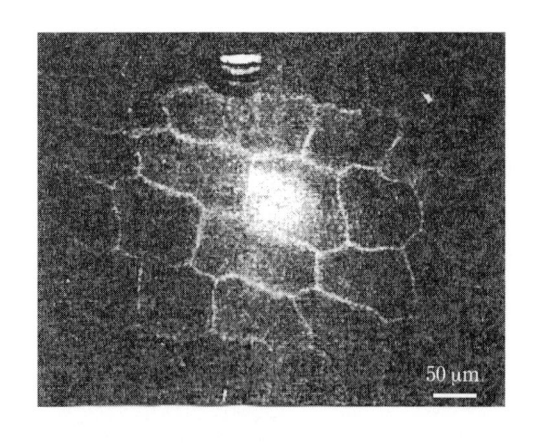

（c）ツユクサの一種の葉の表皮細胞[1)]　　（d）タバコの葉の海綿状組織細胞[2)]

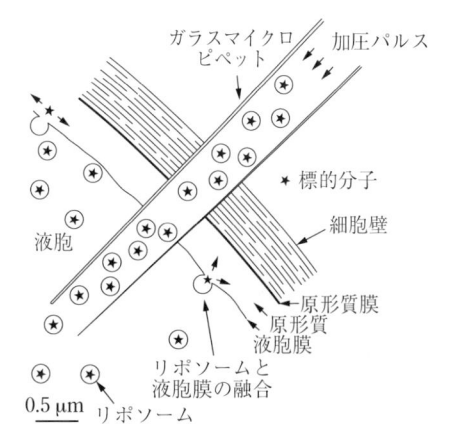

図 10.1　種々の細胞へのマイクロインジェクションの例

インジェクションは細胞の大きさが 50 μm より小さくなると，一段と難しくなるが，1985 年シドニー大学（Univ. Sydney）のエルビー（M. E. Erwee）らは，その程度の大きさの生葉表皮細胞に蛍光色素を導入して細胞間連絡を解析した[1)]。彼らは，ルシファー・イェロー（Lucifer yellow：LY）というアニオン性の蛍光色素を充てんしたキャピラリー電極

を細胞に刺入し，もう一本のキャピラリー電極を他の適当な細胞に刺入し，この一対の電極間に電圧をかけて，LY を電気泳動的に細胞内に導入した（図（c））。LY の拡散状態から細胞間連絡の存在と，それを介した物質移動の解析がなされた。また，カリフォルニア大学デービス校のルーカス（Lucas, W. J.）らは分子量の異なる蛍光分子を加圧導入し，その拡散解析より細胞間連絡を透過しうる分子の大きさを見積もった（図（d））[2]。

植物細胞は外形が 50 μm ほどあっても，内部には大きな液胞があるため，原形質と液胞を区別して刺し分けることが重要である。外山（東京農工大学）らはタバコ培養細胞 BY-2 株[3] の細胞膜の電気的インピーダンスを測定したが，電極先端が原形質にあるか液胞にあるかを確認するために，測定後 LY を導入してその拡散状態から判断した（**図 10.2**）[4]。彼らはエルビーらとは異なり，3 チャネル型の微小電極（**図 10.3**）を用いて，電気泳動のためにかける電場が細胞膜にかからないようにした。BY-2 細胞は図 10.2 からも推察されるように，細胞内の構造が見やすく，したがって，色素を入れなくても，原形質と液胞の刺し分けがある程度できる。しかし，例えばイネのプロトプラストになると，直径も小さくなり（30～50 μm），また細胞内の液胞の輪郭も見えないので，原形質への刺入はまさに勘に頼る以外にない。2003 年，斉藤（東京農工大学）らはこれに遺伝子および Ca^{2+} イオンの導入を試み，Ca^{2+} 流入による遺伝子発現の可能性を示した[5]。

遺伝子導入を目的とする場合は，原形質に注入するよりも，直接，核に刺入したほうが，細胞内で原形質から核へ移動する過程が省略できるので，効率が良くなるようにも考えられる。しかし，反面，キャピラリー先端は円すい型の形状であるから，深く刺入しすぎると細胞膜に接触している部分の直径は大きくなり，その結果，細胞膜に大きな機械的ひずみを与えることになる。また，原形質は単なる均一な電解液ではなく，種々のオルガネラがぎっし

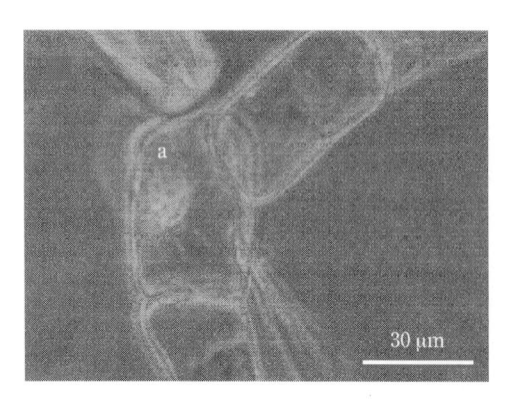

（a）位相差像，細胞 a にキャピラリー電極を刺入し，細胞膜の電気的インピーダンスを測定

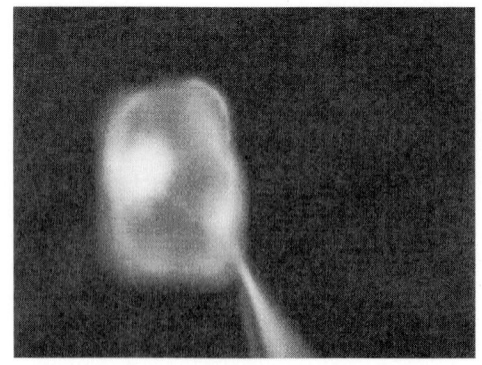

（b）図（a）の測定後導入した LY の拡散パターン。LY 導入 5 分後に撮影。この拡散パターンから電極先端が正しく原形質に入っていたことがわかる。

図 10.2 タバコ培養細胞 BY-2 細胞へのマイクロインジェクション[4]

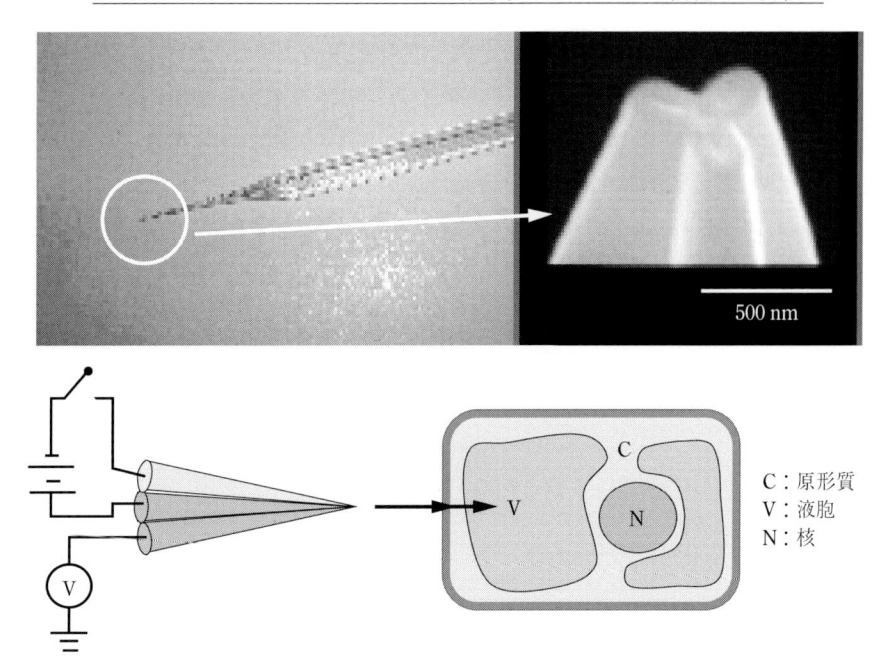

図10.3 3チャネル型のキャピラリー電極

り詰まった空間である。したがって，深く刺入すると，細胞膜のみならず，それらのオルガネラに機械的傷害を与える可能性が高くなり，その結果，細胞が死滅する原因になるとも考えられる。現状の形状のキャピラリーを使用する限りは，できるだけ浅く刺すことが肝要であろう。

線維芽細胞のような体細胞は，イネのプロトプラストよりは一回り小さい動物細胞である

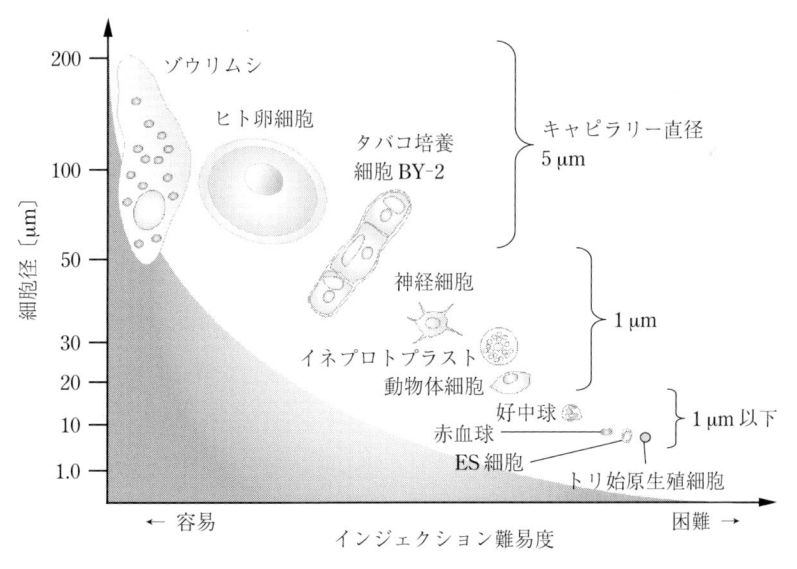

図10.4 細胞の種類とインジェクションに使われるキャピラリー先端径の目安

が，刺入は比較的容易である。一方，ES細胞（embryonic stem cell）は，大きさもさることながら（直径10〜20 μm），細胞膜がねばねばした感じであることが，インジェクションをことさら難しくしているようだ。図10.4は細胞の種類，大きさ，それぞれに適用できるキャピラリー先端径，をまとめたものであるが，やはり，ES細胞やトリ始原生殖細胞（primordial germ cell：PGC）などはインジェクションが最も困難な細胞といえる。実際，マウスES細胞の場合，筆者らによって行われたマイクロインジェクションによる遺伝子導入成功率は当初0.2％であった（図10.5)[6]。幸いにして，後述のように，種々の技術的改良と訓練により，最近では10％以上の成功率を得るに至っている[20]。

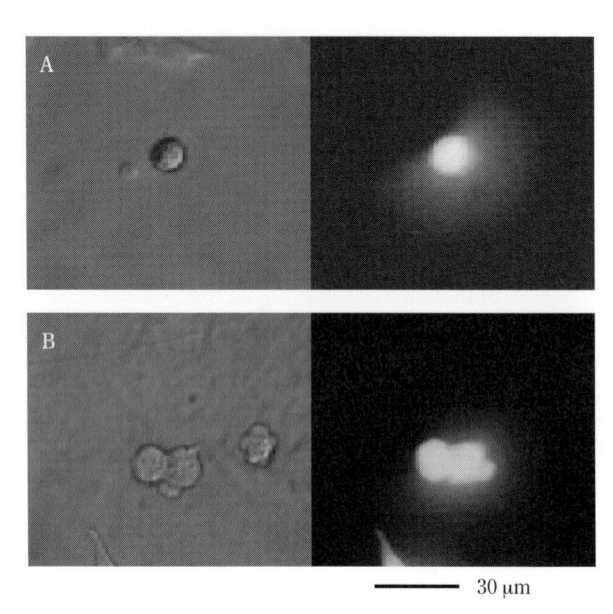

図10.5 マイクロインジェクションでマウスES細胞へ導入したEGFP遺伝子の発現[6]。プラスミド（pCMV-EGFP）を導入後24 hで観察。A，Bは別の細胞。Bでは細胞分裂が観察された。

10.3 マイクロインジェクション法と他の方法との比較

マイクロインジェクションは細胞1個ずつ扱う方法であり，10の何乗個の細胞集団を一度に処理する方法と対比される。細胞集団を扱う方法では，かりに，成功率が$1/10^4$でも，細胞総数が10^7個であれば，成功細胞数は1 000個となる。これに対して，マイクロインジェクションでは，例え成功率が1％でも1 000個の成功細胞を得るためには100 000個の細胞にインジェクションを試みなければならない計算になる。とても現実的な数値ではない。それでも，細胞1個ずつに確実に導入させたい，という要求はますます高まっている。元来

は細胞集団を扱う方法であるリポフェクションやエレクトロポレーションにおいても，細胞1個ごとに行う，単一細胞リポフェクション[7]，あるいは単一細胞エレクトロポレーション[8]~[10] が試みられるようになってきたことは，そうした要請を背景にしてのことと思われる。

表 10.1 は，マイクロインジェクションの特徴を，これらの新規の方法と対比させてまとめたものである。表からも明らかなように，マイクロインジェクションでは，"刺入した細胞"を確実に識別できる。この点が，細胞集団を扱う方法に対する絶対的な違いである。またマイクロインジェクションでは，各細胞表面のどの位置からインジェクションするか，また細胞内のどの場所へ，というようなサブミクロンレベルの空間位置制御性や，あるいはサブピコリッターレベルのインジェクション量の制御性などに関して，将来的な展望が議論できるが，こうした議論は，単一細胞リポフェクションおよび単一細胞エレクトロポレーションでは不可能である。マイクロインジェクション技術を，より高度で完成された形にすることの意義がここにある。

表 10.1 細胞内への遺伝子導入法の比較

項　目	単一細胞マイクロインジェクション	単一細胞リポフェクション	単一細胞エレクトロポレーション	リポフェクション	エレクトロポレーション
複数の物質を同時導入	可能	可能だが選別操作必要	可能だが選別操作必要	可能だが選別操作必要	可能だが選別操作必要
複数の導入物質の濃度比をコントロール	可能	一部可能	困難	困難	困難
導入操作をした細胞であることを即時識別	可能	可能	可能	不可能	不可能
操作技術の難易	きわめて難	やや難	やや難	容易	容易
単位時間当りの細胞処理数	少	少	少	多	多
細胞膜上での導入位置の制御	可能	可能	不可能	不可能	不可能
細胞内の導入位置制御	現状では困難だが将来的には可能性あり	不可能	不可能	不可能	不可能
導入量の制御	現状では困難だが将来的には可能性あり	不可能	不可能	不可能	不可能

10.4　SMSR の開発のコンセプト

マイクロインジェクションの作業の流れを，接着性細胞の場合に即して説明する。図 10.6 に示すように，顕微鏡で観察しながらの作業（on-microscope operation：On-MO）と，顕微鏡から目を離しての作業（off-microscope operation：Off-MO）が複雑に組み合わさ

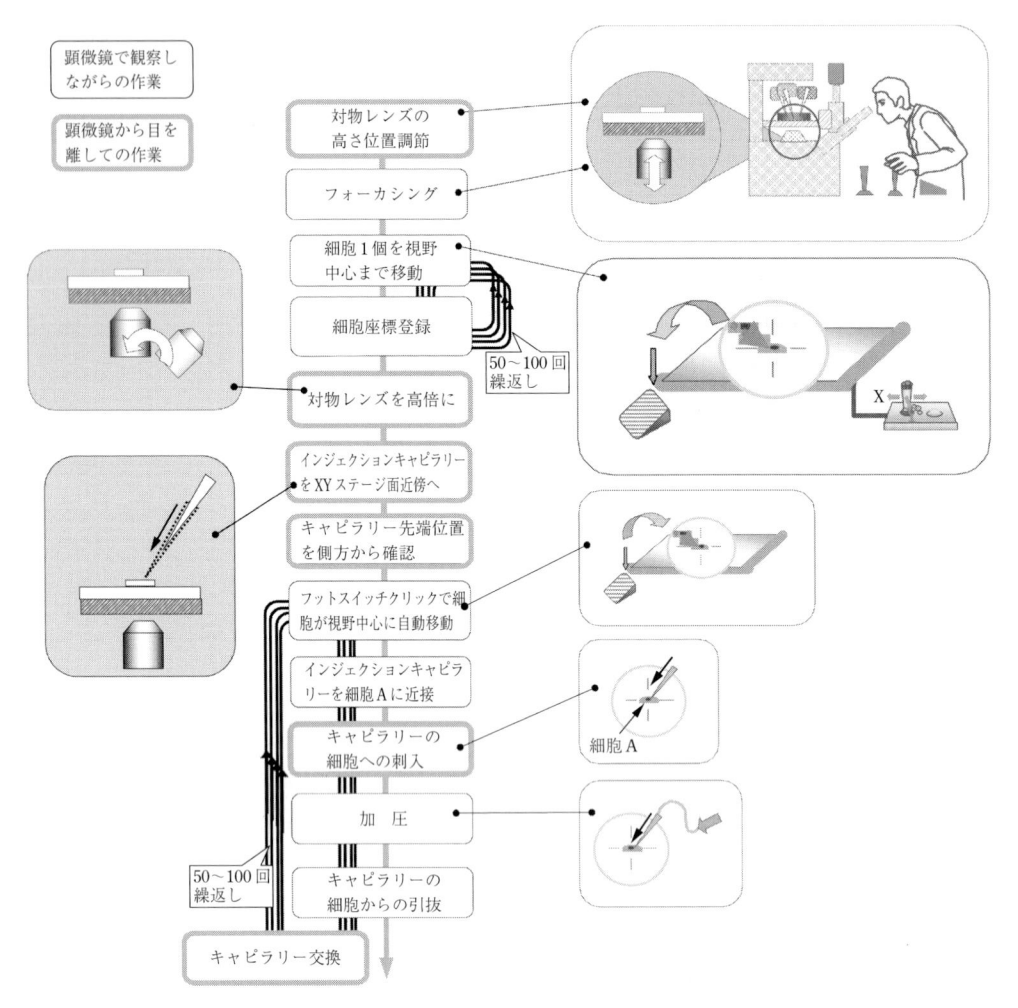

図 10.6 マイクロインジェクションの作業の流れ

っていることが見てとれよう。

はじめは対物レンズの高さ位置調節による焦点合わせであるが，粗動による高さ位置調節は Off-MO であるが微動による焦点合わせは On-MO である．つぎは細胞の選択である．ステージを操作して，適当な細胞が視野中心にくるようにするが，これも On-MO である．つぎは，インジェクション用のキャピラリーの操作である．キャピラリー先端が顕微鏡視野に収まる位置にくるように見当をつけるために，はじめは Off-MO である．見当をつけたら，On-MO に切り換えてキャピラリー先端を視野に入るようにし，さらに細胞に近接させる．こうして，いよいよ刺入作業になる．細心の注意と操作を要求される．刺入したらその状態で加圧して遺伝子などの導入をする．これで，細胞 1 個の操作が終了する．引き続きつぎの細胞の選択に移る．

こうして，Off-MO と On-MO を繰り返しながら，何百個の細胞へのインジェクションを

10.4 SMSRの開発のコンセプト

行う．時間もかかるし集中力も要求される過酷な作業である．どうしたら，これを軽労化できるか．その答えが，「インジェクションのみに集中できるように，それ以外の作業をできるだけ自動化，半自動化する」という発想に基づいて構築された単一細胞操作支援ロボット（single-cell manipulation supporting robot：SMSR）である（図10.7）．

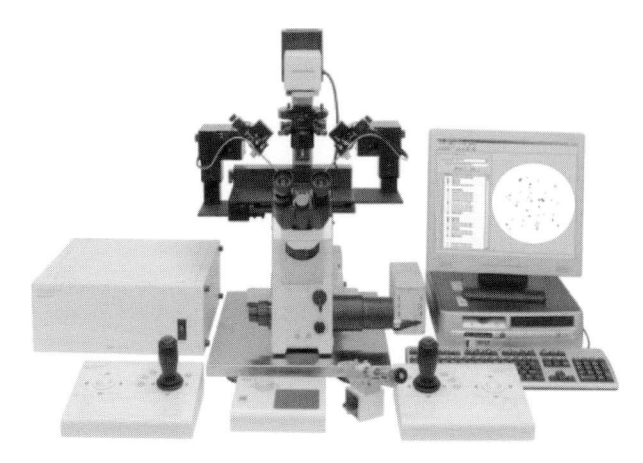

図10.7 単一細胞操作支援ロボット（SMSR）

SMSRは，オートステージと一対の3次元マニピュレータの操作を手元のジョイスティックで集中制御できるようになっている．駆動スピードも実際の細胞実験に基づいて適切なスピードレンジへの切換えが手元スイッチでできるようになっていて，インジェクション時のキャピラリー先端のブレを極力押さえ，刺入時のキャピラリー先端の動きが実験者の手の動きを鋭敏に反映するように設計されている．また，細胞の位置座標登録機能も新規開発された．そのためにはディッシュごとに，基準座標を設けておく必要があるので，図10.8の

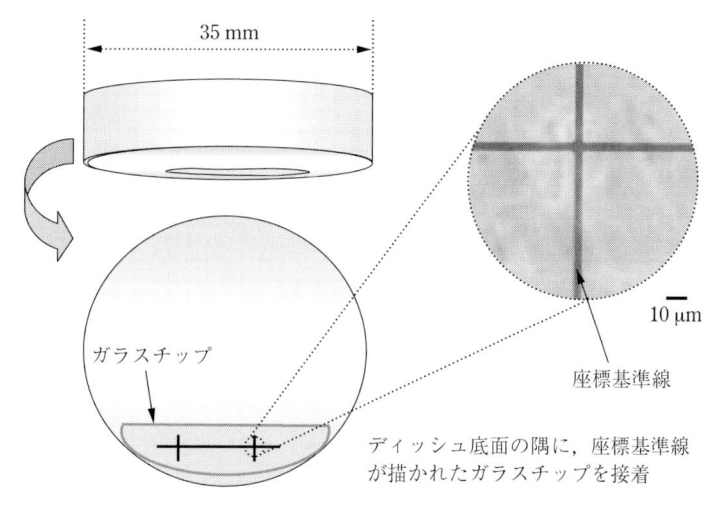

図10.8 ディッシュ固有座標系の設定法

ようなチップを作製してディッシュ底面に接着した。このようなディッシュを使用することによって，各細胞の座標が登録され，いったん，顕微鏡ステージから降ろして培養後，再び顕微鏡観察する場合でも，各細胞を瞬時に視野中心に持ってくることができる．1ディッシュ当り512個の細胞座標を登録することができる．

連続してインジェクションする場合は，フットスイッチをクリックするたびに，つぎつぎに細胞が視野中心にくるので，実験者はその細胞へのインジェクション作業のみに集中することができる．その結果，1時間で100〜200個の細胞へのインジェクションがリズミカルにできるようになった．また，TVモニタ上の細胞リストの細胞番号，あるいはディッシュイメージ上の細胞マークをマウスでクリックすると，順番に関係なく，その細胞が視野中心にくる．そのような操作モードで必要な細胞だけへのインジェクションもスピーディにできる．さらに，インジェクション時の条件や刺入状況などを，細胞ごとにメモしておくことがきるようになっている．図10.9はそうして実施したあとの細胞リストおよびディッシュイメージの例である．

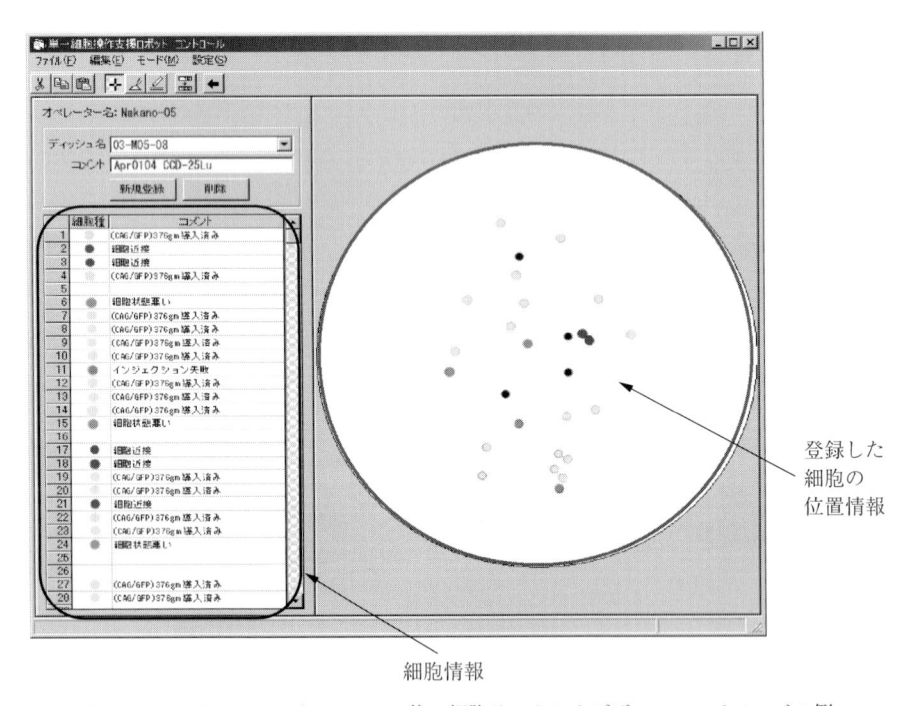

図10.9 マイクロインジェクション後の細胞リストおよびディッシュイメージの例

以上のように，SMSRはマイクロインジェクション作業を軽労化し，ハイスループット化するためにきわめて有用な装置であることが示されたが，同時に，マイクロインジェクション技術を習得するためのトレーニングマシーンとしても有用であることが示された．

10.5 疾患モデル動物と疾患モデル細胞

　疾患モデルというとき，通常は疾患モデル動物を指す．疾患モデル動物は，偶然に自然発症した動物を飼育するか，薬剤で変異を誘導した精子で受精させて得られる個体のなかから選別する．疾患は現象（症状）で表現されるが，その原因となる遺伝子の変異や代謝系の異常が同じとは限らない．しかし，症状が似ている動物を集め，その遺伝子異常や代謝異常を比較することによって，主たる原因遺伝子の推定がなされる．しかし，推定された遺伝子が，確かに原因遺伝子であることを示すには，例えば，その遺伝子をノックアウトした動物を作製し，その症状を調べることが必要になる．実際，今日までに種々のノックアウト動物が作製され，それによって発症機構の解析や治療法の検討などに利用されてきた[11]~[13]．

　ところで，疾患は多くの場合，生活習慣病に代表されるように，複数の因子が関係している場合が多く，単一遺伝子の変異のみよって説明されることは少ない．したがって，ノックアウト動物の作製に際しても，複数の遺伝子を組み合わせてノックアウトした，ダブルノックアウト，トリプルノックアウト，…を考える必要があると思われる（図10.10）．

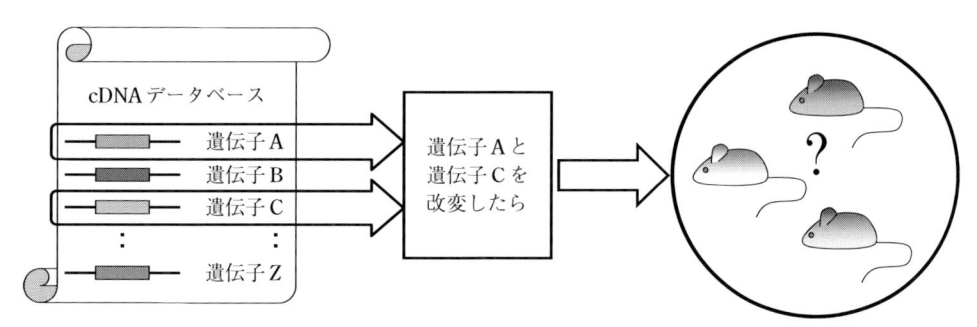

図10.10　疾患モデル細胞の基本的考え方

　そのためには，第一に，さまざまな遺伝子の組合せについて，ノックアウト，あるいはノックダウンさせたES細胞を作製して，そのライブラリーを整備しておくこと，第二に，これらのノックアウトES細胞から個体を作製することが必要である（図10.11）．冒頭でも述べたように，ノックアウトES細胞は単独で疾患モデル細胞というわけではなく，これから作製される個体と対比することによって，初めて疾患モデル細胞としての意味をもつ．したがって，疾患モデル細胞開発のためには，ノックアウトES細胞を作製する者と，それから個体を作製する者との緊密な協力が不可欠である．

　著者らは，疾患の対象として糖尿病に着目し，その関連遺伝子を改変したES細胞の開発に取り組んでいる．糖尿病関連病態になんらかの寄与が報告されている遺伝子の数は数十を

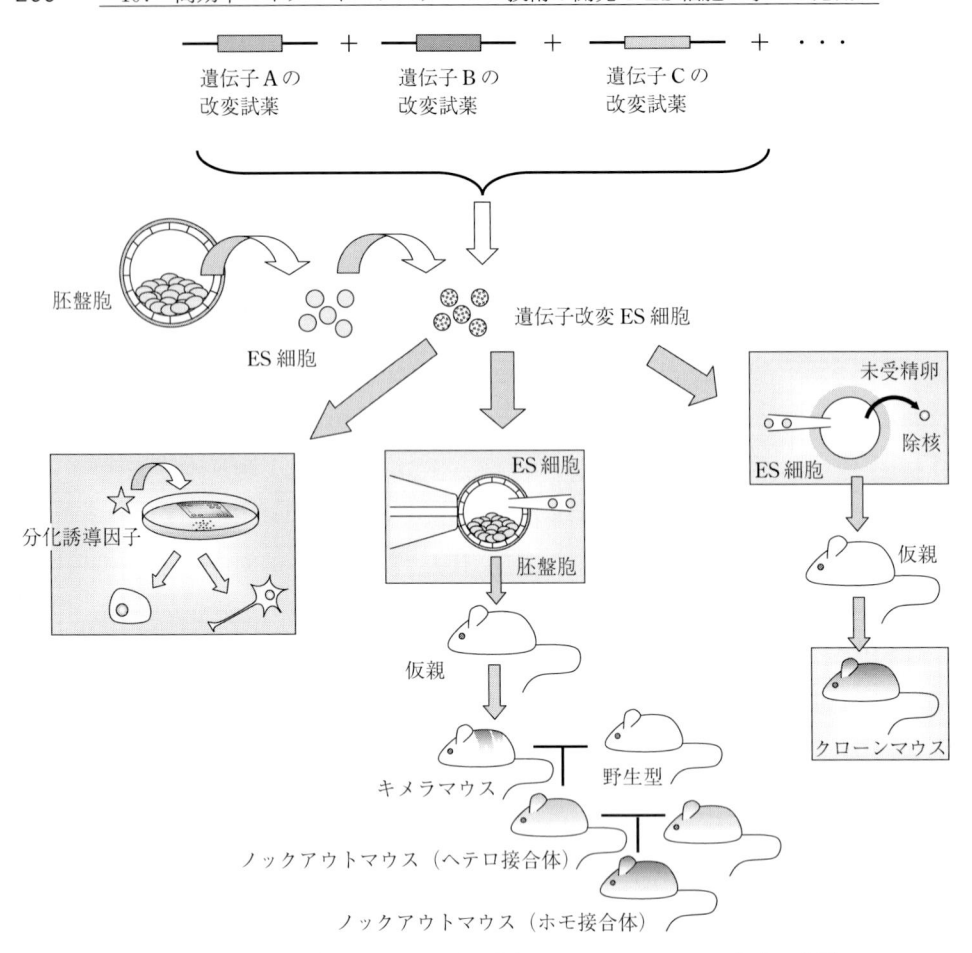

図10.11 遺伝子改変マウスES細胞の作製とそれを用いたマウス個体の作製

くだらないが，共同研究者の稲垣暢也教授（京都大学医学研究科）のご提言に基づき，最初は，そのなかから，つぎの6種類の遺伝子を選んだ．

① IRS-1（insulin receptor substrate 1）：インスリン受容体の基質となるタンパク質
② IRS-2（insulin receptor substrate 2）：IRS-1と同じファミリーに属する遺伝子。膵β細胞に発現しインスリンによる膵β細胞の増殖に関与
③ PDX-1（pancreatic duodenal homeobox 1）：インスリン遺伝子の転写に関与する転写因子。MODY 4
④ GK（glucokinase）：解糖系の律速酵素。MODY 2
⑤ SHP（small heterodimer partner）：MODY 1の遺伝子の上流に存在する転写因子。肥満の原因遺伝子
⑥ Kir 6.2（inwardly rectifying K channel または inward rectifier K channel）：ATP感受性K^+チャネルを構成するサブユニット

ここで，③〜⑤のMODYとは，常染色体優性遺伝形式を示し，通常25歳以下の若年で発症し，インスリン非依存型（II型）に類似した症状を示す糖尿病（maturity-onset diabetes of the young）のことで，その原因遺伝子として5種類（MODY 1〜5）が報告されていた[14]。①〜⑥の遺伝子のおのおのをノックアウト，あるいはノックダウンさせたES細胞を作製し，つぎにそれらを組み合わせたダブル改変ES細胞を作製し，並行してそれらから個体を作製する予定である。

10.6 疾患モデル細胞開発におけるマイクロインジェクション技術の利用

遺伝子改変方法として主としてRNAi法を採用している。siRNAは，当初，リポフェクションやエレクトロポレーションでES細胞内への導入を行っていたが，最近，マイクロインジェクションでも行えるようになった。恒常的にRNAi効果を得るためには，siRNA発現ベクターを導入しなければならない[15)〜18)]。細胞内に導入したあとは，それがインテグレーションされなければならない。

インテグレーションの問題は，遺伝子導入における共通の問題である。そこで，常法ではあるが，EGFPを発現するベクターをES細胞にマイクロインジェクションで導入して，その発現効率を調べた。当初は，まったく発現が見られなかったが，何か月かのトレーニングの結果，成功例が得られるようになった。わずかに0.2％ではあったが，マイクロインジェクション法がES細胞にも適用できることを初めて示すことができた意義は大きい[6]。その後，幾多の技術的改良を重ね，最近，10％以上の成功率が得られるようになった。したがって，siRNA発現ベクターの導入によって恒常的にノックダウンされたES細胞を作製する見通しが得られたと考えている。

最も困難と思われた，ES細胞へのマイクロインジェクションが可能であるということは，図10.4からも推察されるように，たいていの細胞にインジェクション可能であるということである。しかも，その成功率が10％以上であれば十分実用的な方法と考えられる。したがって，標的細胞に，複数の遺伝子や薬剤の濃度を自由に変えて導入することができ，細胞を使ったさまざまなバイオアッセイに利用できそうである。実用的にももちろん有用であるが，細胞単位での情報が得られることから，細胞生物学的な基礎研究に対しても有力な方法論を提供することになると考えられる。

10.7 おわりに

著者らは，もともと植物細胞を用いた単一細胞研究を行ってきた。その過程で，マイクロ

インジェクションは基本的な実験手段であった。先人が行ってきた方法を倣って，ひたすら注意深さと根気で実験を重ねてきたものの，再現性のあるデータを十分量蓄積することは，至難の業であった。

さらに，2, 3年前からES細胞が新たな標的細胞となったが，ここに至って，マイクロインジェクションは絶望的に思われた。それでも，この方法論が持つ潜在的な有用性は捨てがたく，なんとか実用的レベルにできないか，と考えた。幸い，科学技術振興機構（JST）から研究費が助成され，また，中央精機㈱グループ各社（CP-G）のご協力が得られ，上述の成果が得られるに至った。引き続き，上記のSMSRを活用した細胞開発を進めるとともに，SMSRのさらなる機能向上を目指したいと考えている。

引用・参考文献

1) Erwee, M. G., Goodwin, P. B. and Van Bel, A. J. E.：Cell-cell communication in the leaves of Commelina cyanea and other plants, Plant. Cell. Environ., **8**, pp.173-178（1985）
2) Wolf, S., Deom, C. M., Beachy, R. N. and Lucas, W. J.：Movement protein of tobacco mosaic virus modifies plasmodesmatal size exclusion limit, Science, **246**, pp.377-379（1989）
3) Kato, K., Matsumoto, T., Koiwai, A., Mizusaki, S., Nishida, K., Noguchi, M. and Tamaki, E.：Liquid suspension culture of tobacco cells, Ferment. Technol. Today, pp.689-695（1972）
4) Sotoyama, H., Saito, M., Oh, K.-B., Nemoto, Y. and Matsuoka, H.：In vivo measurement of the electrical impedance of cell membranes of tobacco cultured cells with a multifunctional microelectrode system, Bioelectrochem. Bioenerg., **45**, pp.83-92（1998）
5) Saito, M., Mukai, Y., Komazaki, T., Oh, K.-B., Nishizawa, Y., Tomiyama, M., Shibuya, N. and Matsuoka, H.：Expression of rice chitinase gene triggered by the direct injection of Ca^{2+}, J. Biotechnol., **105**, pp.41-49（2003）
6) Matsuoka, H., Komazaki, T., Mukai, Y., Shibusawa, M., Akane, H., Chaki, A., Uetake, N. and Saito, M.：High throughput easy microinjection with a single-cell manipulation supporting robot, J. Biotechnol., **116**, pp.185-194（2005）
7) Lipid-tipped cell injection：http://www.sellengineering.co.uk/
8) Karlsson, M., Nolkrantz, K., Davidson, M. J., Stromberg, A., Ryttsen, F., Akerman, B. and Orwar, O.：Electroinjection of colloid particles and biopolymers into single unilamellar liposomes and cells for bioanalytical applications, Anal. Chem., **72**, pp.5857-5862（2000）
9) Haas, K., Sin, W. C., Javaherian, A., Li, Z. and Cline, H. T.：Single-cell electroporation for gene transfer in vivo, Neuron, **29**, pp.583-591（2001）
10) Olofsson, J., Nolkrantz, K., Ryttsen, F., Lambie, B. A., Weber, S. G. and Orwar, O.：Single-cell electroporation, Curr. Opin. Biotechnol., **14**, pp.29-34（2003）
11) Capecchi, M. R.：Altering the genome by homologous recombination, Science, **244**, pp.1288-1292（1989）

12) McHugh, T. J., Blum, K. I., Tsien, J. Z., Tonegawa, S. and Wilson, M. A.: Impaired hippocampal representation of space in CA1-specific NMDAR 1 knockout mice, Cell, **87**, pp.1339-1349 (1996)
13) Shibata, H., Toyama, K., Shioya, H., Ito, M., Hirota, M. and Hasegawa, S.: Rapid colorectal adenoma formation initiated by conditional targeting of the Apc gene, Science, **278**, pp.120-123 (1997)
14) 日本糖尿病学会 編，糖尿病遺伝子診断ガイド，第2版，文光堂 (2003)
15) Brummelkamp, T. R., Bernards, R. and Agami, R.: A system for stable expression of short interfering RNAs in mammalian cells, Science, **296**, pp.550-553 (2002)
16) Lee, N. S., Dohjima, T., Bauer, G., Li, H., Li, M. J., Ehsani, A., Salvaterra, P. and Rossi, J.: Expression of small interfering RNAs targeted against HIV-1 rev transcripts in human cells, Nature Biotech., **20**, pp.500-505 (2002)
17) Miyagishi, M. and Taira, K.: U6 promoter-driven siRNAs with four uridine 3' overhangs efficiency suppress targeted gene expression in mammalian cells, Nature Biotech., **20**, pp.497-500 (2002)
18) Tuschl, T.: Expanding small RNA interference, Nature Biotech., **20**, pp.446-448 (2002)
19) Alberts, B., Bray, D., Lewis, J., Raff, M., Roberts, K. and Watson, J. D.: Molecular Biology of THE CELL (2nd Edition), Garland Publishing, Inc., New York & London, (1989)
20) Matsuoka, H., Shimoda, S., Ozaki, M., Mizukami, H., Shibusawa, M., Yamada, Y. and Saito, M.: Semi-quantitative expression and knockdown of a target gene in single-cell mouse embryonic stem cells by high performance microinjection, Biotechnol. Lett., in press.

11 哺乳動物の細胞へのDNAおよびRNAのスマートなデリバリー

11.1 はじめに

　ヒトゲノムプロジェクトが終了し，ゲノムの全容が明らかにされつつあるが，ゲノム自体の機能の解析という重大な命題は，いまだに達成されていない。この解析で最も有効な手段は遺伝子を細胞に導入し，発現するタンパク質の挙動からその機能を解析する方法である。

　しかしながら，細胞への遺伝子導入方法は，すでに，数多くの研究がなされているにもかかわらず，安全で効率的なものがまだ確立されていないのが現状である。

　これまでの30年以上にわたり，安全で効率の高い，哺乳動物細胞への核酸デリバリーのため膨大な研究がなされてきた。遺伝子デリバリーの手法は，遺伝子発現の解析，多くのリコンビナントタンパク質の機能，制御，産生への応用，さらには，人への遺伝子治療に関する応用などさまざまな用途が考えられる。

　これまでの細胞への遺伝子導入方法は，リポフェクション，ジーンガン，無毒化ウイルスなどの方法が行われてきた。しかし，高効率を誇るウイルス法は，無毒化とはいえ感染の危険性が避けられず，まだ大きな問題のままである。一方，つぎに効率がよいとされるジーンガンによる遺伝子導入方法は，細胞生存効率が悪く，さらに高価な装置が必要であるなど価格的な問題もあることが大きな欠点であり，一般的な研究者が興味ある遺伝子を用いて，すぐに実施できるほどの汎用性はないのが現状である。

　一般的な研究者が汎用的に用いる遺伝子導入の材料として，現在使われているものは，合成材料，例えば脂質，ペプチド，ポリマー，無機結晶などである。

　一方，最も効率の良い方法としてのウイルスベクターや汎用性の高いリン酸カルシウム（CaP）などは，研究室レベルでの研究はもちろん，リコンビナントタンパク質の大規模作製にも用いられている。

　最近，われわれは，リン酸カルシウムをナノ粒子化することで，ウイルス法の効率に近い遺伝子導入効率を達成することに成功した。

　本章では，今後ますます重要性を増すと考えられる細胞・組織への遺伝子導入法に関して

考察し，一般的な遺伝子導入の方法論とともに，われわれのシステムに関して言及する。

11.2 遺伝子導入手法の種類と実際

現在，この分野での重要な研究課題は，① 導入する遺伝子の形態と配列の選択，② 間接投与では細胞外液中，直接投与では血液中での遺伝子の安定性，③ 細胞への遺伝子の導入法，細胞内での遺伝子の安定性と細胞内運命，④ 導入遺伝子の核内移行と発現の継続性，⑤ 副作用の発生の有無などである。

これまでの導入法としては，ウイルスやリポソームなどのベクターを用いる方法や物理化学的な方法があり，以下に簡単な説明と実際の実験手法を述べる。ただし，実際の手法は使用する細胞，組織そして機器によって異なるので詳細は述べない。したがって，章末の引用・参考文献や機器のマニュアルを参照されたい。また，発現した遺伝子の確認法は，導入した遺伝子によって異なるので，研究者の遺伝子とそのマーカーによって確認されたい。

11.2.1 物理化学的手法

物理化学的手法は，リン酸カルシウム法，DEAE（Diethylaminoethyl）デキストラン法，エレクトロポレーション法などが知られており，多くは，接着細胞培養系，浮遊細胞系での遺伝子導入に用いられてきた。これまでの方法は，遺伝子導入効率が悪く，細胞の活性にも悪影響を与える可能性が高いことから，使用頻度は少なくなってはきたが，導入方法の簡便さから大規模な遺伝子導入の際には広く使用されている。また，パーティクル銃のような導入効率の高い方法も利用されている[1]。

〔1〕 **リン酸カルシウム法**　リン酸カルシウム法は，125 mM 程度の高濃度のカルシウムと無機リン酸を混合することで，リン酸カルシウムの沈殿を形成させ，この表面カルシウムのカチオンチャージにアニオンチャージを有する DNA を結合させてコンプレックスを作製し，これを細胞に取り込ませることにより遺伝子を導入する方法である。

遺伝子の細胞内への導入のメカニズムは，DNA-リン酸カルシウムが細胞のエンドサイトーシスにより細胞内に取り込まれ核に移行すると考えられている。本方法は，リン酸カルシウムの作製条件によって効率が変化し，また，細胞種により導入効率がさまざまであり，一般的には付着細胞で多く用いられている。

われわれは，このリン酸カルシウム法を改良し，効率化に成功したので後述する。以下は，われわれが一般的に用いている方法である。

リン酸カルシウム法によるトランスフェクション作業例

溶液1.　2M $CaCl_2$（11.1 g の塩化カルシウム，47.3 ml の水）を作製し，4°C でストック

しておく。

溶液2. 150 mM Na₂HPO₄（2.13 g Na₂HPO₄＋99.7 ml H₂O）を作製し、4℃でストックしておく。

溶液3. 2×PIBS：280 mM NaCl，40 mM PIPES，1.5 mM Na₂HPO₄（上記 150 mM Na₂HPO₄ストックの1.0 ml）となるように80 mlの水に溶解し、1.0 N NaOHにて pH 6.95 に調整する。最終的に100 ml 溶液として、4℃に保存する。

溶液4. DNA は、115 μg/ml の水溶液として準備する。

操　作

a. 細胞は，DNA を添加する1時間前に，培地を除き，無血清培地で洗浄したあと、通常の90％程度の培地を加えておく。

b. 15 ml のコニカルチューブに、7部の DNA 溶液と1部の 2M CaCl₂ 溶液の割合で両液を混合する。この溶液量は，通常の細胞培養時の培地量の5％は必要である。

c. 2×PIBS と同量の DNA・CaCl₂ 溶液（上記で作製）を素早く混合し、1秒間ボルテックス処理を行う。その後、30分間放置した。

d. 作製したリン酸アパタイトは細胞培地にゆっくり添加し、混合後、培養を続行する。

e. 所定時間培養したあと、適宜、バッファーなどで洗浄して遺伝子発現を確認する。

〔2〕**DEAE デキストラン法**　　DEAE デキストラン法は、DEAE のカチオンチャージと DNA のアニオンチャージによる錯形成物質を利用して遺伝子を導入する方法である。この遺伝子導入メカニズムも DNA-DEAE デキストラン結合体が、エンドサイトーシスによって細胞内に取り込まれ核に移行するものと考えられている。DEAE デキストラン法は細胞毒性のため、現在ではリポソーム法に移行し、使用されなくなってきているが、付着細胞系でも利用することができる利点を有している。

DEAE デキストラン法の作業例[2)]

1. 10 cm シャーレ中にサブコンフルエント（70％程度）にした細胞を培養しておく。
2. 5 ml のバッファーで細胞を2回洗浄する。
3. DNA（2～10 μg/ml）と DEAE-Dextran（500 μg/ml）を混合してバッファーで希釈したものを 1 ml/10 cm dish の割合で添加する。
4. 37℃で，5～10分間培養する。
5. 培地を捨てる。
6. 5～10 ml のバッファーで2回洗浄する。
7. 抗生物質入りの 10 ml DMEM/10％FBS 培地を入れ、37℃で所定時間培養する。
8. 遺伝子の発現を確認する。

〔3〕**エレクトロポレーション法**　　エレクトロポレーション法は、細胞膜に高電圧の電

場をかけることにより，一時的に細胞膜を不安定な状態にし，細胞膜上の発生した穴からよりDNAを導入するものである[3]。浮遊，付着細胞ともに利用可能であり，再現性は非常に高いシステムであるが，細胞へのダメージが大きく，また，大がかりな装置を利用するため汎用性に問題がある。

エレクトロポレーション法による作業例
1. サブコンフルエントあるいは分散させた細胞を準備する。
2. PBSで2回洗浄し，RPMI培地に$1.3×10^7$細胞/ml程度になるように分散させる。
3. 4 mmキュベット中に，0.3 mlの細胞溶液を分注する。
4. DNAは，5〜10 μg/10〜20 μlとなるようにキュベットに添加する。
5. エレクトロポレーションパルスを照射する（パルス強度は，各装置に依存するので，それぞれの機器マニュアルを参照されたい）
6. 終了後，タッピングにより細胞をよく分散させる。
7. FBS入り培地に分散させ，目的のシャーレ，フラスコで培養する。
8. 遺伝子導入率を決定する。

〔4〕 **パーティクル銃**　パーティクル銃による遺伝子導入は，細胞に無害な金やタングステンの粒子に遺伝子を付着させて，音速以上に加速して膜構造を貫通させ，細胞内に導入する方法である。このため，遺伝子導入の効率が著しく高く，多種多様な細胞にも適用できる。しかし，細胞のほとんどが障害を受けるうえ，装置が高価であり汎用性は低い。

パーティクル銃による作業例[4]
1. 添加物のないDMEM，RPMIなどの培地中で細胞を準備する。細胞は，50〜75％コンフルエントとする。
2. トリプシン−EDTAで剝離したあと，PBSで2回洗浄し，培地に$2〜5×10^7$細胞/ml程度になるように分散させる。
3. 細胞分散液20 μlを3.5 cmのペトリ皿の中央に直径22 mmの円を描くように配置する。
4. マイクロキャリヤーをエタノール洗浄などの処理を行い，準備する（各装置，マイクロキャリヤーによって手法が異なるので，章末の引用・参考文献などを参照）。
5. 60 mg/mlとなるように500 μlの50％グリセリンでマイクロキャリヤーを分散させておく。
6. 0.5 mgのマイクロキャリヤーに対し，DNAと金の比が1.6 μg/mgとなるように調節しておく。
7. 減圧ステージに細胞とDNA結合マイクロキャリヤーをセットし，パーティクル銃装置指定の条件で処理する。

8. 1.5 ml FBS入り培地に分散させ，目的のシャーレ，フラスコで培養する。
9. 遺伝子導入率を決定する。

11.2.2 ウイルスベクター法

ウイルスベクターを用いた遺伝子導入方法は，レトロウイルスベクターが開発されたことによって遺伝子導入法の主流となっている。特に，浮遊細胞である末梢血や骨髄細胞への遺伝子導入を可能にし，遺伝子治療には欠かせないものとなった。現在では，レトロウイルスベクターをはじめ，アデノウイルスベクターなど，さまざまなベクターが開発されている。

しかしながら，ウイルスベクターを用いた遺伝子治療において，ウイルス感染による死者が発生し，無毒化したウイルスベクターとはいえ，ウイルスベクターの危険性が懸念されているため，ウイルスベクターを用いたすべての遺伝子導入には安全性の課題がつきまとっている。最近では，アデノウイルスベクターを用いた肝臓への直接的な遺伝子導入方法も行われており，その発展に注目が続いていることは間違いない[5]。

ウイルス法に関して本章では，総説などが多く出されていることからこれ以上は言及しないが，下記の点だけはぜひ述べておきたい。

1990年，米国NIH（National Institutes of Health：国立衛生研究所）においてアデノシンデアミナーゼ（ADA）欠損症の少女への世界で初めての遺伝子治療が成功を収めて以来，遺伝子も用いた疾患の治療は，さまざまな疾患に対して研究され，実施されようとしている。日本でもアンジェス社をはじめとして，遺伝子治療を目的としたベンチャー企業も設立されている。

しかしながら，この遺伝子治療の主流となっている方法は，無毒化した（？）ウイルスベクターであり，必ず副作用が議論される。

1999年，ペンシルベニア大学のWilsonらのグループによるアデノウイルスベクターを用いた先天性代謝疾患の遺伝子治療中，大量のアデノウイルスの投与によって患者が死亡するという事故が起こった。このような事故は，NIHへの事故報告を義務づけてのち，650件以上になるといわれている[6]。

期待と裏腹にウイルスベクター法によるこのような事故が続く限り，遺伝子導入手法が一般社会に受け入れられることが難しくなる。したがって，このような副作用発生のメカニズム解明とウイルスに代わる人工ベクターの開発が急務である。

11.2.3 人工ベクター法

人工ベクター法はウイルス以外のベクターを使用し遺伝子を導入する方法であり，その多くの系には，人工的に調製したリポソーム，カチオニックコンプレックスなどがある。これ

らは，遺伝子導入効率が低いとされているが，細胞障害性が低く安全性に優れている。

このため，遺伝子治療の分野でも有用なベクターとして研究が盛んに行われており，特に，リポソーム系のベクターを用いた導入法は，さまざまなキットが開発され，同時に効率が向上しつつあるため，研究機関での使用が増えている。また，大量生産が容易であるため，産業界からも注目されている。

リポソーム法は，DDS用生体適合性材料でもあるリポソーム（脂質二分子膜）にリポフェクチンなどのカチオン性合成脂質を混合し，得られたリポソーム表面に負電荷を有するDNAやRNAを結合させ，その後，細胞と相互作用させることで細胞への遺伝子導入を図るものである。

この方法論は，DDSの分野で疎水性・親水性薬物の効率の良いキャリヤーおよび毒性・免疫性の少ない生体材料として用いられてきたリポソームを利用して，薬物の代わりに遺伝子を運ぶことで，比較的簡便に遺伝子導入が可能である。

しかしながら，多くの系が，リポソームと細胞との相互作用後，エンドサイトーシスによる細胞内移行を行っている。本来，外来分子の分解を役割の大半とするエンドサイトーシスでは分解が激しく，この分解過程をコントロールしないかぎり，遺伝子発現効率が低くなり，そのことが問題となっている。

最近では，エンドソーム内でのpH低下を逆に利用して，遺伝子を安定させるリポフェクション法も開発され，販売されている。

リポフェクチンを用いた遺伝子導入方法[7]

1. 遺伝子導入の前日に20 000細胞/cm^2（$1.9×10^5$/35 mm皿）程度に細胞を播種し，一晩培養する。
2. 3 μlのリポフェクチン溶液と100 μlのOpti-MEMを1.5 mlエッペンチューブの中で30分間培養する。
3. 1ウェル当り，1.5 μgのDNAを加える計算で，2.で作製した溶液と混合し，15分間室温で放置する。
4. 無血清培地で洗浄した細胞に0.9 mlのOpti-MEMを添加しておく。
5. 109 μlの3.で作製した溶液を添加し，5時間通常どおり培養する。
6. 1.5 ml FBS入り培地に分散させ，48時間培養する。
7. 遺伝子導入率を決定する。

われわれは，肝細胞を用いた長年の研究から，肝細胞への遺伝子送達法についてもさまざまに研究を進めてきた[8]。肝実質細胞に対して，リポフェクション型リポソームがLDLレセプターと相互作用することで，細胞内に融合形態で導入され，さらに，遺伝子発現も40〜60％効率化できるシステムも開発されてきた（図11.1，図11.2）。

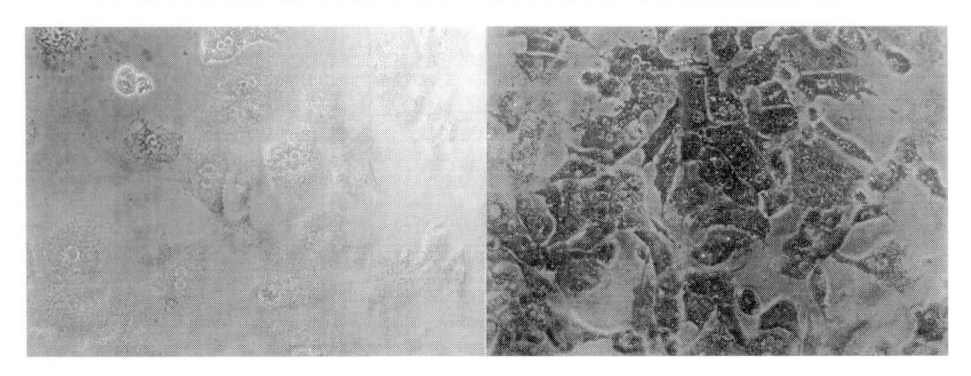

(a) 遺伝子導入前の細胞 　　　　　　(b) 遺伝子導入後の細胞

肝細胞へカチオンリポソームによりpCH 110プラスミドを遺伝子導入し，X-Galによる染色を行った。発色している細胞はβ galactosidaseを発現している

図11.1 遺伝子導入したマウス初代肝細胞のX-Galによる染色像

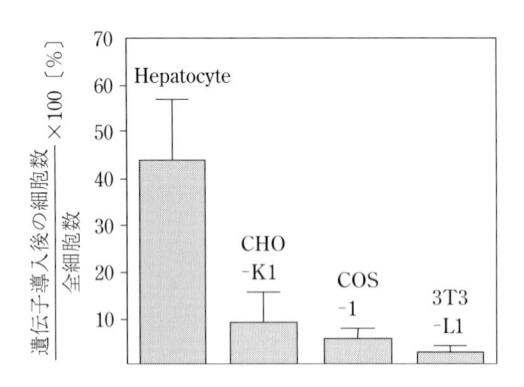

図11.2 一般的に使用される細胞に対する本リポフェクション法による遺伝子導入効率の比較

リポソーム法は，遺伝子導入効率の劇的な向上は望めないにしても，安価で安定な遺伝子導入法として広く用いられている。最近では，腫瘍細胞への直接的な遺伝子導入にもリポソームが使用され始めており，脾臓など網内径細胞への取込みは見られるものの，ある程度の腫瘍への集積と遺伝子発現が in vivo 系でも確認されている[9]。

このように汎用性の高いリポソーム法は，DDSとの関連も深めながらさらに大きく発展していくものと予想される。

11.3 アパタイトナノ粒子法による画期的遺伝子導入方法の確立

遺伝子送達の分野では，一般論として細胞への遺伝子送達を取り上げることが多い。しかしながら，目的の細胞にのみ，遺伝子を送達することが，遺伝子異常をきたしている細胞をキュアーするという遺伝子疾患の治療の目的に即した本来の姿である。

一般的に細胞への遺伝子導入法は，これまでDDSの分野で広く用いられてきた材料や方

法を転用した形で応用されていることが多い。そもそもDDSの手法自体が，遺伝子導入を自然に行っているウイルス感染を究極の形態として目標に掲げているわけであり，DDSの流れに沿ってみがかれたテクノロジーが再び人工的な遺伝子導入方法にフィードバックされることは当然である。

遺伝子導入法に求められる究極の形態は，①ウイルス感染に匹敵する遺伝子導入効率と発現効率，②ターゲット細胞や組織に特異的な遺伝子導入，③安価で長期安定な遺伝子導入剤の使用などであると考えられる。これらは，遺伝子解析の終了とともに，遺伝子を用いた製剤開発のために解決しなければならない巨大な壁であり，遺伝子のみならず，DDSの完成も視野に入れた極限の研究ターゲットであるといえる。

われわれは，カルシウムリン酸ナノ粒子による遺伝子輸送の方法論を展開している。後述するが，すでに上記の①～③の項目にかなりのめどをつけている。

上述したようにリン酸カルシウム法では，基本的にリン酸とカルシウムの錯形成により形成される粒子にDNA等を結合させ，エンドサイトシスにより細胞へのDNAやRNAの効果的な送達を行うものである。

通常，エンドサイトシスでは，DNAやRNAが破壊されがちであるが，リン酸カルシウム法では，キャリヤーであるリン酸カルシウム自身がエンドソーム内での酸性化で優先的に分解されることにより，DNAやRNAの分解が起こりにくく，リン酸カルシウムから離れたDNAやRNAが細胞内に移行しやすいのが特徴である。

われわれの検討からリン酸カルシウムの成長速度論的な検討や物理化学的な性質を理解することが，細胞への遺伝子導入に際してその効率化，安定化に非常に重要であることがわかってきた。

11.3.1 炭酸アパタイトによる遺伝子導入のためのナノ粒子作製の重要性

われわれは，炭酸アパタイトをナノ粒子化することで，細胞に導入したい遺伝子と非常に効率よくコンプレックスを形成させ，細胞への遺伝子導入を飛躍的に効率化する手法を確立した（図11.3）[11]。

リン酸カルシウムを改良し，炭酸アパタイトナノ粒子とすることで，ウイルスベクター法に匹敵する効率と簡便性を有する手法として確立した。このことで，ウイルスベクターを用いた遺伝子輸送の危険性がつぎつぎと報告されているなか，ウイルスベクターと同等の遺伝子輸送能を有する本システムは，画期的な方法論となったといえる。

なおかつ，ここで提案する炭酸アパタイトナノ粒子を用いた遺伝子導入方法は，安価で，非常に簡便かつ高効率な方法であり，これからの遺伝子解析において不可欠な方法になる可能性も秘めている。

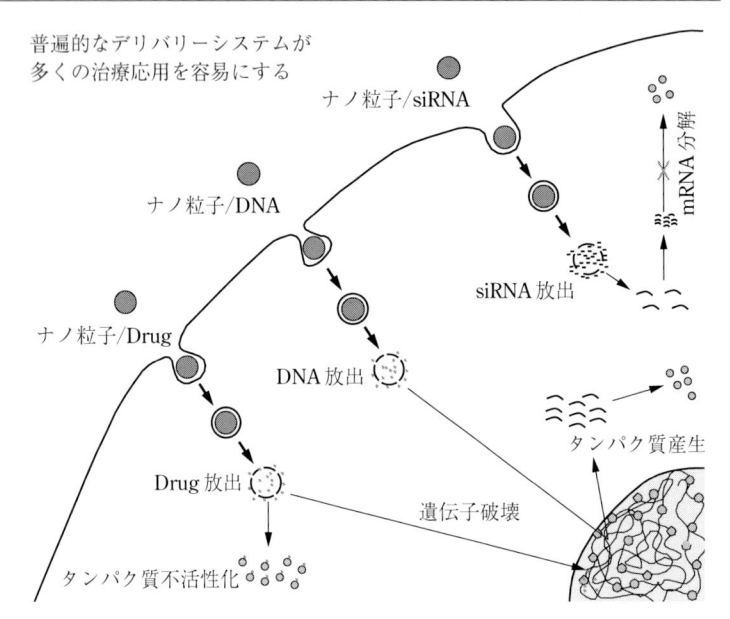

図11.3 アパタイトナノ粒子による遺伝子，薬物デリバリー

　炭酸アパタイトナノ粒子を用いた遺伝子導入方法は，細胞への遺伝子導入の効率化が進まないために滞っているゲノム機能解析や細胞による有用タンパク質の産生に多大な効果を発揮することから，その必要性はいうまでもない。

　また，炭酸アパタイトナノ粒子を用いた遺伝子導入方法は，細胞を選ばずこれまでの数倍から数百倍の高効率で遺伝子の導入が可能になることから，ゲノム機能解析や細胞による有用タンパク質の産生の分野の研究開発を飛躍的に発展させることが期待できる。

　哺乳動物細胞での遺伝子発現と制御は臨床医学と近代的なバイオテクノロジーにおいては，基本的なトピックである。遺伝子が生物学のシステムで主要な職務を行うためにmRNAを通してタンパク質をコード化する。外来遺伝子配列のデリバリーは，このようなシステムへの新しい機能を提供するほか，生化学の研究において，細胞や遺伝子の新たな機能の解析や検証に重要であり，また，遺伝病や新規の疾患治療にも必要である。自由自在にコントロールされた配列の遺伝子を送達することは，治療に必要なタンパク質を工業的に産生するためにも必須の技術である。他方，基礎研究や疾患治療の分野で注目されているsiRNAの技術においても，この分解しやすいRNAを効率よくデリバリーするシステムの開発が望まれており，炭酸アパタイトナノ粒子は，これらRNAとも安定にコンプレックスを形成し，細胞への導入も容易であるという結果を得ている[11]。

11.3.2　従来法における手法との比較

　上述のように，リン酸カルシウムナノ粒子によるDNA・RNAの送達機構リン酸カルシ

ウム共沈殿物は，動物細胞へのDNA輸送に最も広く用いられている方法である。その理由は，その簡便さ，安価さ，そして細胞を選ばない効率性である。グラハムら[12]による先駆的な仕事以降，類似の研究が盛んに行われ，DNAを塩化カルシウムと混合し，リン酸塩を含む緩衝液にこれを加えて，沈殿を発生させ，細胞と培養するという手法が広く用いられるようになった。

上述の実施例からもわかるように，DNAとの共沈殿物を発生させ，それを最終的に細胞と培養し，取り込ませる手法である。DNAがリン酸カルシウムと強固な結合を形成し，それが酵素に対しても安定で，細胞へエンドサイトシスにより効率よく取り込まれることで，10万にも及ぶプラスミドの1個の細胞への導入を可能にした[13]~[15]。

リン酸基を有するDNAは，アニオン性であり，ヒドロキシアパタイトのカルシウムリッチなドメインと結合を形成できる[16]。リン酸カルシウム沈殿の安定部分は，おそらく結晶表面にのみ存在することが予測できる（IRスペクトル，X線回折線などによって証明される（図11.4，図11.5）。グリセリン[15],[17]とクロロキン[17],[18]を共存させるとDNAをエンドソームからサイトゾール中に放出することができる。放出されたDNA内の数%がエンドサイトーシスされている間，あるいは核膜孔を通して核内に移行し[13]，mRNAに転写され，そしてタンパク質産生のために核から細胞質に放出される。選択的にmRNAハイブリダイズすることができ，タンパク質合成を特異的に阻害できるアンチセンスオリゴヌクレオチド[19]~[21]や，特異的にmRNAを分解できるsiRNA[20],[21]などは，リン酸カルシウムによって細胞内にデリバリーすることができると報告されている[19],[22]。

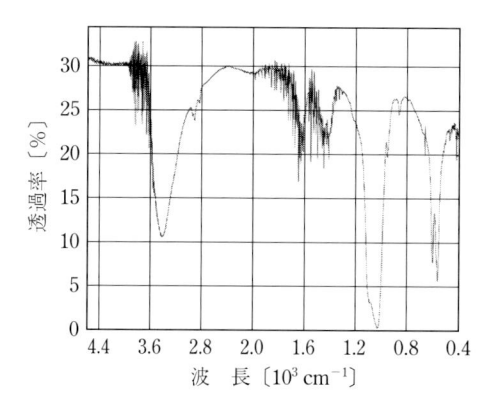

パーティクルは，125 mMのCa^{2+}をHBS (0.75 mM Na$_2$HPO$_4$)へ添加して作製した。

図11.4 リン酸-カルシウムパーティクルのIRスペクトル

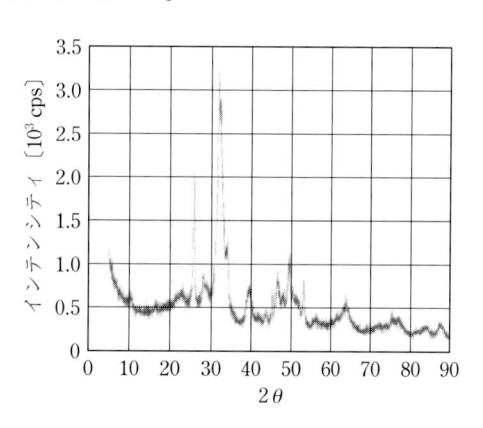

パーティクルは，125 mMのCa^{2+}をHBS (0.75 mM Na$_2$HPO$_4$)へ添加して作製した。

図11.5 リン酸-カルシウムパーティクルのX線回折線

11.3.3 リン酸カルシウム作製の物理化学的考察

リン酸カルシウムパーティクル成長速度論の分析は，遺伝子導入効率に直接的にかかわるファクターとして非常に重要である。カルシウム過飽和な溶液と無機リン酸溶液の混合によって生じるカルシウムリン酸の沈殿は，バッファーのpHや培養温度によって生成が左右される[16],[23]。

上述のように，一般的に，DNA・カルシウムリン酸の共沈殿物は，250 mMのカルシウムを含む溶液と1.5 mMのリン酸を添加した2倍の濃度で調整した緩衝液（例えばHepes pH 7.05）中のDNAを同量ずつ，一度にあるいは少量ずつ混合することによって生成することができる。パーティクルのサイズや数などは，カルシウム，リン酸，混合速度，混合時の温度，pHなどのパラメータを調節することでコントロールすることが可能である。他方，例えば，カルシウムやリン酸の濃度などパラメータを同時に変更すると過飽和状態や効果的な共沈殿作成の条件を決定することも可能である。例えば，カルシウム濃度を125 mMから14 mMまで減少させる一方で，pHを7.05から7.5まで，温度を25℃から37℃へと変化させることによって，効果的な共同沈殿物の形成[16]のための完璧な条件を見いだすことが可能であった。

11.3.4 遺伝子発現効率化のための粒子成長のコントロール

DNA・リン酸カルシウム共沈法で最も大きな障害となっているのは，遺伝子発現効率が低いことであった。この原因は細胞内に容易に取り込むことのできない粒子サイズの大きさ，つまりこれまでの手法では，リン酸カルシウムを必要以上に成長させすぎてしまい，この大きな沈殿とDNAの結合体を作製していたため，さらに沈殿物のサイズが大きくなり，マクロファージはともかく，一般の細胞がエンドサイトーシスできるサイズではなくなったことが理由であった。

これまでの研究では，粒子の成長をコントロールしていなかったため，このような過度の成長が起こっていた[23],[24]。このような理由から，ごく最近，決定的な問題を解決するためにいくつかの戦略が着手されている。

〔1〕 沈殿物形成状態の最適化　　上述したように，遺伝子発現を効率よくするためのカルシウム-リン酸共沈殿物の作製条件は，非常に良くコントロールされたものでなければならない[24],[25]。単純にカルシウムとリン酸を混合するという標準的プロトコルで，80％以上のDNAを結合することのできるファインな粒子を作製するためには，1分程度のインキュベーション時間が最適である。

それ以上の培養時間では，より大きい粒子が形成されてしまうため細胞への遺伝子導入効率が低下してしまうことがわかった。このような短時間での作業は，大きなスケールでの作

業において非常に不便であるといえる。しかしながら，1分間培養したあとにすぐ細胞培養培地に粒子を加えることで，粒子成長を抑え，遺伝子導入効率を効果的に維持できる[26]。さらに，この新しい方法として，以前から用いられているドロップワイズに溶液を混合するという方法[24]に代わって，直接，一度に溶液を混ぜることに頼り，かなり簡単に遺伝子導入効率が向上することがわかった[27]。

〔2〕 **ブロックコポリマーによるリン酸カルシウムナノ複合体の形成**　ポリ（アスパラギン酸）あるいはポリ（グルタミン酸）のようなpolyanionic化合物は，DNAと同様にカルシウムリン酸のカチオンチャージに結合することが可能である。ポリ（エチレングリコール）とポリ（アスパラギン酸）（PEG-co-PAA）共重合体は，オリゴDNAやsiRNAの共存下でカルシウムリン酸と結合し，リン酸カルシウムの結晶コアを取り巻くPEGの立体障害によって，粒子が安定化し，ナノサイズのパーティクルが大量に生成することが明かとなった[21],[28]。オリゴDNAとsiRNAは最適条件下，ほぼ100％粒子に結合してくる。カルシウム溶液をオリゴDNAやsiRNA溶液と事前に混合し，激しくミキシングしたあと，24時間37℃で培養して，さらに，リン酸溶液と混合するという方法が試みられた。この方法で行うと，単純な混合法でも効率よく細胞へのオリゴDNAやmRNAのデリバリーが可能となった。

〔3〕 **カルシウム-マグネシウム-リン酸ナノパーティクルの作製**　最近，われわれはカルシウムリン酸沈殿物と同様に，カルシウム-マグネシウムリン酸沈殿物の生成を通じて，分子レベルの粒子成長速度論を解析し，粒子の生成をコントロールする効果的な方法を開発した。マグネシウムを含む系は，カルシウム単独の系と異なり粒子の成長を妨げることができ，このことによって細胞へのDNAの取り込みが格段に効率化し，結果的に遺伝子発現も効率的になった[16],[29]。

11.3.5　カルシウム-マグネシウム-リン酸粒子の生成と化学的性質

0.75 mMの無機リン酸を含むHBS（pH 7.05）へ125 mMカルシウムと各濃度（0～140 mM）のマグネシウムを添加し，室温で培養すると，顕微鏡観察ができるサイズの粒子が生成できる。すべての粒子タイプの化学的組成を知るために，元素分析を実施した。**表11.1**（サンプル1，2，3，4，5，6，7，8はそれぞれ0, 20, 40, 60, 80, 100, 120, 140 mMのマグネシウムから作製した粒子）に示すように，溶液中のマグネシウム濃度の増加に応じて，作成した粒子に結合しているマグネシウムの量はおよそ3％まで上昇した。

一方，カルシウムの量は減少したが，リン酸の量は，サンプル1～3で約12％，サンプル4～8で約16％とほぼ一定となったことから，2種類のアパタイトの生成が示唆された。分子比率（**表11.2**）から，サンプル1～3は分子式$Ca_{10-x}Mg_x(PO_4)_6(OH)_2$を持つヒドロキ

表11.1 アパタイト中の分子組成比

サンプル	Mg〔%〕	Ca〔%〕	P〔%〕
1	0.0	27.31	12.53
2	0.58	26.06	12.27
3	1.03	24.89	12.35
4	1.76	26.73	15.95
5	2.38	26.63	16.05
6	2.54	26.52	16.67
7	2.88	26.46	16.97
8	3.16	25.57	16.88

表11.2 分子比率

サンプル	Mg	Ca	P
1	0.0	10.1	6
2	0.36	9.83	6
3	0.64	9.39	6
4	0.84	7.76	6
5	1.13	7.67	6
6	1.16	7.37	6
7	1.3	7.21	6
8	1.43	7.04	6

シアパタイト，サンプル4〜8は，8位のリン酸（OCP）を有する分子式 $Ca_4\text{-}xMgx(PO_4)_3$ をもつヒドロキシアパタイトの形成が示唆される。したがって，マグネシウムを多く用いるとOCPの形成が促進されると考えられる。

11.3.6 粒子の成長速度論と大きさの制御

粒子溶液の懸濁を検討し，過飽和溶液中の粒子核生成とそれに続く粒子成長を分析することで，その詳細を解釈した[29]。図11.6（a），（b）に示すように，HBS中ですべての成分を混合したのち，1 min間で，マグネシウム Mg^{2+} の濃度の増加とともに溶液の濁度が減少し，マグネシウムの添加が粒子の成長を一定の範囲でとどめることが明らかになった。さらに，5〜30 min間の培養を実施すると，濁度は上昇と下降を行う様相を呈した。

このことは，つぎのような概念で説明できる。マグネシウムを20〜60 mMに増加させる

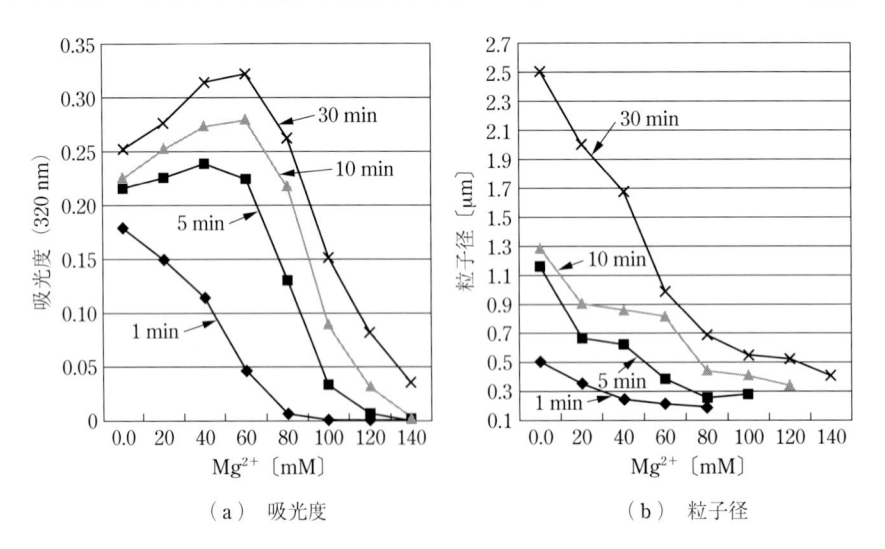

（a）吸光度

（b）粒子径

パーティクルは，Mg^{2+} の添加量を0〜280 mMと変化させ，125 mMの Ca^{2+} をHBS（0.75 mM Na_2HPO_4）へ添加して作製した。

図11.6 Ca^{2+}-Mg^{2+}-リン酸系パーティクルの生成挙動解析

と，培養時間に応じてさらなる沈殿の増加が起こり，それゆえ粒子数の増加から濁度の増加が引き起こされる．さらにマグネシウムを増加する（80～140 mM）と粒子成長を著しく抑制し，濁度の急速な減少を引き起こす．

マグネシウムを添加することで，なぜ粒子の生成コントロールが容易になるかをより詳細に理解するために，すべてのタイプの粒子のサイズを測定した．図（b）に示すように，沈殿反応を開始して1～30 min間の一定の時期からマグネシウムの濃度を増加させることによって劇的に粒子サイズをμmオーダからナノレベルへ減少させることができることが明らかになった．さらに，マグネシウムのコンテントを上げると初期の粒子成長が抑制され，ナノサイズに止まることが明らかになった．マグネシウムによる粒子成長の抑制効果は，ヒドロキシアパタイトの生成においてカルシウムがマグネシウムに置き換えられたことに因る結晶構造のひずみ原因であると考えられる．

11.3.7 ナノアパタイトによるDNA送達の高効率細胞内移行

粒子径は，動物細胞への遺伝子導入において決定的な要因であり，サイズがバラバラな荒い粒子が非効率になるのに比べ，ナノスケールでファインな粒子は効率の良い遺伝子導入を可能にできる[24),27)]．急速な粒子の成長は，同時に粒子径の増加をもたらし（図11.6（b）），細胞への遺伝子の送達もそのあとの細胞での遺伝子の発現も阻害してしまう結果となる．

カルシウム-マグネシウムリン酸は，粒子サイズの成長を抑制することが可能であることから，実際に細胞への遺伝子送達をこれら粒子を用いて行った．DNAは，細胞非透過性DNAインターカレート剤PIでラベルし，DNAとPIの比を1:1となるようにして，DNAカルシウムHBS溶液に添加した．

図11.7に示すように，マグネシウム無添加系によるDNAの取込みは，時間の経過とと

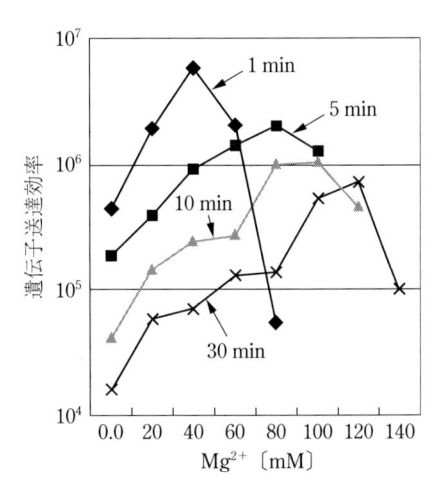

図11.7 Ca^{2+}-Mg^{2+}-リン酸系パーティクルによる遺伝子送達効率のMg濃度依存性

もに減少し、非効率なものであった。しかし、PI ラベル DNA の強い蛍光が、マグネシウム添加系の粒子では観察された。このことは、DNA/カルシウム-マグネシウム-リン酸粒子は、サイズが小さいので細胞にエンドサイトシスで取り込まれやすいことを示している。

高濃度のマグネシウム添加に伴う粒子の取込み効率レベルの低下は、マグネシウムの添加しすぎにより、ナノ粒子の沈殿がもはや生じなくなり、逆にエンドサイトシスの効率が低下し、同時に遺伝子導入効率も低下したためと考えられる。

11.3.8 ナノ粒子による遺伝子送達と遺伝子発現

われわれの戦略の最終のゴールに達するために、DNA/カルシウム-マグネシウム-リン酸粒子に基づくルシフェラーゼ遺伝子の発現について所定時間ごとの検討を嫉視した（図11.8）。驚くべきことに、マグネシウムレベル、粒子生成時間、細胞タイプに応じて、少なくとも 10〜100 倍高いルシフェラーゼ発現が観察された。このような高いトランスフェクション効率は、細胞が粒子を取り込む際に最適なサイズのカルシウム-マグネシウム-リン酸粒子をコントロール下で形成できること、それによって遺伝子の発現も効率化することという、単純な原因に帰着できる。

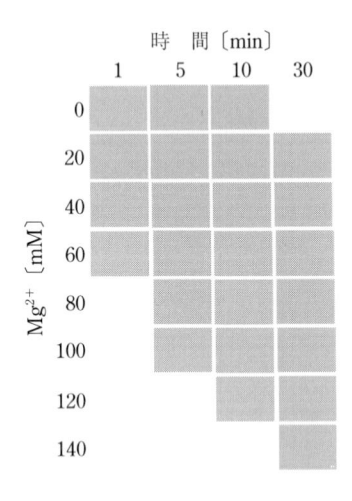

図11.8 Ca^{2+}-Mg^{2+}-リン酸系パーティクルによる遺伝子送達の Mg 濃度依存性

DNA の輸送と発現に関する粒子サイズの絶大な効果は、粒子が 30 分間培養されたときに顕著に現れる。マグネシウムの導入は、粒子直径を 2.5 μm から 500 nm へと劇的に変化させる。このことによって発現効率は約 40 倍程度に増大する。これを応用すると、30 分間のパーティクル作製後、沈降をただちに遠心分離などの方法により回収すること[29]で、高効率の遺伝子導入可能なナノ粒子が得られる。さらに、この安定なナノ粒子を用いれば、哺乳動物の細胞へのウイルス法にも匹敵する効率的な遺伝子送達法を確立することができると考えられる（図11.9）。

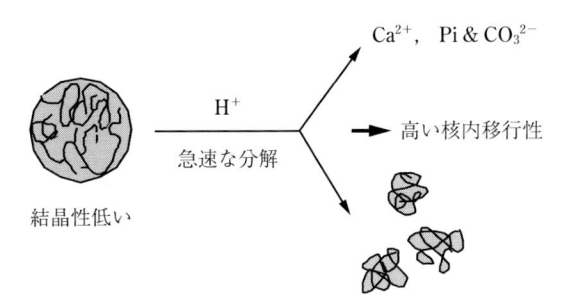

11.3 アパタイトナノ粒子法による画期的遺伝子導入方法の確立

(a) DNA-炭酸アパタイトナノ粒子
結晶性低い → H^+ 急速な分解 → Ca^{2+}, Pi & CO_3^{2-} / 高い核内移行性

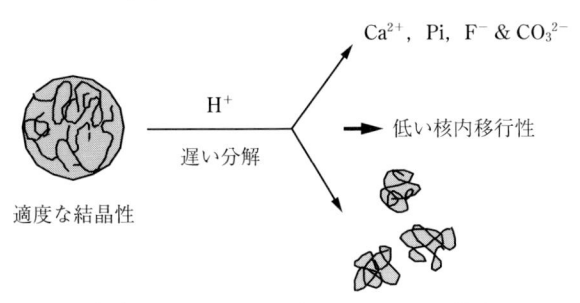

(b) DNA-フッ化炭酸アパタイトナノ粒子
適度な結晶性 → H^+ 遅い分解 → Ca^{2+}, Pi, F^- & CO_3^{2-} / 低い核内移行性

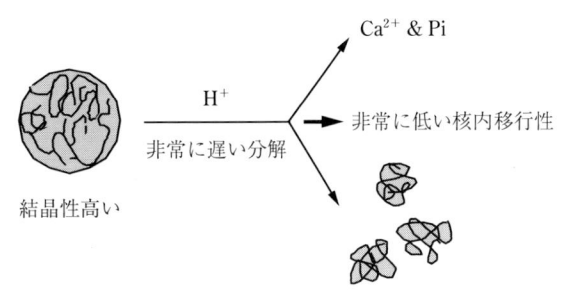

(c) DNA-アパタイト粒子
結晶性高い → H^+ 非常に遅い分解 → Ca^{2+} & Pi / 非常に低い核内移行性

図 11.9 種々のアパタイトの結晶系に依存する溶解特性

11.3.9 ECM を用いたナノ粒子の効率化

われわれは，コラーゲンやフィブロネクチンのような細胞外マトリックス（ECM）を用いて上述のナノ粒子により高度で安定な遺伝子デリバリー能力を付加することができることを見いだした[30]。

コラーゲンやフィブロネクチンをナノ粒子と組み合わせるとナノ粒子の安定性が向上するとともに，哺乳動物の細胞に対して非常に高い親和性と遺伝子導入効率を示すことが明らかになった。コラーゲンやフィブロネクチンは細胞に特異的に認識されるため，ナノ粒子が細胞内に取り込まれやすくなり，10～50倍の効率で特異的遺伝子導入が可能となった。組換型の治療のタンパクの基礎研究と有用タンパク質の大量製造への応用も可能となる，そして遺伝子治療のために組織指向性を持つナノ粒子への応用も有望に思われる（**図 11.10**）。

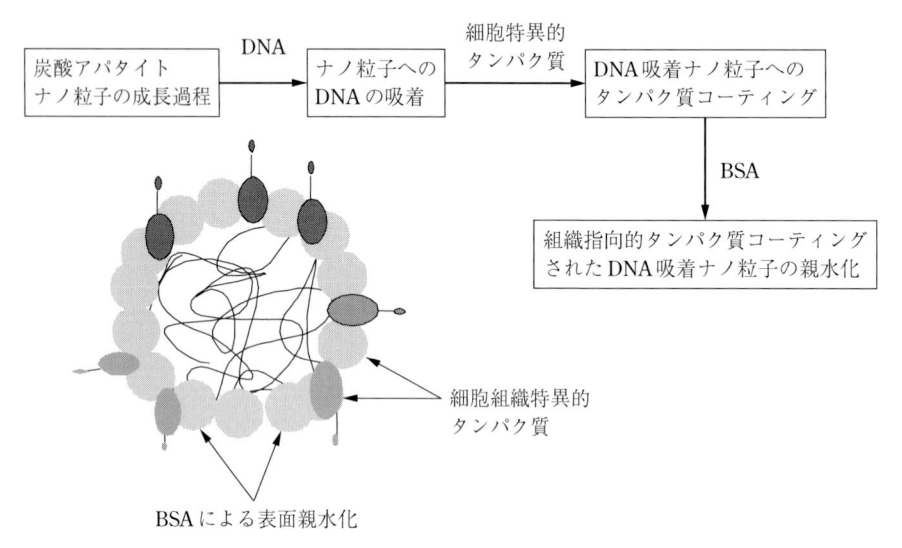

図 11.10 組織特異性を有する炭酸アパタイトナノ粒子の開発

11.4 おわりに

　遺伝子導入は，疾患治療，疾患予防，有用タンパク質産生，遺伝子機能解析など，今後さまざまな分野でさらに応用が広がっていくものと考えられる．特に，疾患治療や有用タンパク質産生の系には，高価な遺伝子導入剤が大量に使用されるため，効率的で安価なシステムが不可欠となる[31),32)]．

　残念ながら，遺伝子治療において，副作用なしに治療効果を上げる方法論は確立しておらず，勢い込んで設立したアメリカベンチャーも停滞気味となっている．それを打開すべく，ES 細胞への遺伝子導入を行い，この ES 細胞を利用して治療を施すシステムも検討が進んでいる[33),34)]．この方法は，生体そのものへの遺伝子導入が，必ずしも成功していないことを受け，ES 細胞への遺伝子導入により，遺伝子の正常化を図り，最終的には目的臓器へと誘導した ES 細胞によって疾患を根本的に治療しようとする考え方である．

　このように将来的には，特定の細胞や組織に特定の遺伝子を送達するシステムが完成し，疾患別，組織別にデリバリ方法が確立されていくものと確信する．

引用・参考文献

1) Chou, T. W. et al.：Gene Delivery Using Physical Methods, Methods Mol. Biol., **245**, pp. 147-165（2004）
2) http://www.biochem2.m.u-tokyo.ac.jp/web/contents/Manuals/manual43.html

3) Barry, P. A. : Efficient Electroporation of Mammalian Cells in Culture, Methods Mol. Biol., **245**, pp.207-214 (2004)

4) Heiser, W. C. : Delivery of DNA to cells in culture using particle bombardment, Methods Mol. Biol., **245**, pp.175-184 (2004)

5) Gupta, M. et al. : Liver-Directed Adenoviral Gene Transfer in Murine Succinate Semiadehyde Dehydrogenase Deficiency, Molecular Therapy, **9**, pp.527-539 (2004)

6) http://www.igaku-shoin.co.jp/nwsppr/n2003dir/n2532dir/n2532-03.htm

7) Wyatt, S. K. and Giorgio, T. D. : DNA Delivery to Cells in Culture Using Cationic Liposomes, Methods Mol. Biol., **245**, pp.83-93 (2004)

8) Watanabe, Y. et al. : Hghly Efficient Transfection into Primary Cultured Mouse Hepatocytes by Use of Cation-Liposomes : An Application for Immunization, J. Biochem., **116**, pp.1220-1226 (1994)

9) Yan, D-H. et al. : Delivery of DNA to Tumor Cells Using Cationic Liposomes, Methods Mol. Biol., **245**, pp.125-135 (2004)

10) Chowdhury, E. H. et al. : Transfecting Mammalian Cells by DNA/calcium phosphate Precipitates ; Effect of Temperature and pH on Precipitation, Anal. Biochem., **314**, pp. 316-318 (2003)

11) Manoharan, M. : RNA Interference and Chemically Modified Small Interfering RNAs, Curr. Opin. Chem. Biol., **8**, pp.570-579 (2004)

12) Graham, F. L. et al. : Transformation of rat cells by DNA of human adenovirus 5, Virology, **52**, pp.456-467 (1973)

13) Loyter, A. et al. : Mechanisms of DNA Uptake by Mammalian Cells ; Fate of Exogenously Added DNA Monitored by the Use of Fluorescent Dyes, Proc. Natl. Acad. Sci. USA, **79**, pp. 422-426 (1982)

14) Loyter, A. et al. : Mechanisms of DNA Entry into Mammalian Cells, Exp. Cell Res., **139**, pp. 223-234 (1982)

15) Batard, P. et al. : Transfer of High Copy Number Plasmid into Mammalian Cells by Calcium Phosphate Transfection, Gene, **270**, pp.61-68 (2001)

16) Chowdhury, E. H. et al. : High-efficiency Gene Delivery for Expression in Mammalian Cells by Nanoprecipitates of Ca-Mg phosphate, Gene, **341**, pp.77-82 (2004)

17) Hasan, M. T. et al. : High-efficiency Stable Gene Transfection Using Chloroquine-treated Chinese Hamster Ovary Cells, Somat. Cell Mol. Genet, **17**, pp.513-517 (1991)

18) Luthman, H. et al. : High Efficiency Polyoma DNA Transfection of Chloroquine Treated Cells, Nucleic Acids Res., **11**, pp.1295-1308 (1983)

19) Tolou, H. : Administration of Oligonucleotides to Cultured Cells by Calcium Phosphate Precipitation Method, Ana. Biochem., **215**, pp.156-158 (2002)

20) Stenberg, K. et al. : Precipitation of Nucleotides by Calcium Phosphate, Biochim. Biophys. Acta, **697**, pp.170-173 (1982)

21) Kakizawa, Y. et al. : Block Copolymer-coated Calcium Phosphate Nano-Particles Sensing Intracellular Environment for Oligodeoxynucleotide and siRNA Delivery, J. Controlled Release, **97**, pp.346-356 (2004)

22) Donze, O. and Picard, D.: RNA Interference in Mammalian Cells Using siRNAs Synthesized with T7 RNA Polymerase, Nucleic Acids Res., **30**, pp.e46-49 (2002)
23) Steven, P. W. et al.: Optimization of Calcium Phosphate Transfection for Bovine Chromaffin Cells; Relation to Calcium Phosphate Precipitate Formartion, Anal. Biochem., **226**, pp.212-220 (1995)
24) Jordan, M. et al.: Transfecting Mammalian Cells: Optimization of Critical Parameters Affecting Calcium-phosphate Precipitate Formation, Nucleic Acids Res., **24**, pp.596-601 (1996)
25) Jordan, M. and Wurm, F.: Transfection of Adherent and Suspended Cells by Calcium Phosphate, Methods, **33**, pp.136-143 (2004)
26) Urabe, M. et al.: DNA/calcium Phosphate Mixed with Media are Wtable and Maintain High Transfection Efficiency, Anal. Biochem., **278**, pp.91-92 (2000)
27) Seelos, C. et al.: A Critical Parameter Determining the Aging of DNA-calcium- phosphate Precipitates, Anal. Biochem., **245**, pp.109-111 (1997)
28) Kakizawa, Y. and Kataoka, K.: Block Copolymer Self-assembly into Monodispersive Nanoparticles with Hybrid Core of Antisense DNA and Calcium Phosphate, Langmuir, **18**, pp.4539-4543 (2002)
29) Chowdhury, E. H. et al.: Dramatic Effect of Mg^{2+} on Transfecting Mammalian Cells by DNA/calcium Phosphate Precipitates, Anal. Biochem., **328**, pp.96-97 (2004)
30) Chowdhury, E. H. et al.: Integrin-Supported Fast Rate Intracellular Delivery of Plasmid DNA by Extracellular Matrix Protein Embedded Calcium Phosphate Complexes, Biochemistry, **44**, pp.12273-12278 (2005)
31) Fasbender, A. et al.: Incorporation of Adenovirus in CalciumPhosphate Precipitates Enhances Gene Transfer to Airway Epithelia In Vitro and In Vivo, J. Clin. Invest., **102**, pp.184-193 (1998)
32) Toyoda, K. et al.: Calcium Phosphate Precipitates Augment Adenovirus-Mediated Gene Transfer to Blood Vessels In Vitro and In Vivo, Gene Therapy, **7**, pp.1284-1291 (2000)
33) Peter, A. H. et al.: Stem Cell Gene Transfer-Efficacy and Safety in Large Animal Studies, Mole. Therapy, **10**, pp.417-431 (2004)
34) Bank, A.: Hematopoietic Stem Cell Gene Therapy: Selecting Only the Best, J. Clin. Invest., **112**, pp.1478-1480 (2003)

索　　引

【あ】

アクチン線維　170, 182, 184
アクチンフィラメント　89
アクリルアミドゲル　140
アシアロ糖タンパク質レセプター　123
圧縮弾性率　160
アパタイトナノ粒子法　210

【い】

移　植　22
位置座標登録機能　197
1分子蛍光共鳴エネルギー移動　174
1分子蛍光共鳴エネルギー移動法　173
1分子蛍光追跡　171, 172
1分子追跡法　169, 171, 177
遺伝子導入　192
イメージインテンシファイアー　175
イメージサイトメトリー　149
インテグリン　131
インテグリンファミリー　120

【う】

ウイルス　205
ウイルスベクター法　208
ウシ胎仔血清　9

【え】

エバネセント光　173
エバネセント場　172
エラスチン　94
エレクトロポレーション法　206

【お】

応　力　55
オステオポンチン　92
オゾン殺菌法　19
音響インピーダンス　160
温度応答　13
温度応答性ゲル　133

【か】

開放系　46
界面ブラシ層　121
拡散係数　170, 181
核磁気共鳴画像　161
攪拌翼　5
隔膜共培養　5
隔膜共培養法　20
カドヘリン　100
過負荷　68
壁せん断応力　61
肝細胞　12, 14, 102
関節軟骨　44

【き】

機能的ティッシュエンジニアリング　71
ギャップジャンクション　14
キャピラリー電極　191
共存培養モデル　86
共鳴エネルギー移動　175
共有結合　10
金コロイド　177, 182
金コロイドプローブ　171

【く】

グリコサミノグリカン　117
グロー放電　116

【け】

蛍光相関分光法　186
血　管　55
血管再生　93
血管平滑筋細胞　61
血　流　61
血流速度分布　78
ケミカルな因子　51
ゲル　130, 135
腱　64

【こ】

高血圧　55
抗血栓性表面　121
高効率マイクロインジェクション　190
交互汚染　19
骨芽細胞　83
骨細胞　83
骨髄液　19
骨単位　83
固定基質型モデルタンパク質　104
コラーゲン　34, 94, 219
コラーゲン線維　79
コラーゲン線維束　69
コロニー　87
混相流　80
コンパートメント　168, 169, 170, 171, 184

【さ】

再構築　54
再生医療の質の担保　147
再生血管　51
臍帯血　19
最適設計　54
再負荷　67
細胞外マトリックス　24, 99, 114, 129, 130, 219
細胞形態パラメータ　150
細胞骨格　88
細胞周辺の環境に不均一性　107
細胞接着分子　115
細胞接着レセプター　115
細胞標識剤　164
細胞分化技術　43
細胞分離　13
3次元共培養　4
3次元造血微小環境　23
酸素移動速度　6
酸素消費速度　6

【し】

自己血清　9
疾患モデル細胞　190, 199
疾患モデル動物　190, 199
自動培養装置　19

索引

【上】
上皮増殖因子	109
静脈	58
ジーンガン	204
人工肝臓	9, 15
人工脂質	12
人工ベクター法	208
人工マトリックス	14, 101
腎糸球体	7
新生血管画像化技術	158
靱帯	64

【す】
水酸アパタイト	39
水性二相系	13
スティフネス	56
ストレスシールド法	66
ストレスファイバ	89
ストレッチ	48
ストレッチ実験	132
ストローマ細胞	19, 22
スパース	87
スフェロイド	14, 114, 124
スペクトリン	184
ずり応力	48

【せ】
静水圧	90
静水圧培養	32
静水圧負荷	45
生体吸収性高分子	117
生体断面の微細構造	158
生体分解性高分子	117
接触抑制作用	77
接着斑	137
セリシン	9
セルファクトリー	3
セルプロセッシング	129
セルプロセッシング工学	2
セルプロセッシングセンター	16
線維芽細胞	94
せん断応力	77
せん断係数	5
せん断力	10
全反射蛍光顕微鏡	173, 175

【そ】
造血幹細胞	19
造血細胞	12
造血微小環境	23
組織形成技術	43
組織工学	114
組織の密度，硬さ	160

【た】
対物レンズ型全反射顕微鏡	172
多孔質体	13
多孔性担体	3, 21
多能性維持	106
ダブル改変ES細胞	201
単一細胞操作支援ロボット	197
タンクトレッディング	80
炭酸アパタイト	211
弾性係数	58
断層イメージング	158

【ち】
中間径フィラメント	89
中空糸膜	3, 5, 10
沈降層	6

【て】
ティッシュプラスミノーゲンアクティベータ	1
適応	54
デキストラン	13
テザーモデル	184
電子線トモグラフィ	184
デンドリマー	11

【と】
糖鎖	12
動脈	55
——のスティフネス	60
動脈硬化	92
トランスフェリン	181
トランスフェリン受容体	181, 182
トリ始原生殖細胞	194

【な】
内弾性板	91
内皮細胞	77
軟骨再生	32
軟骨再生技術	45
軟骨細胞	9, 27

【に】
2光子励起	143
2色蛍光同時1分子観察	176
2色蛍光同時1分子追跡像	175
2色同時観察	172
ニュートン流体	80

【ね】
粘弾性パラメータ	154

【の】
ノックアウト	199
ノックダウン	199

【は】
バイオイメージング	151
バイオフォトニクス	154
バイオマテリアル	99
ハイブリッドスポンジ	34
ハイブリッドメッシュ	38
培養関節軟骨	40
胚様体	15
破骨細胞	83
パーティクル銃	207
バリデーション	147

【ひ】
肥厚	56
ピエゾドライバ	180
光エコー	158
光音響	154
光コヒーレンストモグラフィー	158
光ピンセット	180
光ピンセット法	172, 179
ピケット	170
ピケットモデル	184
微小循環系	80
引張応力	48
ビデオレート	169
非天然アミノ酸	110
ヒト血清	9
ヒドロゲル	119
非ニュートン性	80

【ふ】
フィブロネクチン	10, 219
フェノタイプ	50
フェンス	170, 181
フェンスモデル	182, 184
不織布	21, 24
物質透過性	92
物理的刺激	44
プラズマ放電	10
フルオレセンス	151
フローサイトメトリー	149
プロスタグランジン	29

プロテオグリカン	28, 79, 119	マトリックス	98	ラミニン α5	24

【へ】

平滑筋細胞	79
閉鎖系加圧方式	46
ベクター	205
ヘマトクリット値	82
ペレット培養	9

【ほ】

ポアズイユ流れ	77
ポアズイユの法則	61
放射線照射	22
ホップ	169
ホップ拡散	168, 181, 184
ポリエンチレングリコール	13

【ま】

マイクロキャリヤー	3
マイクロコンタクト 　プリンティング	126
マイクロチューブル	89
マイクロプリンティング	135
膜貫通タンパク質	170
膜結合型	108
マトリゲル	140

【み】

未分化維持	104

【む】

無毒化ウイルス	204

【め】

メカニカルストレス	133
メカノエンジニアリング	48
メカノカップリング	31
メカノトランスダクション	31
メサンギウム細胞	7

【ゆ】

融合タンパク質	103
遊走現象	92

【よ】

溶存ガス濃度	46
溶存酸素	5
淀み点	78

【ら】

ラジアルフローリアクター	4

【り】

力学的刺激	29
力学特性評価	154
リポソーム	205
リポソーム法	209
リポフェクション	204
リポフェクチン	209
リモデリング	54
硫酸糖	12
流動モザイクモデル	171
流路ネットワーク	12
両凹型	80
リン酸カルシウム法	205
リン脂質	169, 183

【る】

ルシフェラーゼ	151
ルミネセンス	151

【ろ】

ローラーボトル	3
ローリング現象	81

【B】

bFGF	93
BodipyTR	175

【C】

Cy 3	168, 183

【D】

DEAE デキストラン法	206
Dexter 培養法	19
DOPE	168, 183

【E】

EB-CCD カメラ	175
ECM	114, 129, 130, 219
EGF	109
EGFP 遺伝子	194
EGF 誘導体	110
ES 細胞	15, 99, 190, 194
E-カドヘリン	104
E-カドヘリンと LIF の 　共固定表面	108

【F】

FCS	186
Fc ドメイン	103
FRET	172, 174

【G】

GDP	175
GFP	152
GK	200
GTP	175
G プロテイン	30

【H】

H-Ras	175

【I】

ICAM 1	81
IgG	103
IRS-1	200
IRS-2	200

【J】

Jagged	109

【K】

Kir 6.2	200

【M】

MODY	201
MRI	161
MRI による細胞追跡	163
MR トラッキング	161

【N】

Notch	109
N-カドヘリン	109

【O】

OT	179

【P】

P 19 細胞	109
PDX-1	200

PGA	34	SHP	200	VEGF	93
PGC	194	single-molecule FRET	174	VE-カドヘリン	91
PLA	34	siRNA	201	**【W】**	
PLGA	34	SMSR	197		
PLGA-コラーゲンハイブリッドスポンジ	36	SN 比	172	Wolff	30
		SPT	171, 172, 177, 183	**【Y】**	
PVLA	102	**【T】**			
【R】				YFP	175
		TIRFM	172	**【記号】**	
RNAi 法	201	tPA	1		
【S】		**【V】**		μCP	126
SFMT	171	VCAM 1	81		

── 編著者略歴 ──

1969 年　東京大学工学部合成化学科卒業
1975 年　東京大学大学院工学系研究科博士課程修了（合成化学専攻）
1975 年　工学博士（東京大学）
1975 年　東京女子医科大学助手（日本心臓血圧研究所）
1980 年　東京農工大学助教授（工学部）
1990 年　東京工業大学教授（生命理工学部）
1999 年　東京工業大学大学院教授（生命理工学研究科）
　　　　　現在に至る
2000 年
〜02 年　信州大学大学院教授兼任（医学研究科）

再生医療のためのバイオエンジニアリング
Bioengineering for Regenerative Medicine
© Toshihiro Akaike　2007

2007 年 4 月 12 日　初版第 1 刷発行

検印省略	編 著 者　赤　池　敏　宏	
	発 行 者　株式会社　コロナ社	
	代表者　牛来辰巳	
	印 刷 所　萩原印刷株式会社	

112-0011　東京都文京区千石 4-46-10
発行所　株式会社　コロナ社
CORONA PUBLISHING CO., LTD.
Tokyo　Japan
振替 00140-8-14844・電話 (03) 3941-3131 (代)
ホームページ http://www.coronasha.co.jp

ISBN 978-4-339-07254-9　　（大井）　　（製本：グリーン）
Printed in Japan

無断複写・転載を禁ずる
落丁・乱丁本はお取替えいたします

コロナ社創立80周年記念出版
〔創立1927年〕

内容見本進呈

再生医療の基礎シリーズ
―生医学と工学の接点―

(各巻B5判)

■編集幹事　赤池敏宏・浅島　誠
■編集委員　関口清俊・田畑泰彦・仲野　徹

再生医療という前人未踏の学際領域を発展させるためには，いろいろな学問の体系的交流が必要である。こうした背景から，本シリーズは生医学（生物学・医学）と工学の接点を追求し，生医学側から工学側へ語りかけ，そして工学側から生医学側への語りかけを行うことが再生医療の堅実なる発展に寄付すると考え，コロナ社創立80周年記念出版として企画された。

シリーズ構成

配本順			頁	定価
1.（2回）	再生医療のための **発 生 生 物 学**	浅島　　誠編著	280	4515円
2.（4回）	再生医療のための **細 胞 生 物 学**	関口清俊編著	228	3780円
3.（1回）	再生医療のための **分 子 生 物 学**	仲野　　徹編	270	4200円
4.（5回）	再生医療のための **バイオエンジニアリング**	赤池敏宏編著	244	4095円
5.（3回）	再生医療のための **バイオマテリアル**	田畑泰彦編著	272	4410円

定価は本体価格+税5％です。
定価は変更されることがありますのでご了承下さい。

◆図書目録進呈◆